いのち輝く有明海を

分断・対立を超えて協働の未来選択へ

森里海を結ぶ［3］

京都大学名誉教授
舞根森里海研究所長
田中克＝編

花乱社

装画　牧野宗則
「天華」（木版画、１９８８年）
装丁　前原正広

はじめに　ムツゴロウの思い

京都大学名誉教授／舞根森里海研究所長
田中　克

夏を迎えた有明海。あっという間に遠くの沖まで後ずさりした水際が水平線と重なるような広大な干潟の海。ちょうど恋の季節を迎えたムツゴロウたちが、懸命に元気さとかっこよさはおれが一番とばかりに、飛び跳ねダンスを競い合っている。愛くるしいムツゴロウ、実は水が嫌いなおかしな魚である。潮が引くと干潟の上に現れて、最近の人間の言動を眺めているようである。将来開発されるかもしれない「ムツゴロウ語翻訳機」があれば、どんな会話が交わされているのか聞き取れるのだが。

悠久の時を越えて、いのちを育み続けてきた有明海の干潟。日本ではこの海にしか生息しない多くの生き物を育み続けてきた、いのち輝く有明海。人の遠い祖先に当たる魚が海での暮らしに見切りをつけて陸上に生活の場を移す前には、こうした陸と海の〝はざま〟で長い時間をかけて準備したに違いないかけがえのない場所。それは、今なお人間も母体の子宮の羊水という海の中でいのちの旅を歩み出すことにも重なる。豊かな有明海の中で特別な位置を占める諫早湾は、有明海の〝子宮〟と呼ばれてきた。今を生きる自分たちには〝たいして役に立たない〟と潰し続けてきた人間の行動。究極のふるさとである海を忘れ、ふるさとへ続く道を潰し続ける人間たちを、ムツゴロウたちは、冷ややかに眺めているに違いない。いや、この厄介な生き物も、もうすぐ絶滅してくれそうだと、ほっとしているのであろうか――。

このような思いをめぐらしながら、本書の編集に当たりました。有明海の再生もこの国の再生も、これまでの価値判断基準を、物やお金から「いのち」に置き換えることだと思われます。本書で、読者の皆さんにお伝えしたい本筋を、第2章の末尾に挿入された「ムツゴロウとシソとドングリとウナギの語らい」にまとめてみました。まずは、コラムをご覧いただけると、うれしいです。このメッセージをまずお届けしようと考えた背景を以下に述べたいと思います。

急ぎすぎ、結果さえよければよしとする社会、物事の過程を無視し続け、土台としての〝縁の下の力もち〟を潰し続け、今にも倒れそうな脆弱《ぜいじゃく》な社会となってしまった今日、私たちは何を為すべきかを模索する中、衝撃の二つの「いのちの連鎖」に出会いました。そのひとつは木曽ヒノキの根株が語りかける命の継承です。わが国の林業を代表する場所のひとつは長野県木曽地方であり、ここでは古くより数百年のヒノキを育て、太宰府天満宮、東本願寺、諏訪大社、成田山新勝寺など多くの神社仏閣の建造や補修に大径木のヒノキを供給し続けてきました。古来、伊勢神宮の式年遷宮に際しては、木曽で切り出したヒノキを木曽川から伊勢湾を通じて伊勢神宮に運んだそうです。そのことに関わってこられた長野県上松町にある池田木材株式会社の現社長池田聡寿さんから次のような話を聞きました。

「私たちは大きなヒノキを搬出する際に、決して『切る』と言いません。『寝かせる』と言います。大きな木を寝かせるとき、木は最後に必ず『ギィー』と声を出し、木が生きていることを実感させられます。そして、それは命がなくなる絶命の声というよりは、新たな命をつむぐ声にも聞こえます。寝かせた後に残った大きな根株はすぐにコケ類で覆われ、その上に落ちてきた実生から発芽したヒノキの稚樹は、時には30年〜40年間もわずか10㎝足らずの小さな体のまま、ずっと待機し続けます。やがて、周りの大きな木が寿命などで倒れて、光が差し込むと、稚樹は一気に成長し始め、自らしっかりと大地に根を張るようになります。それまで根株から水をもらっていた稚樹が自ら水や栄養分を取り込めるようになると、根株は命をつなぐ役割を終え、大地に戻るのです。ここには、そのような根上木がたくさんあります。」

なんという世界でしょう。とりわけ、70歳代後半になると後期高齢者といううれしくもないレッテルを貼られた私たちシニア世代には、身につまされる思いです。切り株は、まさにシニア世代の役割や理想の生き方を示しているように思われます。コラムに登場するムツゴロウ、シソ、ドングリ（クヌギ）そしてニホンウナギにとっては、きっと当たり前の世界でしょう。だからこそ、現代人ホモ・サピエンス20万年の歴史の何倍も何十倍も長い年月を生き抜いてこられたに違いありません。

もうひとつの衝撃的ないのちの物語は、群馬県上野村での体験です。この村は開村以来一度も周辺の市町村と合併などをしたことがなく、町の95％は森林（山岳）で占められる広大な村です。古来、わずかな平地でのジャガイモ、ムギや雑穀の栽培、森の中でのシイタケ栽培、深く切り込んだ神無川《かんな》流域での漁労、山々での狩猟、そして林業などで生きてきた村です。三十数年前にこの地に住み着いた哲学者の内山節さんによると、ここは生と死が同居する自然観のもとに、古い伝統を大事にし、同時に自然循環的に生きる上で役立つ近代的なツールも上手に活用しながら、人々はおおらかに心豊かに暮らしていると評しています。上野村にはそうした暮らしに魅力を感じたIターンの若者が相次いで入村し、今では村の人口１１００人の20％以上がそのような人で占められています。

この「伝統回帰」の思想に根ざした上野村の自然と文化の観察会が、筆者も関わる大阪の認定ＮＰＯ法人シニア自然大学校が開設する地球環境自然学講座で計画され、6月下旬に三日間の上野村の自然や文化、そして人々の暮らしを見聞する機会に恵まれました。その中でもっとも強烈な印象は、１９８5年8月12日に起きた日航ジャンボ機墜落現場の御巣鷹山への慰霊の登山でした。上野村をあげての懸命の救助活動や、当たり前のこととしてその後も御霊を守り続ける村民の姿があちこちに感じられ、胸がつまりました。

幼児を抱えての里帰りの途中など、幸せの頂点から一瞬にして生じた人生の終焉に、孫を抱えるシニア世代には身につまされる思いに苛《さいな》まれました。自分がなぜ代わってやれなかったのかと、多くの祖父母が思われたに違いありません。そうした思いを胸に御巣鷹の墜落現場で、なぎ倒され焼け焦げた木の株を見つけると、何事もなかったかのように、それらを土台にして、新たな木が生えているではありませんか。自然界におけるいのちの継承や循環の深遠さを思い知らされることになりました。

これら二つのいのちの物語は、混迷した現代社会の中で行き場を失いつつある私たちに、〝原点に戻りなさい〟と教えてくれているようです。混迷を深める有明海社会を、正常ないのちの循環の世界に舵を切る上で、この原点回帰は本当に大事なことと思われます。いのちの継承は諫早湾、有明海、干拓農地、そして周辺の多良山系の多様な生き物にとって、もっとも重要で当たり前のことであり、同時に地域社会が自然の循環を基盤に持続的に生きていく上でのキーに違いありません。ムツゴロウの本心は、決して人間の絶滅を待ちわびているのではなく、昔のように子供たちが泥まみれになって、干潟で楽しく、時には喧嘩をしながら、また、助け合いながら遊ぶ姿を待ち望んでいるのに違いありません。

こうした有明海の悠久の時を越えたいのちの連鎖が広がる〝原始の海〟ゆえに、現代の類まれな木版画家牧野宗則氏の心をつかみ、この上なく細やかでおおらかな有明海の世界を表された珠玉の一品を、本書の表紙にご提供いただきました。まさに、ムツゴロウの思いと相通じるものと感激しています。

本書が、ムツゴロウたちの希望をかなえる上で役に立ち、諫早湾や有明海を見下ろす多良山のふもとで、世代や農林漁業など立場を超えた人々が集い、「ムツゴロウ育む植樹祭」が実現することを願い、まえがきとします。

目次

はじめに　ムツゴロウの思い……京都大学名誉教授／舞根森里海研究所長　田中 克　3

第1章　地球システム・環境倫理と有明海

森里海を紡ぐ　いのち輝く有明海社会をデザインし直す……田中 克　12

クストーの思想に学ぶ……地球システム・倫理学会常任理事／会長顧問　服部英二　30

第2章　有明海を宝の海に戻したい

諫早湾と有明海の今昔　干潟の海を撮り続けて45年……肥前環境民俗写真研究所代表　中尾勘悟　44

有明海を〝宝の海〟に戻したい……佐賀県太良町漁師 平方宣清 62
諫早湾中央干拓地で農業に生きる……農業生産法人(株)マツオファーム代表 松尾公春 72
❖ムツゴロウとシソとドングリとウナギの語らい……田中 克 84

第3章 有明海の環境と生物多様性

有明海の干潟の大切さ……鹿児島大学理工学研究科教授 佐藤正典 88
稚魚研究から見た有明海の異変と未来……高知大学海洋生物研究教育施設教授 木下 泉 112
諫早湾における潮受け堤防の建設が有明海異変を引き起こしたのか?
熊本県立大学環境共生学部教授 堤 裕昭 131
諫早湾調整池がもたらす負のインパクト……熊本保健科学大学共通教育センター 髙橋 徹 151

第4章 有明海再生を経済学・社会学から見据える

諫早湾干拓事業の公共事業としての失敗と有明海地域の再生
長崎大学名誉教授 宮入興一 174

地域社会に置かれた技術 潮受堤防の内側と外側で……………東京大学特任助教 開田奈穂美 196

第5章 司法の倫理や役割と世論形成

問われる司法と有明海再生……………「よみがえれ！有明訴訟」弁護団・弁護士 堀 良一 218

諫早湾干拓問題の話し合いの場を求める署名活動 未来への確かな手ごたえ
諫早湾干拓問題の話し合いの場を求める会事務局 横林和徳 238

第6章 有明海再生への展望

韓国順天干潟の再生保全に学ぶ　高校生の役割
福岡県立伝習館高等学校教諭 木庭慎治／熊本県立代志高等学校教諭 松浦　弘 258

ラムサール条約と森里川海プロジェクトから有明海再生を展望する
環境省「つなげよう、支えよう森里川海」プロジェクトチーム副チーム長 鳥居敏男 274

森は海の恋人から有明海の再生を展望する……NPO法人森は海の恋人理事長 畠山重篤 289

＊＊＊

おわりに　いのち輝く有明海社会を……田中　克 301

【挿画作者のことば】
有明海に魅せられて　生命の色彩・干潟を染めるハママツナの紅葉……木版画家 牧野宗則 307

執筆者紹介　巻末 i

第1章
地球システム・環境倫理と有明海

森里海を紡ぐ

いのち輝く有明海社会をデザインし直す

京都大学名誉教授／舞根森里海研究所長
田中　克

はじめに　いのちのふるさと海と生きる有明海を

２０１１年3月11日に東北太平洋沿岸域に壊滅的な被害をもたらした巨大な地震と津波は、８年を経過した今なお深刻な多くの傷跡を残したままであり、復興を乗り越えて持続可能社会への確かな扉を開くにはほど遠い状態に置かれています。東日本大震災は、私たちがすっかり忘れていた自然への畏敬の念を思い起こさせ、物の大量生産・大量消費と必然的に生じる大量廃棄の物質文明の終焉に気付かせ、近代的な技術で自然を制御できるとの過信の戒めとなりました（田中、２０１９）。東日本大震災が私たちに送り届けた「いのち」、「ふるさと」、「海」、そして「ともに生きる」、それらを紡ぎ合わせた津波と地震のメッセージ「いのちのふるさと海と生きる」社会の創生（田中編、２０１７：下村・小鮒・田中編、２０１７）は、日本の沿岸漁業と沿岸環境再生の〝試金石〟と位置づけられる有明海の再生にも共通の根幹であると考えられます。

1　有明海問題はこの国が抱えた根源的課題

日本の国土面積は世界的には62番目と広くはありません。しかし、その形状は複雑で多くの島嶼を抱えるため、海岸線長は2万9千キロメートルにも及び、周辺の排他的経済水域の広さとともに世界の6番目に位置する、紛れもない海洋国なのです。温暖なモンスーン気候のもと、四面を海に囲まれているゆえに、夏の台風や冬の豪雪による大量の降水に恵まれ、世界第3位の面積率を誇る豊かな森が育まれるなど、海は私たちのいのちや暮らし、さらに文化の基盤をなすかけがえのない存在といえます。

しかし、科学の目覚しい進歩をもとに、目先の利益のみしか見据えない近代的技術の開発が進み、加速度的に広がる市場原理主義経済のグローバル化とあいまって、私たちの日々の暮らしから海は次第に遠ざかり、とりわけ圧倒的多数の人々が集中する都会では、日ごろ海の存在を意識することはほとんどなくなってしまいました。このような海離れの進行に劇的な衝撃を与えたのは、２０１１年3月11日に発生した巨大な地震と津波による東北太平洋沿岸域の壊滅でした。そして、近年における地球レベルの温暖化は夏季の海水温の上昇による台風の巨大化と頻発化を招き、私たちは海の存在とその大きさに改めて気付かされることになりました。

これまで陸域の資源開発は、多くの場合周辺環境や地域住民（先住民）の命と暮らしを破壊しながら進められてきましたが（谷口、２０１７）、そのストックを使い果たし、いよいよ最後のフロンティアとして海底に眠る資源の開発が、海の軍事的支配とともに熾烈な国際競争のもとに進められています。その流れに大きく乗り遅れた日本も、いよいよ海へと目を向け始め、遅まきながら「海洋教育」を小中高校の教育課程に組み込む方向を打ち出しています。

しかし、かつては１３００万トン近くと世界第一の漁獲量を誇った水産大国日本は、食料自給という国の基幹的方針を捨て去って、海外から安価な水産物を大量に輸入し、多種多様な水産生物を育む沿岸域を埋め立てや環境汚染で壊滅させ、さらには世界に遅れをとった資源管理策のもとでの乱獲を放置し、今では漁獲量は460万トンにまで落ち込んでしまいました。これからこの国は一体どのような海洋教育を目指すのでしょうか。

日本の沿岸、とりわけ太平洋沿岸域では、自然海岸が残されている場所は極めて限られています（向井、2017）。土木工事の手が伸びにくい岩礁海岸を除くと、自然海岸はほとんど残されていないという、世界にも例を見ない国となっています。その結果、世界のどこの国でも海辺は子供たちの歓声で溢れるのに対し、わが国では海辺で遊ぶ子供たちがほとんどいないという深刻な事態に至っています（八幡、2017）。このような国のあり方が最も典型的に現れたのが、九州の中央部に、長崎県、佐賀県、福岡県、熊本県に囲まれて位置するわが国を代表する内湾、有明海といえます。大きさは東京湾、伊勢湾、鹿児島湾などとほぼ同程度ですが、かつての〝宝の海〟と呼ばれた時代の生物生産（漁業生産）と生物多様性があまりにも豊かであっただけに、近年の凋落ぶりは目を覆うばかりです。とりわけ、わが国ではこの海でしか見られない多くの特産的生き物が生息する生物多様性に富んだ、他に代替できない貴重な海が有明海なのです。

2　不思議に満ちた有明海

その特異な環境と生物相

有明海の特徴を一言で表せば〝濁りの海〟です。濁っていればいるほど生物が豊かに生み出されるという不思議な海です。その濁りの大元は後背地の阿蘇・九重などの火山からもたらされる微細な大量の鉱物粒子であり、その周りに吸着した微生物・原生動物や動植物プランクトンの破片・糞などによって栄養価の高い懸濁有機物（デトリタス）が河口域において不断に生み出され、最大6メートルにも達するわが国最大規模の干満差によって生じる強い潮流で水中に漂い（海底への沈降と水中への巻き上げを繰り返し）、著しく濁った海となっています。そのような有機懸濁物の最大の生産場所は、九州最大の河川筑後川の河口域であり、そこは淡水と海水が交じり合った〝汽水の海〟としても特徴付けられます。有明海の豊かさの源は周辺の山（火山）の存在とそこから流れ込む川の存在にあり（最近では地下水の流入にも注目）、森里海の連環がその基盤となっています（田中、２００８；NPO法人SPERA森里海・時代を拓く編、２０１４）。

有明海のもう一つの大きな形状的特徴は、湾奥部に大量の火山性の土砂が流れ込むことにより遠浅の海が形成され、湾に固有の振動と潮汐が共鳴することによって生み出される大きな干満差により、わが国沿岸の干潟面積の40％を占めるほどの広大な干潟が形成されることです。有明海奥部に流入する河川水の大半を占める筑後川からもたらされる土砂は半時計周りの恒流によって西方に移送され、その途中で粒子の大きい砂から河口近くに沈降し、もっとも細かい粒子が諫早湾の奥部にたまり、わが国最大規模の貴重な泥干潟を形成してきました。諫早湾干拓事業は、そのような自然が長い年月を重ねる中で築き上げた貴重な自然資産であり、未来世代からの〝借り物〟ともいえる精巧な生態系を、目先の都合によって乱暴に破壊してしまいました。さらに悪いことに、干潟を潰して造成した干拓地に入植した農業者と、干潟を失い悪化するばかりの海環境で漁を続ける漁業者が、代理戦争的に対立せざるを得ないような、深刻な地域社会の分断と崩壊をもたらしたのです。ここにこそ、未来世代の幸せまでも壊すというもっとも深刻な問題があるといえます。

有明海の希少性のもう一つの側面は、海環境の中では他に比べるものがないほど、豊かな生物多様性の宝庫であった点です。そのことを端的に示すのが多くの有明海「特産種」の存在といえます（佐藤編、２０００）。わが国の淡水環境における生物多様性の宝庫は琵琶湖であり、そこにはニゴロブナ、ビワコオオナマズ、ホンモロコ、セタシジミなど多くの「固有種」の存在が知られています。有明海に生息するムツゴロウ、ワラスボ、ハゼクチ、エツ、アリアケシラウオなどの特産種は、わが国では有明海にしか生息しませんが、同種（あるいは極めて近縁）とされる魚類は、中国大陸沿岸域や朝鮮半島西岸域に生息するため、固有種（世界中でそこにしか生息しない種）と区別して特産種と呼ばれます。

厳密な意味では、まだ有明海の特産種とはされていない生きものの中にも、日本ではこの海にしか見られない不思議な歴史を持った生きものが生息しています。その一つはスズキです。本種は琉球列島や北海道北部を除いて日本周辺に広く生息するわが国沿岸域を代表する魚ですが、有明海にはそれ以外の海域に生息するスズキとは〝変わった〟個体群が生息し、それは中国大陸沿岸域に生息するタイリクスズキと日本沿岸に生息するスズキの「交雑種」（ハイブリッド）であることが、中山耕至さん（京都大学大学院農学研究科）によって解明されています（田中、２００９）。

有明海に生息するスズキの親（種）はタイリクスズキとスズキですが、これら2種は現在では地理的に分かれて生息しています。しかし、両種の遺伝子を持った交雑個体群がなぜ有明海に生息するかは、過去に遡って中国大陸と日本列島の関係を眺めてみると推定できます。地球は数万年～数十万年の周期で寒冷期と温暖期を繰り返していますが、今から1万5千年ほど前までの最終氷期には海面は今より百数十メートルも低く、浅い東シナ海の大部分は陸となり、中国大陸と日本列島は一部で陸続きになっていました（下山、２０００）。そのような時期にタイリクスズキとスズキの分布域が重なり、交雑が行われた（魚類では近縁種間でよく交雑が生じます）と推定されます。その後、地球の温暖化によって海水準は上昇し、中国大陸と日本列島は離れますが、ふるさとの海によく似た環境の有明海に交雑個体群が居残り、再生産を繰り返して今日まで存続してきたと推定されます。

このような事例は、スズキだけでなく、ほかの魚類や無脊椎動物にも存在することは容易に推定されます。実際、デンベエシタビラメでは同様の可能性が解明（中山ら、未発表）されており、それらの個体群はやがて亜種となり、さらに種になる存在といえます。有明海の生物多様性は、このように単に多くの特産種が現存しているだけでなく、将来亜種や種に分化する〝卵〟が豊富に存在する点においても他に類を見ない貴重な存在といえます。そして、それらの多様な生きものを有明海ならではの環境特性を生かして漁獲する伝統漁法の宝庫でもありました（本書、中尾勘悟）。生態系の乱暴な破壊は生きものを壊滅させ、その地に根付いてきた賢い知恵や文化までも破壊する深刻な事態を招いてしまいました。

3　有明海を〝宝の海〟から〝瀕死の海〟に至らしめた原因

2017年4月14日は有明海が宝の海から瀕死の海に至った上で大きな転換点になった20年目の〝負の記念日〟といえます。今から22年前に、諫早湾奥部の広大な干潟を埋め立てる（干拓：複式干拓と呼ばれ、従来の自然干拓ではなく、広大な干潟などを一挙に強制的に埋め立てる）ために設置した全長7キロにも及ぶ潮受け堤防の完結を告げる293枚の鋼板を連続的に落とすセレモニーが断行されました。それは〝ギロチン〟として国民に衝撃を与えました。その後の相次ぐ異変から瀕死化への急速な変質は、このままでは諫早湾と周辺の有明海を瀕死の海に至らしめた「命日」になってしまいかねません。もちろん、あの293枚の鋼板で諫早湾を閉め切り、その後湾奥部の干潟を干拓したことのみが、有明海を瀕死の海に至らしめたわけではありません。それまでに有明海を次第に追い詰めてきた数々の環境改変の積み重ねの上に、最後の引導を渡したのが諫早湾閉め切りといえます。

有明海全体を見渡すと、この海の特徴（立地条件）がよく分かります。南北に90キロ、東西に20キロ前後の奥行きの深い湾の周囲は、湾口部が外海に開く南部以外は、西部の雲仙岳と多良山系、北部の背振山系、東部の九重・阿蘇山系などの火山に囲まれています。そして、それらの山々から多くの川が流れ込み、その流域に諫早市、佐賀市、柳川市、久留米市、熊本市などの人々が集中する都市が形成されています。中でも、湾奥部には九州最大の河川である筑後川が流入し、この海を汽水と濁りの海とし、生物生産と生物多様性の宝庫として成立・存続させてきました。つまり、汽水の海と濁りの海、そして干潟の海の大元は筑後川にあるといえるのです。つまり有明海は典型的な森里海連環の世界そのものなのです。

有明海のもっとも大きな特徴は広大な干潟の存在であり、時によって海になりまた陸になる広大な水際（干潟）

が有明海の豊かな生物生産を支えるもっとも大きな物理的基盤といえます。そこには、魚類だけでなく、甲殻類や軟体類など多くの底生無脊椎動物（ベントス）が生息し、海水を浄化する（海底と海水中の物質循環を円滑に行う）役割を果たし、この上なく高い生物生産性を支えてきました。干潟は人体に喩えれば腎臓機能を果たしているといえます。これまでの筆者らの筑後川河口域における三十数年の調査により、これらの生きものたちの重要な餌となる濁り（懸濁有機物：デトリタス）は、九重・阿蘇山系から不断にもたらされる火山性の微細な鉱物粒子を核として形成される栄養価の高い懸濁有機物が低次生物生産を支えていることが明らかにされています（田中、２０１１）。

この有明海のいのちの源と位置づけられる筑後川では、20世紀後半に大規模な環境改変が相次ぎました。その最大の改変は、20世紀後半の50年間、とりわけ高度経済成長期を中心に膨大な川砂が筑後川の河川敷から国土のコンクリート化のために取り上げられたことです。その量は３８００万トンにも及び（横山他、２００７）、甲子園球場30杯を超える量に相当します。干潟は一種の〝生きもの〟であり、常に新鮮な土砂が陸域から主に河川を通じてもたらされ、持続的に更新されて生きものは高い密度で健全に生息し続けられます。干潟を更新する土砂が海に流れる途中で人間の都合で取り上げられれば、当然生きものの生息環境は悪化し、それに伴って発生する赤潮や貧酸素水塊が、生きものの生息をさらに制限する負のスパイラルをもたらすことになります。筑後川の河川敷から膨大な量の砂を取り出したことは、干潟の腎臓機能の劣化をもたらし、有明海を瀕死化へ向かわせた根源的な原因といえます。

大きな水源を持たずしばしば水不足に見舞われた福岡都市圏のために、１９８５年に筑後川の河口から23キロ上流の位置に筑後大堰が設置され、福岡市民が使用する3分の1の飲料水が筑後川から取水されています。これらの水は、その中に含まれる微細な鉱物粒子、栄養塩類、微量元素などとともに、本来は有明海にもたらされ、干潟の生きものを育み、それらを漁獲して生きる漁師の暮らしを支え、海の恵みをいただく市民の食を豊かにする〝公益〟の源となってきたものです。都会の論理や都合で自然のシステムが変えられ、生じた事態に一切責任を負わない現実が存在するのです。ここには、福島第一原子力発電所の崩壊とその後の経緯が明らかにしたように、地方に原子力発電所を設置し、その電力で都会の市民の日々の暮らしや産業が営まれ、いざ崩壊するとその全ての負担を地元の人々が負わなければならない、この国の理不尽な基本構図がみられます。

１９９７年４月に諫早湾奥部を閉め切って断行された干拓事業は、目的を農地の確保や工業団地の確保などとめまぐるしく変えながら、最後には、昭和28年に発生した諫早大水害（実際には、犠牲者の大半は本明川上流からの大量の出水による）のような災害を防ぐために、すなわち命を守るために防潮堤を設置するとの名目で押し切ったのです。「命を守る防潮堤」を持ち出されては、海に生きる漁師も反対しづらいとの〝作戦〟でもあったように判断されます。もし、そうでないのであれば、平常時には水門を開放して常時海水が循環し、岸辺の干潟が維持されるようにしておき、緊急時にのみに水門を閉めて高潮を防げばよいことになります。しかし、真の目的は湾奥部の広大な干潟を埋め立てる干拓事業であり、そのために潮受け堤防の設置が不可欠であったことを自ら〝白状した〟巨大公共事業の断行でした。それは、今まさに東北太平洋沿岸域に命を物理的に守るという名目で進められている1兆円を超えるコンクリートの巨大防潮堤（横山、２０１７：２０１８）を張り巡らせることと同じ論理といえます。ここにも、有明海問題がこの国が抱えた根源的な問題である根拠が有るといえます。

筑後川河川敷から膨大な量の砂を持ち出したこと、いのちの源である筑後川に筑後大堰を設置して大量の水を福岡都市圏に送り続けていること、そして有明海の〝子宮〟と呼ばれた生きものの再生産にとってかけがえのない諫早湾奥部を閉め切りわが国最大規模の泥干潟を埋め立てたことは、いずれも非常に重大な大規模環境改変であることに違いありません。しかし、20世紀後半の目先の経済成長と明日の暮らしの利便性を求めすぎたツケとして招いた瀕死の有明海をかつてのような宝の海に戻すには、少なくとも潰したのに匹敵する時間が必要と考えられます。そのためには、これらの大規模環境改変に共通する根源を見定め、それに踏み込む再生の基本戦略が不可欠といえます。先に有明海は森里海連環の世界そのものだと述べましたが、これらに共通する本質は、まさに森と海のつながりを、その場その時の都合による人為的な分断そのものだといえるからです。つながりを断たれて池（潮受け堤防内側の調整池）の環境悪化が極めて深刻化することは、本書でも髙橋氏によって明確に指摘されています。森と海を紡ぎ直す里に暮らす人々の叡智の結集こそ、有明海再生の本道であると考えられます（田中、２０１７ａ）。

4　自然資本に依拠した「有明海銀行」と海苔養殖業の海

２０１１年3月11日に東北太平洋沿岸域を巨大な地震と津波が直撃し、沿岸域は甚大な被害を受けました。２０１４年5月に宮城県南部の名取市から北端の気仙沼市舞根湾までシーカヤックで巡り、たどり着いた12の漁村で津波の海とともに生きる人々（多くは漁業者）の本音を聞く「海遍路・東北」が実施されました（八幡、２０１７：山岡、２０１７：松田、２０１７：鈴鹿、２０１７）。三陸沿岸域、とりわけリアス式海岸の奥部にひっそりと存在する世帯数30～50ほどの小さな村の産業は漁業、とりわけカキ・ホタテガイ・ホヤ・ワカメ・コンブの養殖業です。そこで出会った多くの人々は、予想に反して屈託のないたくましい笑顔に溢れていました。震災から3年を経過した時点とはいえ、船や養殖資材などの全てをなくし、５０００万円を超える負債を抱えた漁師の笑顔に、海遍路参加者全員が驚かされました。

それらの漁師の口から出てくる言葉の端々に、「ここには豊かな海がある。息子も漁を継いでくれた。孫も生まれ、浜で三世代で仕事ができる。『太平洋銀行』の元本に手をつけないでその利子だけをつつましくいただけば、やがて負債も返して家族で幸せに暮らしていける。孫もこの稼業を継いでくれるだろう」との思いが溢れていました。そして、「無理して（より多くの収益を上げようとして）汚した海を津波は一掃してくれた。津波は恐いけれど、その予兆を感じて逃げる術も知っている。海が見えなくなる防潮堤などいらない。ここには岸辺近くまで森が迫り、海を守ってくれている」と言い、港の一部をコンクリートで固めることなく砂利の浜として残し、子供たちが水辺で遊べるようにしていたのです（松田、２０１７）。同じような漁師の思いは、三陸沿岸のどこにでも見られ、海とともに生きる人々に共通の思いなのです（小西、２０１７）。

震災の海に根付いている「太平洋銀行」という自然の捉え方や海との接し方は、近年、持続可能社会への転換という世界の趨勢の中で、わが国でも創生の必要性が唱えられている自然資本を持続循環的に活用し、地域で回る経済、すなわち「自然資本経済」（谷口、２０１７）の本質そのものだといえます。ここでの銀行は決して市場原理主義経済のもとに巨大化したグローバルメガバンクではなく、地域が生きる（地域でお金が回る）地方銀行そのものだといえます。有明海にもこのような「有明海銀行」は存在したに違いありません。有明海の再生は「有明海銀行」の再興に他ならないのです。

有明海の豊かさはその環境と生物相の〝多様性〟にあります。たび重なる大規模な人為的環境改変は、生きものたちと環境の多様性を著しく消失させ続けています。同時に、海の恵みの利用の仕方にもこの間大きな変化が見られます。かつては魚類・貝類・甲殻類など多様な生きものを季節に応じて、さまざまな漁法で漁獲する漁船漁業（昔からの漁師が漁船で多様な漁具を用いて生きものを漁獲する漁業）と豊富な栄養塩類と広大な浅海域を利用して営まれる海苔養殖業が共存し、生産金額もほぼ同じ規模でした。しかし、減反政策により陸上での米作をあきらめた多くの農業者の海での海苔養殖業への転出が進み、より計画的ならびに効率的に収益が上がる海苔養殖業への傾斜が進み、行政の施策も海苔養殖業中心の振興策へと大きく傾きました。その結果、今では漁船漁業の生産金額が50億円以下と最盛期の4分の1以下に減少したのに対して、海苔養殖業の生産金額は倍増して４００億円前後の大きな産業になりました。

この間の海苔の生産手法（特に取り上げてからの加工過程）には機械化が進み、巨額を投じての機械の導入が必要となり、そのために一冬の不作がそのまま倒産につながるという極めてリスクの高い生産様式に至っています。その結果、自然の仕組みにしたがって営む形態から、有明海の環境収容力を超える過密養殖に伴う栄養塩類の不足を補うために窒素やリンなどの肥料の大量投入や病気を防ぐための大量の酸の使用（とその不法投棄）などが常態化し、有明海奥部の海は「海苔の畑」となっています。さらに、近年の温暖化傾向が海苔養殖には不適な高温化を招き、色落ち現象が頻発し、そのような商品価値のない海苔を回収することなく不法に大量に海に投棄する事態が進行しています。その結果、海底には大量に廃棄された海苔が堆積し、底生生物の生息をいっそう困難にするばかりでなく、それらは夏季の貧酸素化を促す原因にもなっています。このような無理な海苔養殖のあり方が、有明海から魚類・甲殻類・軟体類等の漁獲対象生物、とりわけ海底に生息する貝類を壊滅に追い込んだ最大の原因として、同じ海に生きる漁業者が酸の使用差し止めを求める訴訟を起こしています。

もちろん、海苔養殖業者の中には、より健全でこの稼業を続く世代につなげていきたいと、自然循環的な生産を目指して懸命に生きる漁師もおられます（井手、２０１７）。海苔養殖にとって必須の窒素やリンなどの栄養塩類の供給には三つのルートがあります。その一つは河川からの供給であり、もう一つは外海の深層からの供給です。そして、三つ目のルートは海底からの供給ですが、多様なベントスが高密度で生息する干潟や浅海域の存在は有明海では栄養塩類供給にとってとりわけ重要です。これらのベントスは養殖海苔の最大のライバル（栄養塩類を摂取する競争者）である植物プランクトンを捕食し、海苔に栄養塩類を回す上で極めて重要な役割を果たします。さらに、植物プランクトンや懸濁有機物を摂取したベントスはそれらを代謝し、栄養塩類を再び水中に循環させる重要な役割を担っています。多くのベントスが生息する干潟や浅海域の存在は持続的で自然循環的な海苔養殖にとっても必須の条件といえます。ここには海苔養殖業者と漁船漁業者が共存すべき自然的根拠があるのです。豊かな「有明海銀行」を再生させて、続く世代に送り届けるには、海苔養殖のあり方を抜本的に転換することが必要と考えられます。このままでは、減農薬・無農薬・有機栽培を求める国民から有明海の海苔は見放されるばかりか、海底に生きものが生息しない海での海苔養殖は破綻の道を歩んでいると指摘しないわけにはいきません。

5 解決の道はあるのか　有明海再生への道

有明海問題の深刻さは、生態系の分断、地域社会の分断、そして司法をも恣意的に使ってしまう政治の横暴など、今の日本社会が抱える多く問題を抱え込んだ（抱え込まされた）ことにあるといえます。中でも諫早湾の潮受け堤防の開門を巡る農業者と漁業者が対立させられる構図は悲劇そのものだといえます。本来農業も漁業も海から蒸発した水蒸気が雲となり雨や雪となって大地に降り注いで森を育み、その森は水を蓄え涵養（栄養塩や微量元素を包含）して農地を潤して農産物を育成します。そして、その水は海に流れて沿岸域の生物生産を支えています。このことは、森で涵養される水に依拠する農業（農民）も漁業（漁民）も同じ自然の水循環の中で生きる兄弟だといえます。さらにいえば、海がなければ陸域での農業生産は成り立たないといえるのです。ここにこそ、諫早湾の再生を巡る潮受け堤防水門の開閉問題を解決しうる道、すなわち対立軸を協調軸に転換し、〝ともに生きる〟根拠が存在するといえます。

このような思いを深める中で、２００８年に中央干拓地に長崎県から請われるままに入植された農業者の中から「冬には著しく寒冷化し、夏には高温化する源である潮受け堤防内側の広い調整池をもとの海に戻し、干拓地の環境を温暖にしない限り、まともな農業は続けられない」と、公然と潮受け堤防の開門を求める農業者が現れました（本書、松尾公春）。それは、これまで開門すると海水の浸入による塩害で農業ができなくなると説明してきた長崎県を慌てさせ、早速退去を求める裁判を起こす事態に至っています。ここには、２０１８年7月30日の、福岡高等裁判所が２０１０年12月に自らが下した判決（後に確定判決となる）を事実上無効にする判決（詳細は本書、堀良一）と同様に、どちらがまともな理にかなった言い分であるかを、白日の下にさらしたといえます。これまで、「諫早湾干拓事業が漁業不振の原因ではないか」という漁業者の疑問に対して、国や司法は正面から答えることなく、その存在意義が厳しく問われています（樫沢、２０１８）。

アジアの多くの国を含む環太平洋域では、古くより稲作漁撈文明やそれに相同する文明が根幹となってきました。それは水の循環を大切にした文明であり、今問われている持続可能社会の根幹に据えられるべき食文明といえます（安田、２０１７：２０１８）。諫早湾の潮受け堤防を巡る問題の解決には、このような長期的視点に立ち返って進むべき道を考え直すことが不可欠と考えられます。こうした分断から連携や協調への転換は、この国の抱える多くの問題の解決の道にもつながり、さらに分断・対立・排除へと混迷を深める世界から、日本の賢明な選択として大きな関心を集めるに違いありません。諫早湾は世界が見習う環境再生モデル、農業と漁業の連携による地域再生モデル、それらにつながる地域観光モデルとして、世界に示す道こそ有明海再生の本道であり、未来世代への贈りものであると思われます。そのためには、国の英断が求められますが、それは私たち自身が全ての価値判断基準を、続く世代の幸せを一番に考える方向に切り替えられるかどうかにかかっているといえます。

6　有明海再生への転換を生み出す「植樹祭」の提案

有明海の再生、それは有明海とともに生きる市民、農民、漁民が未来世代の幸せを最優先に、ともに生きる地域社会づくりそのものといえます。そのためには、これまでの不毛な対立（対立させられてきた不幸）、誤解やわだかまりを解きほぐす道が求められます（本書、横林和徳）。有明海の豊かさの源が森里海のつながりにあり、豊かさの崩壊が「里」（広義の捉え方：都会も含む人々の集まり）の人々の目先の利益優先や利害対立にあるとすれば、心の穏やかさを取り戻すことが不可欠と思われます。目先の経済成長や明日の暮らしの便利さを求めすぎず、今を生きる自分たちは続く世代のために何ができるか（何をすべきか）を第一に、ゆったりした環境の中で自然とともに生きる意味を考え直す植林活動、そのシンボルとしての「有明海社会を育む植樹祭」を立ち上げることが重要かと思われます。

急ぎすぎ、結果ばかりが大事にされる時代の中で、植えた木がゆっくり育ってやがて森の生態系を支えるようになる時間スケールで、有明海の再生への確かな道を開くことが求められます。

わが国は古くより水辺の森を維持保全すると生きものが生き続け、漁業が継続できるとの先人の知恵「魚付き林」が根付き、「森は海の恋人」運動（畠山、２００６）は流域全体の森を河口域の魚付き林として普遍化し、２０１８（平成30）年には30周年を迎えました。この運動のシンボルとしての植樹祭を支え続けてきた岩手県一関市室根町矢越の第12自治会（会長三浦幹夫氏）では、周りの自治会では少子高齢化と人口減少が顕著である中、その傾向が緩やかであり、ここなら心豊かに暮らせるとIターンやUターンが増えつつあるのです。何よりも、地区の皆さんは「この植樹祭がなくなれば、わしらは生きていけない」と生きがいとなり、地域コミュニティーを維持発展させる原動力となっているのです。

有明海を育む植樹祭は、長崎県民、諫早周辺の市民、農民、漁民の交流の場となり、有明海の再生を願う全国の皆さんが参加する方向へと発展し、この有明海を日本の海の再生の源泉にしようとの流れを生み出し、海とともに心豊かに生きる地域社会の再生につながることが期待されます。

おわりに　〝陸に上がった魚〟としてのヒトの行く末

私たち人類のルーツを辿れば、地球上で最初に背骨を持った魚類に至ります。それらの一部が陸と海をつなぐ水際での暮らしから、陸上への進出を果たすことになります。海の中に普通に見られるタイやヒラメにとって、系統的により近い存在は同じく海の中に生息する魚類としてのサメ類より、人類なのです。サメを魚と呼ぶなら、人類はまさに陸に上がった魚なのです（西田、２０１７）。陸域で傍若無人に振る舞う人間、陸域の環境を著しく傷つけ、海を汚染し続け、親しい親戚関係の魚を絶滅に追い込む私たちの振る舞いを、海の中に住み続ける〝本家〟の魚たちは一体どのように見ているのでしょうか。地球上でただ一種、環境の変動に適応することを放棄し、環境を勝手に変える安易な道によって生き延びようとする人間を、「そんな先に確かな未来はないのに、絶滅への道を自ら切り開く不思議な（かわいそうな）生きものだ」と冷ややかに眺めているのでしょうか（田中、２０１９）。

有明海再生への私たちの賢い選択はこうした他の生きものたちの見方を覆す最後のチャンスではないでしょうか。今、環境省は全ての命が大切にされる「環境・生命文明」社会の創生を見据えて、本腰を上げて「つなげよう、支えよう森里川海」プロジェクトを中長期的視点で展開し始めています（中井、２０１７：中尾、２０１７：本書、鳥居敏男）。１９８９年に気仙沼の牡蠣養殖漁師が始めた「森は海の恋人」運動（畠山、２０１７）と２００３年に森から海までの多様なつながりに関する統合学問「森里海連環学」（田中、２０１７ｂ：山下、２０１７）の先につながり始めた「森里川海プロジェクト」が本流となって、有明海の再生にも大きな役割を果たすことが期待されます。

諫早湾潮受け堤防に設置された二つの水門の開閉をめぐって、大いに参考になる事例が九州にはあるのです。それは、わが国ではじめての熊本県球磨川下流に設置されていた荒瀬ダム撤去に伴う河川と河口域・干潟域の環境改善とその結果生じる生きものたちの復活です。そして、何よりも干潟で生きものを観察したり採取する子供たちの復活という光景が広がったのです。そして、対立の象徴がなくなるとともに、蘇った自然を活用して地域を皆で元気にしようとする協働の輪が広がっているのです。１９８９年に宮城県気仙沼で始まった「森は海の恋人」運動も当初は気仙沼湾に注ぐ大川の下流に新月ダムが計画され、森と海のつながりが断たれるとその撤回を求めることになりました。それから30年の時を経て、一度出来上がったダムを撤去するという画期的な選択に学ぶことは非常に大きいと思われます。

国は２０１８年4月に第5次環境基本計画を策定し、２０５０年を目標にこれまでの物に溢れ大量に廃棄する物質文明に代わる新たな文明として「環境・生命文明」への移行を定めています。全ての命を大切にする「環境・生命文明」社会の創生にとって、命があふれた有明海、いのち輝く有明海社会の再生なしには、それは絵に描いたモチにならざるを得ません。その鍵を握るのは言うまでもなく、2050年時代の主役となる小中高生世代だといえます。子供たちが今一度森や川や海に触れ、生きる道を学ぶ世界を取り戻すことが不可欠と思われます（森里川海大好き本編集委員会、2018）。

この間、量的発展を無条件によしとして、未来世代からの借り物ともいえる自然を収奪し続けてきた時代を、物事の結果よりもむしろ過程や間を大事にする、質を重んじる社会へこの国をデザインし直す試金石としての有明海問題に国民的な関心と解決への英知の結集が求められます。新たな元号の時代には、「森に暮らして海を思い、海に暮らし森を思う」思想が広がることを念じて筆をおきます。

【参考文献】


井手洋子、2017。「故郷の海、有明海」『女性が拓くいのちのふるさと海と生きる未来』（下村委津子・小鮒由起子・田中克編）、昭和堂、25－47頁。

樫澤秀木、2018。「諫早湾干拓紛争は、なぜ今まで続いているのか」『法学セミナー』11月号、日本評論社。

小西晴子、2017。「ドキュメンタリー映画「赤浜ロックンロール」で描く三陸浜の心意気～海がみえねえじゃねぇか、バカヤロー！」『女性が拓くいのちのふるさと海と生きる未来』（下村委津子・小鮒由起子・田中克編）、昭和堂、68－93頁。

佐藤正典編、2000。『有明海の生きものたち――干潟・河口域の生物多様性』海游舎。

下村委津子・小鮒由起子・田中克編、2017。『女性が拓くいのちのふるさと海と生きる未来』昭和堂、275頁。

鈴鹿可奈子、2017。「海を懐かしく思うわけ――京都の老舗に生まれて」『女性が拓くいのちのふるさと海と生きる未来』（下村委津子・小鮒由起子・田中克編）、昭和堂、48－67頁。

田中克、2008。『森里海連環学への道』旬報社、182頁。

田中克、2009。「有明海特産種：氷河期の大陸からの贈り物」『干潟の海に生きる魚たち』（田北徹・山口敦子責任編集）、東海大学出版会、107－122頁。

田中克、２０１１。「山が有明海の稚魚を育む――森里海連環学から流域と海の再生を考える」『科学』81（５）：４７０－４７６頁。

田中克、２０１７a。「急がば回れの有明海再生（１）有明海問題の本質を見据える」『有明海の環境と漁業』２：４－８頁。

田中克、２０１７b。「つながりの時代を拓く「森里海連環学」」『いのちのふるさと海と生きる』（田中克編）、花乱社、１１６－１３０頁。

田中克編、２０１７。『いのちのふるさと海と生きる』花乱社、２７１頁。

田中克、２０１８。「有明海再生への展望――東京で開催されたシンポジウムから」『グローバルネット』３３６号。

田中克、２０１９。「陸に上がった魚、ひとはどこに向かうのか」『生命文明の時代』（安田喜憲他編）、オンデマンド（ペーパーバック）。

谷口正次、２０１７。「自然資本経済の勧め――日本モデルが世界を救う」『いのちのふるさと海と生きる』（田中克編）、花乱社、２３０－２４９頁。

中井徳太郎、２０１７。「自然の恵みを将来にわたって享受していくために――「つなげよう、支えよう、森里川海プロジェクト」の取り組み」『いのちのふるさと海と生きる』（田中克編）、花乱社、２５０－２６１頁。

中尾文子、２０１７。「「つなげよう、支えよう森川里海」プロジェクトとつながろう」『女性が拓くいのちのふるさと海と生きる未来』（下村委津子・小鮒由起子・田中克編）、昭和堂、２０２－２１９頁。

西田睦、２０１７。「人類の遠い祖先を海に訪ねて――私たちは魚である」『いのちのふるさと海と生きる』（田中克編）、花乱社、10－24頁。

畠山重篤、２０１７。「「森は海の恋人」は海を越えて」『いのちのふるさと海と生きる』（田中克編）、花乱社、１５４－２０１頁。

松田治、２０１７。「里海――Satoumiから見た未来」『いのちのふるさと海と生きる』（田中克編）、花乱社、68－77頁。

向井宏、２０１７。「「青い」地球を守りたい」『いのちのふるさと海と生きる』（田中克編）、花乱社、44－67頁。

森里川海大好き本編集委員会、２０１８。『森里川海大好き！ つなげよう、支えよう森里川海」プロジェクトチーム。

安田喜憲、2017。「環太平洋文明から日本の未来を見据える」『いのちのふるさと海と生きる』(田中克編)、花乱社、25－43頁。

安田喜憲、2018。『文明の精神――「森の民」と「家畜の民」』古今書院。

八幡暁、2017。「環境×暮し=未来」『いのちのふるさと海と生きる』(田中克編)、花乱社、92－115頁。

山岡耕作、2017。「海遍路――黒潮域に幸せの原点を探しに」『いのちのふるさと海と生きる』(田中克編)、花乱社、78－91頁。

山下洋、2017。「森から海までのつながりの科学と教育」『いのちのふるさと海と生きる』(田中克編)、花乱社、216－229頁。

横山勝英、2017。「防潮堤といのち――気仙沼舞根湾からの発信」『いのちのふるさと海と生きる』(田中克編)、花乱社、131－153頁。

横山勝英、2018。「防潮堤は語る」『アカデミア』168号。

横山勝英・鈴木伴征・味元伸親、2007。「筑後川の河川変動要因と土砂動態の変遷」『水工学論文集』51：997－1002頁。

クストーの思想に学ぶ

地球システム・倫理学会常任理事／会長顧問
服部英二

田中克先生と有明海を訪れたとき、私の頭に去来していたのは、実践的地球環境学者として世界的にその名を馳せたジャック・イヴ・クストー（1910〜97）がもしここにいて、この余りにも悲しい現実を見たら、どのような反応を見せただろうか、ということでした。

クストーは海から出発して地球の隅々を探索し、生命系の神秘、その相互依存関係を解明した人です。大学で専門知識を得たのではありません。その方法はあくなきフィールドワーク、そして現地の人々、特に少数民族との対話でした。海・河川・密林での大いなるいのちの循環の把握は、彼を20世紀の地球倫理の先覚者としました。母なる地球を救うのは政治家でも行政でもなく、民族の自覚、世論だと気付き、メディアを通して全世界に訴え、50年間いかなる国も南極の地下資源に手を付けてはならない、という「南極条約」を成立させました。未来世代は美しい地球を享受する権利があると「未来世代の権利憲章」の採択を訴えました。その思想を基にしたユネスコ宣言の採択の直前、1997年6月、彼が亡くなったときは、世界中の元首が、そして人々が、クストーを「良心の媒体」

と称えたのでした。

人類の無知と横暴により、地球環境がTipping point（不可逆点）を迎えつつある今、私が『未来世代の権利　地球倫理の先覚者、J－Y・クストー』（藤原書店）という本を世に出したのは、鶴見和子さんを揺り動かしたこの人の行動と思想は日本でもっとよく知られねばならぬ、という藤原義雄さんに肩を押されたからです（写真1）。

クストーはフランス海軍の士官でした。そして第2次大戦中、アクアラング（現在のスキューバ）という自律的海中遊泳装置を開発したのです。実は今皆さんが見ている美しい海底の光景は、この発明がなかったら無かったのです。未知の海中の世界を万人に開いた人がクストーです。

でもなぜ海軍士官がそのような発明に至ったのか？　実は大戦中、フランスはナチス・ドイツに占領されました。そのときフランス海軍は、自分たちの船がナチスに使われないように、トゥーロンの軍港でその大半が自爆したのです。したがってもう乗るべき船がない。その時間を使ってクストーは、前から考えていたこと、つまり潜水服という重い装置と空気を送る管とから解き放たれ、自由に海中を遊泳できる装置の開発を友人の技師と共に行ったということです。まさにコロンブスの卵です。

戦争が終わったとき、彼はアメリカの古い木造掃海艇「カリプソ」号を譲り受け、海洋探査船に改築します。水中カメラ・水中スクーター・深海調査船も開発、地中海で水中考古学の先駆けともなりました。1956年名監督ルイ・マルの協力を得て製作した初めての長編記録映画「沈黙の世界」は、革新的映画で、カンヌ映画祭でパルムドール、ハリウッドのアカデミー賞を受賞します。それを可能にしたカリプソ号は、1996年、シンガポール港で他の船に衝突され沈没しました。しかしそれまで世界中の環境保護運動に関わるものにとってはまさに「こころの旗艦」という存在でした。クストーはそのカリプソ号にヘリコプターも載せ、

写真1　『未来世代の権利　地球倫理の先覚者，J－Y・クストー』（服部英二編著，藤沢書店，2015年）

1956年ルイ・マルの協力で制作した長編映画「沈黙の世界」で，カンヌ国際映画祭でパルム・ドール受賞，アメリカでアカデミー賞受賞。1966年よりテレビ･シリーズ「クストーのオデュッセイア」七つの海，主な河川を調査。自然の生態系を学術的に解明，その100本が世界中で放映さる。1973年現代及び未来世代のために生命を守る「クストー・ソサエティ」を設立，アメリカを中心に35万人の会員を擁するNPOとなる。

図1

また自ら開発した深海潜水艇まで載せて、世界の全ての海、大河そしてついには陸までを調査するという大事業を行いました。

１９６６年からはテレビ・シリーズ「クストーのオデュッセイア」で七つの海、主要河川をくまなく調査、自然の生態系を学術的かつダイナミックに伝えることに専心します。その１００本の作品は世界中で放映され、私はモスクワでも、またジャカルタでもそれを観ました。１９７３年には現代及び未来世代のために地球上の命を守る「クストー・ソサエティ」を設立、アメリカを中心に35万人の会員を擁するＮＰＯとなります（図1）。

当時アメリカに行きますと、フランスの大統領の名前は知らなくても、クストーの名前は全員が知っている、というほどでした。

クストーのやったことは実は全部、机上の理論ではなく、皆さんが言うフィールドワークなのです。地球的環境問題を、今日は一部瀕死の状態に追い込まれた有明海の問題を取り上げますが、クストーならどうしたかということを考えてみましょう。

クストーは対話した

クストーの態度で私が特に評価するのは、彼がその行く先々でそこを専門とする専門家そして先住民と対話していることです。そして、その議論が素晴らしい。フィールドワークの中で自ら学者になっていったのです。それからもう一つ、彼は、自らの国、フランス政府といえども対決した、ということがあります。例えばムルロア環礁での原爆実験、それを現地に出向き断固として告発しました。環境を守る決意を自分の政府相手に表明したのです。

それにも関わらず、アカデミー・フランセーズ会員にも選出されています。フランスはそういう国なのです。

民間運動は世界を動かす

特にここで私が取り上げたいのは、1990年にクストー・ソサエティが南極大陸の保護の請願を起こしたことです。これは、おそらく民間運動の模範になるでしょう。一つの民間団体が請願を起こして、オーストラリアの首相と協力、フランスのミッテラン大統領、アメリカのブッシュ大統領（お父さんの方）を動かす。それらの指導者に、クストーはすぐに自ら会いにいく。そして彼らを説き伏せて、マドリッド合意といいますが、南極大陸の自然資源には50年間手を付けてはならないという新しい「南極条約」を成立させます。世界の全ての国がこれに賛同し批准しますが、一つの民間運動がその原点であったということです。

1991年になると、未来世代は美しい地球を享受できる権利があると、「未来世代の権利の請願運動」を開始します。これは日本も含め、世界で800万以上の署名を集めました。それが、「未来世代のための現代世代の責任宣言」という1997年のユネスコ総会が採択する宣言になるのですが、その基は、実は東京で生まれたという裏話を紹介しましょう。

東京で生まれた世界宣言

1995年のことです。実は私がユネスコ本部に勤務をしておりましたとき発足させたプロジェクトの一つに「科学と文化の対話」というシンポジウム・シリーズがあります。このシリーズの集大成ともいえるものを東京の国連大学で、1995年9月に行いました。「科学と文化、未来への共通の道」。そのときにクストーさんを基調講演

写真２　クストー・ソサエティのパンフレットより

者として招待したのです。

これはユネスコ創立50周年記念シンポジウムでもありましたから、パリからはマイヨール事務局長も来日しました。ところがクストーは東京に到着するなり、私にマイヨールと二人きりで会わせてくれという。それはどういうことなのか？　１９９５年初頭、フランスは核実験禁止条約の発効直前に駆け込みの核実験を5回実行したのです。これはクストー自身が私に話してくれたことなのですが、それが政府から発表されたその日は、ちょうどフランスの国営テレビで、クストー自身が生放送の番組を持っていた日でした。核実験開始のニュースを聞いた彼は、そのテレビ番組の生放送でフランス政府の決定を断固として断罪したのです。

問題はその核実験を命令したのがシラク大統領だったことです。シラク大統領とクストーは実は、親友だったのです。それなのにこの決定をテレビで断罪しました。そしてさらにクストーは、抗議の意を込めて、政府から任命された全ての役職を辞任すると宣言したのです。そこでどうなったか、シラク大統領がクストーさんのために設立した「未来世代のための国家委員会」の議長も辞職せざるを得なくなったのです。これはクストーが私に話してくれたことです。

クストーに依頼され、私はマイヨールさんとクストーの時間を調べたが全部詰まっている。だから朝食会をセットしたのです。ブレックファーストミーティングをマイヨールのホテルでアレンジしました。

そのとき、クストーは何をマイヨールに頼んだのか。「こういう次第で私は未来世代の権利の国家委員会の議長も辞職せねばならない。だからマイヨールさん、あなたはユネスコで『未来世代のための国際委員会』を創って引き受けてくれないか」。これが彼の要請だったのです。

すると、マイヨールは「分かった、それを考えよう」と答え、実際にユネスコに帰って、ＭＡＢ（人と生命圏）という部局にその組織化を命じたのです。

マイヨールの命を受けたこの部長は、パリのクストー財団本部に自分の事務所までつくって、ユネスコ・クストー協働体制を造りました。その成果の一つが1997年10月のユネスコ総会で採択された「未来世代のための現代社会の責任宣言」の国連版です。まさに「未来世代には美しい地球を享受する権利がある」というクストーの請願だったのです。この発端は東京でのこの会合だったことは知る人ぞ知るです。ただ、残念なことに、この宣言の発表を待たずにクストーは1997年6月に亡くなりました。あと3カ月でその知らせは届いたはずなのに。

さらにもう一つ、1995年9月の東京シンポジウムで重要なのは、クストーの基調講演での証言です。「生物の種の数が多いところでは Ecosystem は強い。種の数が少ないところ、例えば南極では、生態系はもろい」。そして、その後に続けた言葉です。「そしてこの法則は文化にも当てはまる！」。

これは大変な衝撃を全参加者に与えました。鶴見和子さん等はこれに感動して、亡くなる前の数年間、講演で挙げるのは二人の名前だけになってしまうのですね。南方熊楠とジャック＝イヴ・クストー。この二人のことしか言わないほどでした。この基調講演の全文は私がクストーの生涯と思想を描いた前記の本に収録してあります。

クストーさんのような人が言うと、これは重いのですね。机上の空論ではなく、世界中で現地調査した人が引き出した結論だからです。フィールドワークの力ですね。あらゆる行き先で少数民族の人々と語り、自然の隅々を観察した実証に基づく証言だからです。

では東京でのこの証言がどのような結果を招いたか。「世界人権宣言」に次ぐ重要な宣言と評価された、2001年のユネスコによる重要な宣言「文化の多様性に関する世界宣言」となったのです。その第1条には、「人類にとって文化の多様性は、自然界に生物多様性が必要なのとまったく同様に不可欠である」とあります。これも1995年の東京シンポジウムが生んだものです。

「未来世代の権利」ですが、私はこの言葉をこの本の表題にしました。クストーはもっと知られなくてはいけない

写真３　マイヨールユネスコ事務局長とともに

と藤原良雄さんが言うから、私はクストーさんを親しく知った数少ない日本人としてこの本を出したわけです。

普通、クストーさんに関しては『沈黙の世界』はもちろんですが、日本でもその探検の本ばかりが出ています。ところが、彼の思想、哲学、自然観、そういうものについては今まで皆無でした、日本では。それを私は彼の生涯とともにこの本で紹介しました。例えば、彼はユネスコでこう言っています。「クストー財団の目的は探検だと思われているが、そうではない。教育だ。」（写真３）

これは私がクストーさんをユネスコ本部に招いたときの写真ですが、真ん中にクストーとマイヨール事務局長、左端がジャック・コンスタンスという人で、クストー財団の副長です。非常にいい人でしたが、残念ながら急死します。マイヨールの隣の私はまだ若かったです。

ではなぜ私がクストーを知ったのか？　本当を言うとクストーチームと水中考古学をやりたかったのです。水中考古学というのも、やはり地中海でのクストーの古代文明発見が嚆矢《こうし》なのです。その頃クストーはモナコの海洋博物館の館長でしたから、私はモナコまで会いに行ったのです。

１９８５年に私が立てたユネスコによるシルクロード総合調査、「シルクロード・対話の道総合調査」というプロジェクト。これは大々的なプロジェクトとなっていくのですが、その中に水中考古学も入れたかったのです。というのは、全ての遺跡は地上にあるとは限りません。もう海中に沈んでしまった遺跡もあります。だからクストーに協力を頼みにいったのです。約束の時間きっかり、あの独特なブーメラン型の机の向こうに座ったクストーが私にどう言ったか。忘れられません。

「確かに水中考古学的調査は過去にやりました。しかし、今の私の関心は〈陸の生態系と海の生態系の相互作用

interaction〉なのです。いのちの相互扶助的なつながり。それが私の関心で、今ちょうど、〈世界再発見〉という新しいTVシリーズを始めようとしているのです。だが、あなたがそう言うなら、ユネスコの依頼なら、その水中考古学もやりましょう。」

とんぼ返りでパリに帰った翌日、今度は私をユネスコのオフィスに訪ねてきたのが、このジャック・コンスタンス、クストー財団No.2の人だったのです。

クストーと「森里海の連環」

特に私がここで申し上げたいのは、「森・里・海のいのちが連環している」というクストーの認識なのです。それに関して一番雄弁な例としてクストーが挙げたのがイースター島でした。あのモアイ（写真4）があるイースター島なのですが、ここでは私の言葉ではなく、クストーの言葉を紹介します。今私が紹介した本の中で、クストー自身の言葉を私が翻訳しております。

「西暦7世紀、おそらくはマルケサス諸島から出た2隻の大型アウトリガーに乗った人々が、南アメリカから3000マイル離れたこの熱帯の孤島に上陸した。植物が生い茂っていた。鶏も連れた彼らは約200名だったと思われる」。こういうところまで彼は調べているのです。「8世紀の間、彼らは土地を耕し、魚を取り、子を産み増えていった。農民と彫刻家と神官がいた」。クストー自身の言葉をこの本に載せています。

「巨大なモアイが建てられた」。このモアイとは何でしょうか。モアイとは祖

写真4　イースター島のモアイ

先の霊の現れなのです。ですから海の方を見ず、内陸の村を見守っている。ところが、「人口が増えに増えていき、ついに7万人に達した。そこで食料危機が起こり、耳の長い部族と耳の短い部族、二つが対立して殺し合いを始めた」。この辺から、ちょっと私が補いますが、「部族を見守る祖霊が宿るモアイは引き倒され」、「霊性マナを放つサンゴの目は砕かれた」。

「18世紀、オランダの海軍がこの島を発見したときには樹の無い荒涼とした裸の島だった」。

モアイは80体くらいありますね、あの島に。オランダ人が上陸した日、それは偶然復活祭（イースター）の日だったのですが、あれは全部引き倒されていたのです。文明の崩壊を物語る姿でした。その理由を探らなければいけない。つまり何故殺し合いが始まったのか、を。

モアイは、今は建て直されたものが多いですが、このくぼんだ眼窩に、実は白サンゴと黒曜石でつくられた目が入っていました。それがすべてわざと砕かれていたのです。

クストー以前にもイースター島を探検した人はいます。しかし彼らは陸地しか見ていません。クストーは海の中も見る。海底に潜っていくと、イースター島の海が、裸の島と同様、死んでいるということを発見したのです。

そして、今まで謎だったイースター島文明の滅亡の原因をズバリと言い切るのです。

「樹を伐ったからだ！」。

この一言。これは衝撃でした。アメリカで大きく新聞の記事になった言葉です。

森が伐採されると川が消える。農地が無くなる。そして川が注ぎ込んでいた海中の生命も死滅していった、と見抜いたのです。

命の循環を痛感して発したこの言葉。これを忘れないでほしい。「樹を伐れば海が死ぬ」のです。そして次に彼が残した言葉はこうです。

「人類が今の在り方を変えなければ、地球はイースター島の運命を辿るだろう」

衝撃的な言葉です。そしてまた、クストーはこう言っています。

「このままでいくと、人類もまた、絶滅危惧種のリストに入るかもしれない」

人類の作為は地球の再生力の限界値を超えた

熱帯雨林は過去1世紀で50％以上失われました。そしてそれは、ますます加速しています。現在、毎日１００種の生物種が地上から消滅しているのです。しかもその消滅の速度が加速していることから、毎日１２０種と言う人もいます。ヨーロッパの森はもはや70％消滅しました。アメリカでは80％の森がなくなった。それなのに、地球の肺と言われるアマゾンの森もボルネオの森も未だに商業主義による伐採が続いている。これが現状です。

このように自然を破壊していく人間の行動原理を、「市場原理主義」と私は呼びますけれども、クストーはこれを「ミスターマーケット」と呼ぶ。ミスターマーケットが地上を闊歩している。そして、自然が壊されていく。それは実は自殺行為であり、人類は今自らを死に追いやっているということです。

私はここで、ムンクの絵に注意したい。ムンクの『叫び』という絵は、今年日本にも来ました。数点ある一つですが（写真5）。

写真5　ムンクの『叫び』(scream)
叫びではなく地球の「悲鳴」。

日本語では「叫び」と言っているのですが、この『scream』という題は、「叫び」ではなく「悲鳴」と訳すべきでした。なぜならば、ムンク自身が日記に書いているからです。「ある日、私は海岸に行って、地球の悲鳴を聞いた」と。

普通の人々は、この真ん中の人物が叫んでいると思っていますね。しかし、そうではなくて、この人は地球の悲鳴を聞いて、恐ろしくて耳をふさいでいるのです。彼が叫んでいるのではないのです。ですから、それを展覧する会場では、解説に書いてほしいですね。ムンク自身の言葉、「地球の悲痛なscreamを聞いた」という言葉を。

去年も来日したヨハン・ロックストローム。彼はストックホルムのレジリエンス・センターの所長で、レジリエンスとは地球の回復力のことです。3年前にコスモス国際賞を受賞した人ですが、例の「パリ協定」、COP21にも関係している人です。

「今人間がやっていることは、地球のレジリエンス、再生力の限界値、Planetary Boundariesを超えた」という彼の言葉を我々は真摯に受け止めなくてはなりません。もう後戻りができないぐらいの状況にあるということを、我々は自覚しなければいけないと思います。

人類の作為とは

人間が手を入れないものが自然であり、手を入れたものが文化である、という定義がありますが、果たしてそうでしょうか？　作為または人為というものは、実は自然を離れたとき、すなわち自然と離婚したとき、偽物になるのです。

人が為すこと、この二つの字を合わせるとこうなります（図2）。人為というものは、「偽」になる、本来の道ではないということを表しているではありませんか。本来の道は自然と一体でなければならない。老子が述べたように「道は自然に依《よ》る」のです。

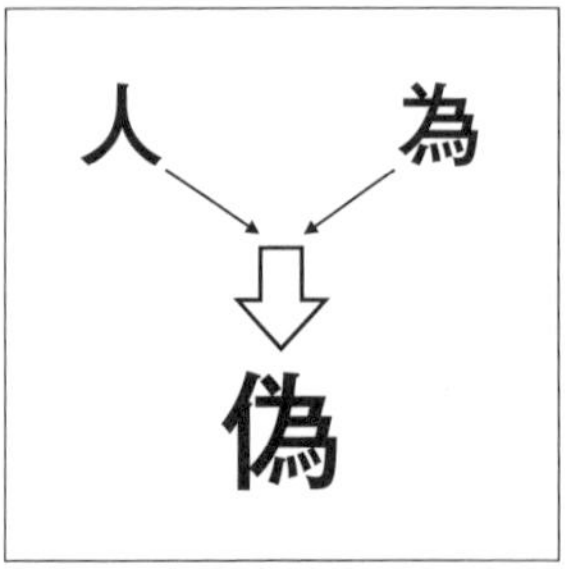

図2　「にせ」という語は？

これは畠山重篤さんも言われたことですが、「柞《ははそ》」という言葉も素晴らしいですね。私は畠山さんの講演を聞いて感動したので、紹介させていただきます。

畠山さんの「森は海の恋人運動」は、先ほどのクストーの指摘、イースター島文明の滅亡は「樹を伐ったからだ」に結び付いています。畠山さんはこの「柞」という言葉は、実は皇后（現上皇后）陛下から教わったと仰っています。

滋養あふれる川を生み出す自然森。これはまさに母なのです。ここに命の循環、大いなる生命の循環を見なければいけない。「柞」、自然林の生み出すものが滋養あふれる川になり、海に注ぐ。川と海の接点が「汽水域」、そこが命のゆりかごになっているのです。

「自然は手術を好まない」のです。この有明海、諫早湾にはなんと先ほどの自然を離れた「人為」的なギロチン堤防がある。これこそが人間が行った自然への手術であり、冒瀆にほかなりません。このような人為、自然破壊をクストーなら必ずや断罪したことでしょう。このような作為に対して、私はもう一つの言葉を紹介したい。『地球との和解』という本で、これは実はユネスコで行われた世界的な専門家によるシンポジウムの日本語訳なのです（写真6）。

この中で、ミシェル・セールというフランスの素晴らしい思想家が、ルソーのContrat Social、社会契約論に対して、Contrat Naturel、自然契約というものが今こそ必要なのだと説いています。

またこの人がこの『地球との和解』の中で言ったことに、恐ろしい黙示録的な予言があります。

「人類に切り刻まれた自然は、今人類にしっぺ返しすべく、沈黙のうちに再結集を始めている」

写真6　『地球との和解――人類と地球にはどんな未来があるのか』（ジェローム・バンデ編，服部英二・立木教夫監訳，麗澤大学出版会，2009年）

その現れが、干ばつとなり、巨大山火事になり、大洪水になり、巨大サイクローンになっているということです。この言葉に呼応するように、2018年コスモス国際賞を受賞したオーギュスタン・ベルクは、西欧発の二元論、つまり人が主体、自然が客体と分ける二元論を断罪し、「自然にも主体性がある」と、驚くべき言葉を残しました。これは、「地球にも心があるのか」という大きな問になります。きっとある、と私は思います。このことを今我々は考えなければいけないと思います。

有明海諫早湾の防潮堤ですが、私はこれこそが水の循環、すなわち生命の循環を断つ行為、人体ならば動脈を切断するに等しい行為であると思います。川さえも分断し「汽水域」を無くしたことにより、タイラギやアゲマキは干潟から姿を消しました。そこに作られた農地も耕作地に値せず、半ば放棄されています。人工の調整池は何に役立つのでしょうか。現地に立ち、漁師と共に苦しんでいる農民の姿に接し、私は言葉を失いました。

およそ人は過ちを犯す存在です。人の価値はその過ちを隠し通すか、認めて解決の道を探るかで決まります。過ちを認める勇気を行政は持たなくてはなりません。

これは夢ではなく、現実に起こっていることです。アメリカではひと頃造られた人工のダムが次々に撤去され、本来の自然に戻す行政が行われています。お隣の韓国にもその例があります。

ひと昔前の自然を支配し統治するのが良きこと、という成長の概念が今は変わってきているのです。我々は、その昔の観念で計画を立てた人を断罪するのではなく、新しい知見を取り入れて行動しなければならない、ということです。

第2章 有明海を宝の海に戻したい

諫早湾と有明海の今昔

干潟の海を撮り続けて45年

肥前環境民俗写真研究所代表
中尾勘悟

はじめに

諫早湾の小野島の堤防に立ったのは、1972年頃の秋だったと記憶しています。大学のOBで編成したヒンズークッシュ登山隊に参加して、無事に戻り残務整理と登山報告書を兼ねた『アフガニスタンの山と人』を出版をしました。その後気が抜けたようになり、登山を続けるか、何か他のことに切り替えるかと迷いの日々を送りました。すぐに登山から離れるわけにはいきませんが、それまでのようにがむしゃらに登ることに自信がなくなりつつありました。たまたまその前に離島勤務を経験したとき、海岸歩きや漁港めぐりをしていましたので、野鳥に興味をもつようになり、日本野鳥の会に入りました。

本土の学校に戻り、諫早市に勤務することになりました。当時、諫早湾は冬鳥の越冬地として全国的に知られ、ツクシガモやダイシャクシギの越冬地としても注目されていました。そこで、同僚に諫早湾奥の小野島の堤防まで連れて行ってもらう機会に恵まれました。そのときの干潟の海の印象が、干満差が小さい大村湾沿岸で育った者にとっては、あまりにも強烈でした。独特の潟泥の臭い、潟の表面にうごめくムツゴロウやトビハゼ、シオマネキ、ヤマトオサガニの様子、どこからともなく聞こえてくる潟のつぶやきのような音、遠くの干潟にはシギやサギの群れが見え隠れし、不思議な気分におちいりました。そのことがきっかけとなり、その後休日を利用して干潟の野鳥を観察するために小野島に通うようになりました。もちろん月に1度前後は多良岳や雲仙岳に登ってはいましたが、知らず知らずのうちに諫早湾に足が向くようになりました。

本稿では、カメラを片手に諫早湾ならびに有明海を巡り歩いた45年を通じて、海の様子と漁業、漁師の暮らしを見続け、海と暮らす漁師の皆さんから聞き取ったことなどを交え、有明海と諫早湾の変遷を紹介します。

野鳥から干潟漁へ

干潟の鳥たちを観察するには、大潮の満潮時の少なくとも1時間前には現地に行って潮に追われて堤防に近づいていくるシギやチドリやカモたちを待つのが常識でした。結局車の免許を取りませんでしたので、島原鉄道に乗り、今の干拓の里駅（バス亭は尾崎）で降り、農道をまっすぐに歩き、小一時間かけて小野島の堤防に辿り着きました。列車の時間の都合で、満潮の2時間前に着くこともあり、新たな発見をすることもありました。鳥たちより早く人が沖の干潟から獲物を乗せた跳ね板を押して戻ってくるのに遭遇することもよくありました。アゲマキ、サルボウ、ハイガイなどの貝類を捕ってきた人、待ち網で魚を捕ってきた人などに出会い、漁の話を聞くようになって、沖から戻ってくるところを撮影するようになりました。顔見知りになった漁師さんから住所と電話番号を教えてもらい、自宅に干潟漁の様子を聞きにいくこともありました。

こうしたことを経て、関心は野鳥から干潟漁に移り、小野島海岸だけでなく、森山、三ツ島、本明川河口部、長田、白浜、深海、小江、湯江、小長井、大浦、竹崎と、諫早湾内の各地（各漁村）を歩きまわりました（写真1）。島

写真１　諫早湾森山二反多川の河口船溜まり

写真２　“ばっしゃ”と呼ばれる
有明海のあんこう網操業の様子

原半島側では、よく吾妻町牛口の漁業集落を訪ねました。その後、さらに東へも行くようになり、古部駅や大正駅、西郷駅でも下車して沿岸を歩いて、漁やお祭りなどの行事の写真を撮り続けました。

〝ばっしゃ船〟

1980年頃からは、写真集の出版を意識してモノクロームだけでなく、カラーポジフィルムでも撮るようになり、機材も中判や大判カメラがメインになりました。その頃から、島原や柳川にまで足をのばすこともあり、ほとんどの休日には諫早湾と有明海の撮影に出かける日々を送りました。

その頃（1982、83年）、島鉄バスで島原に移動中、国道脇の国見町多比良の船溜まりに普通の漁船とは形が違う目立った色彩の木造船を発見し、慌てて次の停留所で下車して撮影に戻ったことがありました。調べてみると、明治中期（日清戦争後）から昭和18年前後まで、朝鮮半島南西岸に毎年出漁していた〝ばっしゃ船〟と呼ばれたあんこう網漁の船（写真2）を再現したものでした。最初は2、3トンの小船で対馬海峡を渡っていたようですが、昭和に入ると船は5トン以上になり、大きな船は7、8トンはあったようです。もちろん焼玉エンジンを備え大きな網を積むので、船の幅は広く頑丈に造られていました。船のみよし（船首）に特徴があって〝綜欄巻き箱みよし〟と呼ばれる独特の形をしていました。

その後（1985年4月）、勤務先が島原半島の国見町に移り、その船の持ち主（鮮海出漁家経験者）が、高齢のために手入れができないから廃船にするという話を聞き、町と県に保存を提案しましたが断られました。しばらくして国立民族学博物館に収蔵してもらってはどうかと勧めてくれる人（県文化課の学芸員・立平進先生）がいて、話を通してもらい、調査が始まりました。そして1年後、「日進丸」は大型トレーラーで大阪に運ばれました。その頃（1988年）までは、多比良や島原、深江などに〝ばっしゃ船〟が十数隻は残っていて、大牟田沖から諫早湾の入り口、島原沖あたりで操業していました。秋はマエビ（シバエビ）、春はイカナゴなど（フグやタチウオなども）を捕っていました。昭和40年代の仕切り書を多比良のHさんに見せてもらったことがありましたが、そこにはなんと115万円と書いてあるではありませんか。一晩で1トン以上入ったようです。当時シバエビは高い価格で取り引きされていて、キロ当たり1000円がふつうだったようです。今では、半額以下に値段が下がっています。有明海の〝ばっしゃ〟は次第に衰退していき、長崎県ではほとんど操業していません。諫早湾が閉め切られて潮流の勢いと流れの方向が変わり、海底に浮泥が溜まるようになり、海底で夏眠するイカナゴは育たなくなりました。今も操業を続けているのは佐賀県だけで、六角川河口に7、8隻、広江に3、4隻、川副に数隻が残っているに過ぎません。一年中操業ができるのですが、秋から冬にかけては海苔養殖が忙しくなり、また、切れた海苔が網にかかって漁がやりにくくなることもあり、ほとんど出漁していないようです。

諫早湾が閉め切られて　調整池から排出され続ける汚水

1997年4月14日、諫早湾奥部が干拓のために潮受け堤防で閉め切られ（写真3）、海水が調整池に入らなくなり、干潟の生き物は死滅してしまいました（写真4）。3000ヘクタールの干潟が失われ、高性能な天然の浄化装置も豊かな食料（魚介類）を育む場も、さらに渡り鳥たちの休息の場所と餌場も突然消えてしまったのです。ムツ

写真3　諫早湾奥部3分の1が閉め切られた様子　潮受け堤防内側の水の汚濁が顕著。

写真4　潮受け堤防による閉め切りにより，干上がった諫早湾の干潟上のハイガイの死殻

ゴロウやトビハゼは2年間ほどは干乾びた干潟で生き延びた個体もみられましたが、閉め切られて1年も経たないうちに調整池の水は濁り、その水を雨が降るたびに諫早湾に放出するため、夏が近づくと悪臭が漂い大きな問題になりました。その後、調整池の水質は改善されないばかりか、年を追うごとに悪化を続け、アオコの発生が深刻な問題となっています（本書、髙橋徹参照）。その影響は周辺の有明海にまで及んでいますが、国は影響は諫早湾内と湾口部だけだと主張し続けていて、漁民の願いである排水門の開放どころか試験的な開放さえ認めようとしません。そのため漁業者たちは、排水門の開放と試験的な開放を求めて訴訟を起こし、福岡高等裁判所では勝訴しました。その後の国営諫早湾干拓事業をめぐる裁判の経緯と司法の役割に関しては、本書に堀良一さんによって詳しく紹介されています。諫早湾潮受け堤防の開門調査を決めた確定判決さえ履行されない中、漁業者、特に漁船漁業と採貝漁業に携る漁業者は、漁獲がそれまでの5分の1から10分の1以下にまで激減し、窮地に立たされているのです。

10年ほど前から海苔養殖業者の強い要望もあって、調整池の汚水の放出は主に南排水門から行われているため、島原半島側の影響が大きくなり、沿岸域での漁獲量が減少し続けています。多比良ガニとか有明ガニと呼ばれて名物だったガザミ、春先から初夏にかけて産卵のために入ってくるコウイカやクロイカはもちろん、マダコ、イイダコ、クツゾコ（デンベーシタビラメ）などは、年々捕れなくなってきています。特にグチの仲間（シログチ、ニベ、コイチなど）は激減しています。アカガイ（サルボウ、以下同様）が最近は有明海では育っていないため、それを餌にしているイイダコが不漁です。アカガイは例年なら5月から7月初めまで鋤簾《じょれん》で捕っています。5月20日前後に解禁になりますが、6月になると鋤簾漁に出ている船はほとんど見かけなくなりました。大浦・竹崎の漁業者が、ガネ網（ガザミ漁）に出て網を4束（約4000m）張り翌朝揚げてみたら、かかっているのはなんとたった一匹だったそうです。クツゾコ網に出てもトロ箱二つか三つ、日当は出ないと知り合いの老漁師がこぼしていました。アカガイを養殖をしている漁業者は、海苔が終わって次の海苔の準備に入るまでの中継ぎができていましたが、今はできないと嘆いています。

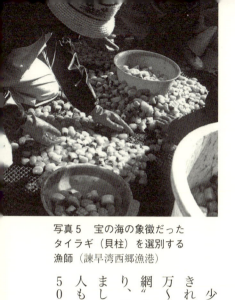

昭和の頃までは諫早湾も有明海も豊かな〝宝の海〟だった

写真5　宝の海の象徴だったタイラギ（貝柱）を選別する漁師（諫早湾西郷漁港）

少なくとも昭和の終わり頃までは、冬から春にかけて潜水器タイラギ漁ができれば、1日10万円から20万円の水揚げがあり、月に15日出漁すれば、150万〜300万円にもなったそうです（写真5）。夏から秋にかけての〝げんしき網〟（クルマエビ漁）では、平均で一晩に10万円、時には20万円揚げることもあり、月に200万円になったこともあったとHさんは懐かしそうに語ってくれました。「そん頃は、ちょっと頑張れば1年で船を造り、2年目には家を建てる人もいたんですよ」と。アサリ養殖も、諫早湾が閉め切られる前までは、年間500万円は揚がっていましたが、閉め切られた翌年からは赤潮の多発により、

写真6　諫早湾境川河口沖での手押し網漁

写真7　有明海干潟を代表するムツ掛け

アサリは夏を越せなくなったそうです。今では、外国（中国や韓国）から成貝を買い付け、しばらく干潟に蓄養してから出荷するほかないのだと言います。

かつて諫早湾や有明海は〝宝の海〟と呼ばれ、ムツゴロウをはじめウナギやアカガイ、アゲマキ、タイラギなどもたくさん捕れていました。手押し網も多く（写真6）、5月頃の大潮の時期には20隻前後並ぶこともありました。獲物はヤスミ（大きなメナダ）、グチ、クツゾコ、ワラスボ、時にはウナギも入りました。また、シラタエビやシバエビなどが入ることもありました。盆を過ぎた頃にはアキアミが群で入ってくるので、それを狙って船の脇に取り付けた袋網で捕ったようです。佐賀県からも漁師が来て、〝舞い〟と呼ぶ漁法（ハンギーと呼ばれる押し桶の上に三叉網を載せてアミの群れを追い回す）でも掬い捕っていました。昭和40年代までは諫早湾では〝大手押し〟（手押し網よりさらに大掛かりの仕掛けを取り付けたもの）の船も10隻ほど操業していて、秋から冬にかけて水深が深いところでシバエビを捕っていました。また、諫早湾はムツゴロウも多く、鹿島市浜から〝ムツ掛けさん〟（写真7）と呼ばれるムツゴロウ掛けの名人たちが、入漁料を払って諫早湾へ来ていました。そして、地元の人たちも彼らからムツ掛けを教わってムツゴロウを掛けるようになったと言われています。

潮が満ちてくると待ち網をハンギーに載せて、跳ね板で沖合いまで行き、跳ね板の上に立って待ち網を満ちてく

写真８　“ちょっとすき”と呼ばれた浮きいおすくい

写真９　延縄漁でスズキなどを漁獲

る潮に向け、時々持ち上げて獲物を〝うっとり〟(手作りのタモ網)で掬い捕り、後ずさりしながら堤防に近づくと網をたたんで堤防へ引き上げていました。〝狙い〟とか〝浮きイオ掬い〟と呼ばれる潮に乗って沖からやって来るヤスミを掬い捕る漁法も盛んでした(写真８)。ベテランになれば、２、３時間で20から30匹捕っていました。また、高来町の境川河口域周辺の干潟では、４月になると〝割りもち網〟(押し網の一種)が始まり、いろいろな魚、ニシやタコなどが入りました。また、冬になると同じ場所でタイラギ押しをする人もいました。ハンギーを干潟の上を押していくと、タイラギが当たって〝ガシッ〟と音が出るので、手鉤で引っ掛けて抜き取るわけです。吾妻町から瑞穂町の地先では、三角形の枠に五寸釘を二十数本打ち込んで、それに押し棒を取り付けて、干潟(砂泥質)を押して回り、やはりタイラギが引っかかると手鉤で抜き取っていました。

諫早湾はいろいろな魚の産卵場であり、稚魚を育むゆりかごの役割も果たしていたため、トラフグなども湾奥の三ツ島辺りまで入ってきていたそうです。トラフグを狙って島原や天草、佐賀県や福岡県からも延縄の船が10隻以上来ていたと聞いています。他にも、スズキ、アカエイ、ヒラメ、グチ、アナゴ、ウナギなどを狙って、延縄《はえなわ》漁船が有明海一円から集まって来ていました。一潮10日間ほどの漁期中、小長井の井崎漁港や島原半島の土黒漁港などを一時的な基地として、集まってきていました。昭和50年前後までは、諫早湾の入り口周辺では、スズキが多く延縄に掛かり（写真9）、天草のOさんは、70尾前後のスズキが掛かって縄が浮いていたことがあったと話してくれました。高来町深海のNさんは、スズキ流し網で捕ったスズキを活かして市場にもって行ったら、1尾が1万円前後で競り落とされたそうです。アカエイも以前はいい値で取り引きされていたので、島原や大浦からアカエイ専門の延縄漁船が来ていました。また、ウナギも多く漁獲されたようで、大浦、竹崎、浜、白石、住之江、遠くは諸富などからも延縄漁船が集まってきたそうです。佐賀県白石町のIさんは、30歳頃から諫早湾でウナギ延縄漁を始めたそうですが、面白いほどウナギが掛かり、20キロは普通で、50キロ以上も捕れたこともあったと言います。そのほとんどは竹崎の山城丸（鮮魚運搬）に託して大牟田市場に出していたと話してくれました。平成に入って諫早湾干拓事業の工事が始まると漁獲量が減り、地元に戻って細々とウナギ延縄漁とハゼ籠で生計を立てているそうです。

諫早湾ではタイラギ漁の休漁が続く

かつて諫早湾はタイラギやサルボウの資源も豊富で、佐賀県のタイラギ漁が不振に喘いでいた昭和の終わり頃は、諫早湾ではタイラギがたくさん立って、漁期の12月に入ると90隻前後の漁船がひしめいていました。ベテランになると3時間の操業で、なんと100キロ以上の貝柱を捕る人もいました。キロ3000円として30万円の水揚げとなり、経費を差し引いても相当の収入になりました。もちろん、毎日100キロ捕れるわけではありませんが、4カ月の漁期で少なくとも1千万円以上にはなったはずです。平成に入るとタイラギの不漁が続き、平成3年から今日まで28年間諫早湾のタイラギ漁は休漁が続いています。諫早湾だけでなく、有明海のタイラギ漁も貧酸素や赤潮の多発などの影響により、諫早湾の閉め切り後は不振が続き、今年（2018年）で休漁は7年目に入りますが、その前にも2年間の休漁が2回もありました（写真10）。

1997年4月に諫早湾が閉め切られた後、湾内はもちろんのこと、湾口の大浦・竹崎、さらには島原半島沿岸も、調整池から排出される汚水の影響で、大規模な赤潮が発生するようになり、大量の魚介類が死んで海岸に打ち上げられたこともありました（本書、平方宣清参照）。その後は、湾内のアサリ養殖場のアサリは全滅することがたびたびあり、アサリ養殖は成り立たなくなっています。しかし、諫早湾内の長崎県の漁協組合員の被害については、基金を作って90％は補償されていますが、同じ湾内にある佐賀県大浦漁協のアサリ漁場の被害に対しては補償はありません。

諫早湾奥を閉め切って2年目だったと記憶していますが、梅雨明け時に調整池に溜まった大量の汚水を一度に放出したため、島原半島沿岸域には黒い汚泥が流れてきて、大きな被害が出たことがありました。その汚水は、島原半島先端にあたる有明海湾口部の口之津辺りまで流れて行ったそうです。当時、知り合いのKさんはアナゴ筒漁をしていましたが、長崎の魚市場に出荷するために港に活かしていた大量のアナゴが全部死んでしまったそうです。その額は十数万円にも及んだが、泣き寝入りするしかなかったと話してくれました。おそらく、有明町の湯江漁港や大三東漁港、島原漁港でも被害があったはずです。生簀の魚やエビ、タコ、カニなどが死んだだけではなく、それにもまして深刻だったのはその後何も捕れなくなったことだといいます。閉め切って数年間は、放出する回数が月に数回程度であったため、一回に放出する量が多く、汚水が広範囲に広がりました。そこで漁業者側が排水の仕方について要求し、その後は週に2、3回放出するようになったそうです。

しかし、調整池の水質は改善されるどころか悪化するばかりで、発ガン性物質を生成するアオコが大量に発生するようになり（本書、髙橋徹参照）、有明海の漁業にも悪影響を与え続けています。改善策は海水を調整池に入れ、アオコの発生を止

写真10　タイラギ漁の休漁でこの数年間は冬眠状態だと話す弘幸丸のOさん（竹崎漁港）

め汚水化しない状況にすることですが、国も長崎県も頑として受け入れようとはしません。

写真11　長崎県小長井帆崎沖にある定置網（マス網）漁

余裕があった暮らしも変わる

昭和の頃から平成に入った頃までは、有明海全域で漁船漁業者も採貝漁業者も努力すれば報われていました。諫早湾干拓事業が１９８９年から始まり、諫早湾の海底の砂を掘って潮受け堤防の基礎部分にバージ船やポンプで送るようになり、諫早湾内での漁に影響が出てくるようになりました。最初に影響が出たのは、定置網のマス網（写真11）でした。大浦や竹崎の周辺に6、7カ所設置されていた定置網（マス網）が次々に撤去されていきました。湾内ばかりでなく、諫早湾口部と島原半島沿岸にも大きな影響が出るようになりました。島原の池田水産市場の社長によると、普賢岳噴火の影響もあったが、ほとんどが諫早湾干拓事業の影響で、市場で取り扱う魚介類の量が、最盛期の5分の1から10分の1になった魚種も多いと語りました。クツゾコやシバエビは樽で取り引きしていたこともあったが、最近はそのようなことはないそうです。

私が諫早湾や有明海の暮らしと漁の撮影を始めた頃（昭和50年代後半から平成の初め）、港や船溜まりで知り合った漁業者の船に乗せてもらって撮影し、港に戻ると「ちょっと寄っていかんね。茶でも飲めば」と促されて、勝手口に腰をおろすと「時間はあるじゃろ、上がらんね」と言われることがよくありました。当然、お茶ではなくて、ビールや酒、焼酎が出てきて、さらに捕ってきたばかりの魚の刺身や煮つけを振舞ってくれました。話が弾み戻るバスも列車もなくなってしまうと「泊まっていかんね」と言われたこともよくありました。少なくとも平成の初め頃までは、漁業者も生活に余裕があったのです。

島原半島沿岸ではワカメやコンブの養殖が盛んで、平成の初め頃までは安定した経営ができていましたが、雲仙普賢岳の噴火とその後は諫早湾の調整池から排出される汚水の影響が出るようになりました。種をロープにつけて海中に張っていても芽が出てこなかったり、芽が出てきても成長が遅いことが起こり始めたのです。コンブ養殖にも同様な現象が多発するようになりました。水産試験場の調査では、それは魚の食害ではないかと言われたそうですが、現場感覚からは納得できないと話してくれました。漁業の不振は全国的傾向ではありますが、それよりははるかに深刻な形で、諫早湾と湾口部は言うまでもなく、有明海全域に諫早湾干拓事業の影響がじわじわと広がってきているのです。最近の夕方のニュースで、佐賀県知事は「オスプレイの問題にしても、漁業者の国に対する不信感を払拭してもらわないと先に進まない。国営諫早湾干拓事業についても総理の見解が知りたい」と述べていました。話し合いで解決したいと国は言っていますが、長崎県が応えないものですから、政治的決着しか解決の道はないのかもしれません。しかし、どういう決断が下されるかは全くわからない状態のままに置かれています。

有明海の環境変化と里海の象徴〝お助け貝〟

有明海では昭和30年代までに沿岸の干拓事業は一段落し、干潟面積も全国の5割弱を占めていましたが、昭和45（1970）年に熊本新港の建設が始まり、埋め立ては昭和61年に始まりました。そのため、干潟の面積は若干減少しましたが、その後国営諫早湾干拓事業が始まり、平成9（1997）年4月に潮受け堤防が閉め切られて、干潟が3000ヘクタール消失しました。また、三池炭鉱の閉山で、縦横に有明海の海底に延びていた坑道が水圧で潰れ始め、有明海の湾奥部のあちこちで数十センチから数メートルの陥没が生じ、干潟と採貝漁場の一部が失われて問題となりました。竹羽瀬の仕掛けの竹が立てられなくなり、廃業したケースもあったようで、牡蠣礁（写真12）など

写真12　諫早湾に広がった牡蠣礁

写真13　“お助け貝”と称された砂泥干潟でのアゲマキ漁（諫早湾吾妻地先）

を掘り取って、陥没地の埋め戻しも行われました。有明海の湾奥部では諫早湾干拓事業よりも、筑後大堰稼動の影響の方が大きいというのが大方の見方でしたが、２０００年の海苔不作と２００３年の史上最悪の不作が発生し、海苔養殖はもとより漁業全般が大打撃を受け、各地で自殺者まで出る事態に至りました。１９９９年12月から２００９年６月までの間に、なんと20名（5名の未遂者と過労死を含む）の犠牲者が出てしまいました。その頃から、諫早湾干拓事業の影響が有明海全域に広がってきていることが漁業者の間でも共通の認識になっていきます。

有明海にはこのようにいろいろな問題が噴出していますが、人々の暮らしとの関係において注目すべきは、〝お助け貝〟と呼ばれていたアゲマキガイが、平成の初めの3年間で姿を消したことです。沿岸の人たちは、夕食のおかずとしてもよく利用し、女性でも子供でも押し板を使わずにテボをもって潟に入り、小さなバケツ一杯ぐらいは捕っていました。ちょっと頑張れば10キロから20キロは捕れたようで（写真13）、小遣い稼ぎにもなっていました。高校生ともなれば、夏休みにアゲマキやムツゴロウを捕り、10万円前後の貯金ができたという話もよく聞きました。親から学費も小遣いももらわなかったそうです。

昭和の頃までは、有明海は〝里海〟だったのです。アゲマキがいなくなって、それを餌にしていたワラスボやウナギが潟に着かなくなったという話をよく聞きます。押し板、ハンギー、板鍬などのちょっとした道具があれば、何とかなったのです。〝潟坊〟と呼ばれる干潟漁が大好きな人たちが、その頃は大勢いました。甲手待ち網や手押し網漁をしている人の大半は70歳代と80歳代であり、この10年で十数人が引退しています。江戸時代から受け継がれてきた伝統漁がまた消えることになります。現在60歳代以上の人たちのほとんどは、子供の頃に干潟を経験しているのですが、若い人たちが潟遊びを楽しまなくなったのは寂しい限りです。

有明海における漁業の衰退

今まで述べてきましたように、広義の有明海は自然条件が多様であるため、それぞれの地先の自然条件に合った漁具・漁法が考案され、受け継がれてきました。一方、漁業の近代化に伴い、網やロープなどの素材の開発が進み、漁業努力が資源の再生を上回ってきているのも事実です。さまざまな悪条件が重なり、海況は悪化する一方で、明るい見通しが立ちにくい状況に置かれています。現在行われている有明海再生事業も、残念ながら有効なものは少ないという意見が聞こえてきます。かつての〝宝の海〟あるいは〝有明銀行〟とも呼ばれていた豊かな有明海を、このまま根本的な改善策を施すことなく放置しておいたらどうなるかは、想像に難くありません。世界的に水産資源が減少傾向にあり、日本の沿岸漁業も同様であることはあきらかです。そのため漁業従事者は減り続け、後継者も育っていません。

ここで、疲弊しきった有明海の生産力を復活させることができるなら、食料自給率の向上にもつながり、沿岸域の活性化、ひいては日本の経済に少なからぬ影響を及ぼすと考えられます。このまま手をこまねいて〝死の海〟になるのを待つだけでいいのでしょうか。まずは、諫早湾干拓問題を一刻も早く解決しなければ有明海の海況は悪化するばかりか、その再生はますます遠のきます。現在の有明海の環境にマイナスの働きをしている最大の要因は、国営諫早湾干拓事業による潮受け堤防の閉め切りであることは、現場で漁をしている漁業者は肌で感じているとこ

写真14　有明海最後の竹羽瀬
（大牟田沖・八ツ羽瀬）

写真15　めかじゃ（ミドリシャミセンガイ）採りから戻る漁師（柳川）

ろです。潮流の速さの減衰や調整池から排出される汚水の影響など、問題は山積しています。

島原半島国見町多比良沖では、流速が20％余り遅くなっているという調査報告があります。流速が遅くなると、まず潮汐によって生じる潮流を利用している漁に影響が出ます。一潮（15日間）に10日間操業できていたのが、6日くらいに期間が短くなり、当然水揚げは半減するわけです。

その上潮の流れの方向も変わり、思うように魚もエビも入らなくなったと聞きます。また、今までは海中にただよっている浮泥の大部分は、潮の流れによって湾外まで押し流されていましたが、流されなくなって海底の砂州の上に堆積するようになり、よい漁場の範囲が狭められてきています。タイラギの不漁続きは、貧酸素水域発生と浮泥の堆積が原因だとも言われています。有明海の湾奥部の特徴は、常に濁っていることだったのですが、閉め切り以降は、小潮時には潟泥が巻き上げられず、以前より透明度が上がって、エビ流し網漁などができない期間が長くなってきています。潮の流れの勢いを利用する竹羽瀬やあんこう網などの伝統漁法が最も影響を受けていて、特に竹羽瀬（有明海最大規模の定置網。写真14）は、太良町から六角川河口沖や大牟田沖に、昭和の終わり頃までは二十数統ありましたが、一統また一統と減っていきました。特にこの10年の間に、毎年竹の補充に50万円から１５０万円を超える経費が要るため採算が合わなくなり、廃業する漁業者が続出して、現在は1カ所だけになってしまいました。

また、柳川の地先では、平成の初め頃までは歩いて入ることができた干潟が、今では潟泥が堆積して、入ると膝上まで潜ってしまい、めかじゃ（ミドリシャミセンガイ）採り漁（写真15）が姿を消しました。

有明海から打瀬網漁が消えたのは平成に入ってからです。これも熊本新港の建設に伴い、航路を有明海のど真ん中辺りから掘削したことから、漁場が分断されて狭くなったためでした。その頃浮き流し方式による海苔養殖が規模を拡大し、9月から翌年4月まではその区域では操業できなくなってしまいました。熊本市松尾要江には10隻前後の打瀬網の船が係留されていましたが、撤退せざるを得なくなり、打瀬網漁の組合員たちは海苔養殖専業に切り替えてしまいました。本格的に帆打たせ網船として建造されていた大きい船は、八代海の打瀬網の漁業者に買い取られたそうです。

佐賀県では昭和36（1961）年、佐賀市を貫流する県最大の嘉瀬川の上流に九州最大の北山ダムが建設され、その影響で河口部沖に広がっていた佐賀県一のアサリ床（養殖場）が、砂と栄養塩に富んだ水が流れ込まなくなり、2、3年で消滅したという事実があります。アサリ床の仕事で生計を立てていた漁業者たちは途方に暮れましたが、幸い当時は海苔養殖が本格的に始まった時期だったため、彼らは海苔養殖に切り替えて生活を立て直すことができたのです。この話は佐賀市西与賀でアサクサノリを養殖しているSさんから聞きましたが、彼の祖父はかつてアサリ床の地主だったそうです。

このように自然を壊し水系を遮断すると、下流、特に海に影響が出るのです。筑後大堰も諫早湾潮受け堤防も水系を遮断しています。そのために調整池の水質は著しく悪化しているにもかかわらず、毎年4億トン（毎月平均で3千万トン前後）の汚水を有明海に流し続けています。岡山県の児島湾干拓の轍《てつ》を踏んでいるのです。児島湾の調整池の汚泥撤去には毎年膨大な金額（15年間で4500億円）がつぎ込まれていますが、一向に水質は改善されていません。諫早湾でもそうならないという保証はありません。一方、佐賀県の六角川河口堰は、緊急時（台風と高潮）以外は漁業者の強い要望もあって常時開門したままです（写真16）。諫早湾ではどうしてできないのでしょうか。調整池

写真16　六角川河口堰
非常時以外は開門されている。

の汚水を浄化しないことには、有明海の再生はありえないと思います。佐賀、福岡、熊本の3県と長崎県の一部の漁業者が、有明海の再生を願って開門調査を要求しているにもかかわらず、国は誠意をもって対応しているようには見えません。ここ2、3年の有明海の漁業不振の進行状況を見ていると愕然とします。時間だけが無為に過ぎ、死の海になるのをただ見守るだけの日々に心が痛むばかりです。

おわりに

最後に佐賀県太良町竹崎で鮮魚運搬業を90年にわたって営んでいる「山城丸」（鮮魚運搬、中卸）を紹介して、諫早湾口周辺の漁業の推移を見てみます。10年ほど前までは山城丸（8・2トン）で諫早湾口周辺で捕れた魚介類を、朝6時前後に大牟田の魚市場まで運んでいました。ところが、平成に入った頃から積荷が減り始め、特に諫早湾が閉め切られてからは半減したといいます。その後も年々減り続け、最盛期にはトロ箱500個はあったのが、10年前には10分の1の50箱前後に減り、数年前からトラックで運んでいますが、毎日ではなく隔日だといいます。今では山城丸は岸壁にひっそりと係留されていて、積荷を満載して大牟田まで通っていた姿は想像できません。山城丸の代表は、有明海をこのような状態にした要因は多々あるが、最も影響が大きいのは諫早湾干拓事業だと話していました。

このように年々漁獲量が減少し続けると、漁業者の生活も立ち行かなくなり、買い物もままならず、商店街も飲食街も寂れる一方です。また、漁業に関連した産業（造船所、エンジンを扱う鉄工所、網や漁具を販売する業者）も、そのあおりを受けて廃業や撤退に追い込まれています。現在ではその数は、昭和の頃に比べると半減どころか業種によっては、5分の1になっているかもしれません。

鹿島市で長年漁具と魚網を扱ってきた製網会社の社長は、10年ほど前までは毎年網を注文するお得意さんが各地にいたが、一人減り、二人減りして10年ほど前から途絶えているそうです。しかし、2012年からビゼンクラゲが大漁に発生するようになり、翌年から多くの漁業者がクラゲ漁で赤字を埋めようと参入してきたため、今はクラゲ網の注文が増えて何とか経営が成り立っていると話してくれました。

最近の漁獲量の激減は、漁業者の生活が立ち行かなくなるほど厳しいものです。漁に出ても燃料代がやっと出る程度で、日当が出ないこともあり、これでは生活できません。アルバイトに出ようにも働くところがすぐに見つかるとは限りません。島原半島の有明漁協は、以前はガネ籠、イカ籠、タコ瓶、イイダコ縄、〝ばっしゃ〟などが盛んでしたが、去年の秋からは出漁しても赤字続きの状態だそうです。湾口部の大浦、竹崎も同じ状況にあります。さらに深刻なことに、何とかして収入を得るように努力を重ねるため、資源の枯渇にますます拍車をかけることになっているのです。有効な有明海再生の方策が一日も早く見出されることを願うしかありません。もうこれ以上時間は残っていないのです。

最後に、生物学者でもあった昭和天皇が佐賀県東与賀海岸を訪ね、有明海を詠まれた御製（和歌）を2首紹介します。

「めずらしき海まいまいも海茸も滅びゆく日のなかれといのる」（昭和36年、長崎・佐賀訪問の際）

「面白し沖にはるかに潮引きて鳶も蟹も見ゆる有明」（昭和62年春、嬉野で開かれた全国植樹祭にご出席の際）

有明海を〝宝の海〟に戻したい

佐賀県太良町漁師
平方宣清

はじめに　豊饒の海・有明海

有明海は、干満差が最大6メートルにも達し、潮流が早く茶色に濁った生物多様性豊かな海でした。阿蘇山系をはじめ周辺の山々から流れ出る多くの河川から、沢山のプランクトンを育む栄養分が放出され、この上なく豊かな生態系が維持されてきました。わが国最大規模の広大な干潟には、無数のカニやエビや貝類、ムツゴロウ、ワラスボ、ニホンウナギなどの魚類がひしめき合っていました。沖ではコノシロの大群が海いっぱいに飛び跳ね、エンジンを止めると夜間グチの大合唱でうるさくて、船の上で寝ることができないような状態でした。

私が所属する佐賀県太良町の大浦支所は、漁船漁業の基地として繁栄してきました。なかでも冬季のタイラギ漁は主幹漁業で、年間水揚げの大半を占め、貝柱やびら（ひも）の掃除で港は老若男女の笑い声で大いに賑わっていました。最盛期は大浦支所から250隻を超える漁船が出港し、22億円を超える水揚げがありました（写真1、2）。一艘の漁船に4、5人乗船して出漁していましたから、千人を超える人たちが関わるほどの盛況でした。

写真1　タイラギの豊漁に終日船上で処理に励む漁師と奥さん

写真2　魚市場はいつも多くの漁師の持ち込む魚介類で賑わった

写真3　刺し網に次々とかかるワタリガニに笑みがこぼれる

春季はアサリ漁で30トンを超えるようになり、収入が安定し始めました。小潮時はアナゴ漁で賑わい、船の生簀いっぱいになるほど捕れました。夏季から秋季は源式網漁でクルマエビ、カニ、スズキ、サワラなどが大量に捕れました。クルマエビは20キロから30キログラムとまとまって捕れ、浜値でキロ当たり5000円と安定した収入になりました。最高は100キロを超えた時もありました。

カニ（ワタリガニ。写真3）も生簀いっぱいに捕れ、竹崎カニとして、ブランド化され、旅館業も大いに繁栄しました。そのような状況でしたので、よその漁協では後継者不足が問題になり始めても、大浦支所には全く関係のない問題でした。

諫早湾干拓潮受け堤防閉め切り後の有明海

１９９７年4月に〝ギロチン〟と呼ばれた２９３枚の鋼板が落とされ、有明海と諫早湾奥部に流れ込む本明川が遮断されました。国と長崎県は農業用水確保のため、そして洪水を防ぐ防災のために必要との理由で、調整池を造りました。その調整池は現在緑色のペンキを流したように有毒アオコが大発生し（本書、髙橋徹）、調整池の水位が基準を超えるたびに（河川水や地下水、雨水が流れ込み、池の水位は常に上がります）、淡水赤潮で汚濁した水を有明海に放流し続けています。当然のことながら、その後の有明海はひどい状況になってしまいました。

閉め切りによる流速低下と流向の変化により、攪拌機能が落ちて海水の透明度が上がり（ほかの海と異なり、有明海では健全に濁った水が生物生産を支えてきました）、翌年から有明海の広範囲で異常な赤潮が発生するようになりました。

港の中に色々な魚が沢山死んで浮いていました。クチゾコ（シタビラメ）、ヒラメ、メバル、アナゴなど多くの底魚が浮いていました。コーヒー色の赤潮を手で掬ってみると、ぬるっとして異様な感触で、それまでの海水とは別物でした。後にこの赤潮はシャトネラという魚介類の大漁斃死を引き起こす有毒植物プランクトン（渦鞭毛藻類）であると判明しました。干潮時に海岸線を観察すると、こんなに沢山の魚類やエビ・カニ類がいたのかと驚くほど、死んだ魚介類で埋め尽くされていました（写真4）。今まで経験したことのない、驚愕の出来事でした。

私は、30年近く佐賀県有明海水産振興センターの依頼で有明海のタイラギの潜水調査をやっていました（写真5）。佐賀・福岡両県の漁場に升目状に55定点を決め、タイラギの生息状況を確認する調査です。１９９７年の堤防閉め切りの年にも、近年にないほどタイラギ稚貝の発生があり、漁業者は大喜びで来期の漁獲に大きな期待を寄せていました。ところが、閉め切り後に異常な赤潮が発生し、水産振興センターも不安を感じ、緊急調査の依頼を受けま

写真４　大規模な赤潮の発生により，干潮時の干潟は死滅した魚で埋め尽くされた

写真５　ヘルメット式潜水具でタイラギ生息調査に協力する筆者

写真６　アサリ養殖場の惨劇

した。その結果、一番発生が多かった大牟田沖のタイラギが立ち枯れ斃死で全滅してしまいました。潜水してタイラギが海底に刺さったまま貝柱が溶けて流れ出る様子を見て、驚きとともに悲しくてやりきれない思いでした。

この年は他の漁場に残っているタイラギを収穫しましたが、少ししか捕れませんでした。その後は他の漁場でも立ち枯れ斃死が進み、ついに休漁に追い込まれました。

私はアサリの養殖を１９８４年から始めていました。２００海里問題で沿岸漁業を見直す国の政策で始めることにしました。初めのうちは試行錯誤で少ない収穫でしたが、１９９４年頃から安定して収穫できるようになりました。しかし、潮受け堤防による諫早湾の閉め切り以降、だんだんと死ぬ貝が増え漁獲量が減少していきました。２００４年８月14日の赤潮により全滅（写真６）、その後２００８年、２００９年には少し捕れましたが、以後収穫がありません。クルマエビも同じく1998年に赤潮が出る前は、サイズは小さいながら数量的には大漁になる数が捕れていました。しかし、赤潮発生後には全くいなくなってしまいました。一方、島原沖では大量に捕れたとの連絡があり、赤潮でそちらの海域にエビが逃げてしまったと推測されました。それ以降も、稚エビの放流が続けられましたが、収穫量が少なくほとんどの人が漁を止めてしまいました。カニも赤潮が発生すると途端にいなくなります。アサリも捕れなくなったと言いましたが、他の貝類もほとんど捕れません。クマサルボウ、モガイもいなくなり、それを餌にするイイダコも急激に減少しています。

私たち大浦の漁船漁業者は、今まで捕れていた魚介類がことごとく減少するなか、少ない収入でその日暮らしの生活を送らなければならなくなりました。ここ数年、ビゼンクラゲが発生し、中国からの需要の高まりで、いくらかの収入につながっています。しかし、これは私たち漁師が求める有明海の漁業形態ではありません。

国策と司法に振り回される漁民

以上に述べましたように、限りなく豊かな有明海が、国営諫早湾干拓事業により大きな漁業被害を受けることになり、開門調査をして欲しいと国に繰り返し強く要望しました。しかし、国は諫早湾干拓事業と有明海異変の間に因果関係はないと言い張りました。それでも漁業者の強い声に押され、国はノリ不作等の原因究明のために第三者委員会を設けました。その委員会で短期、中期、長期の開門調査の提言が出されましたが、国は自らが設置した委員会の提言も守らず、短期の開門調査しか認めませんでした。そのわずか1カ月の短期開門により、調整池に海水が流入し、塩分濃度が半年ほど下がらず（海水と淡水が混じった汽水状態が維持され）、有明海の回復に繋がっていきました。そして、タイラギの稚貝が発生し、翌年タイラギ漁が再開できたのです。また、養殖アサリも赤潮の被害がなく大量に収穫することができました。漁民がホッとする間もなく、翌年には大規模な赤潮が発生し、タイラギ漁

写真７　「よみがえれ！有明」
訴訟に立ち上がった漁師たち

は休漁に追い込まれ、アサリの収穫も半減しました。

この短期開門調査により、私たちは有明海は必ず再生できると確信し、中期、長期の開門調査を求めました。しかし、国は短期開門調査で有明海の回復はほとんど無かったと白々しい嘘を言って、開門調査に応じないと断言しました。ノリの色落ちや漁獲量の減少に将来を悲観した有明海の漁民やその家族二十数名が自ら命を絶つという悲劇が起こり、国の対応に大きな怒りを覚えました。

そこで「よみがえれ！有明」訴訟の原告として司法による解決を求めました（写真7）。佐賀地方裁判所、福岡高等裁判所は私たち漁民の訴えを聞き届けてくれ、開門判決を得ることができ、さらにこの福岡高裁の判決を国が上告せず確定判決となりました。これで有明海の再生ができると漁民と支援の人たちは大いに喜び合いました。判決は3年間で対策工事を終え、5年間の開門が言い渡されましたが、国は対策工事をサボタージュして何の対策もしませんでした。

期限間近になって、やっと諫早市民や農民に対策工事をすると伝えましたが、実際には何もせず反対派の妨害でできなかったと開き直ってしまいました。また、開門したくない長崎県と国が開門阻止の裁判を起こし、国が意図的に負けて、開門してはならないとの長崎地方裁判所の判決を受け入れました。当然、控訴しませんでした。こうして、相反する司法判断により、国は身動きが取れないと、有り得ないことを言う始末です。

そこで私たち漁民が訴えていた和解協議が長崎地裁で始まりました。しかし、国の方針は、初めから開門しないことを前提にした１００億の基金案でした。１００億の基金では有明海の再生ができるわけがありません。何故なら、今まで５００億円を超える再生事業を実施し続けても海の悪化が進行するばかりだからです。何とか開門することも和解案に入れて欲しいと1年間協議を続けましたが、長崎地裁は認めませんでした。開門を前提としない地裁の和解協議は決裂し、新たに福岡高裁での和解協議に希望を持ちましたが、高裁も私たち漁民の和解案を受け入れませんでした。このような不公平な和解協議に漁民は怒り、和解協議を拒否して決裂し、福岡高裁の判決を待ちました。

しかし、その判決では、10年ごとに更新される共同漁業権を持ち出し、10年で権利が失効していると漁民の訴えを門前払いにする、まったく考えられない内容でした。法制上、共同漁業権は10年で更新しますが、それは漁業協同組合の組合員になったら当然の如く、引き続いて受ける権利です。これを認めなければ、漁業者は将来性がなく、設備投資も後継者も育てられません。

このように、法律を国のいいように解釈し、国民の声を黙らせるような国に大きな不信と不安を禁じえません。司法を悪用する国、それを追認する司法も信用できません。

漁業者に追い討ちをかける漁業法の改悪

昨年12月、漁民に知らせず、国会でもほとんど審議をされないままに、どさくさに紛れて漁業法が改悪されました。その内容は、代々漁業を生業としてきた漁業者の漁業権を奪い、新規参入を目論む企業優先のとんでもない法律です。私たち漁業者は、海の資源をできるだけ持続的に有効活用するために、長い時間をかけて漁業者間で話し合いを続け、漁業協同組合として具体案を取りまとめて、実行してきました。それにより多くのトラブルを防ぎ、資源の枯渇を防ぐことができました。大浦支所では、従来から漁具数の制限、網目目合い制限、漁期制限など資源管理型漁業を行ってきました。

わが国周辺では、残念なことに、近年漁獲量が急速に減ってきていますが、その主な原因は獲り過ぎによるものとされています。そこで、国は資源管理の見直しとして、TAC制度（総漁獲可能量を定めて漁獲量規制を行うことにより、海洋生物資源の保存を図ろうとする制度）を導入し、資源の減少を防止しようとしています。しかし、同時に漁船の大きさの規制緩和を実施しています。それによって、大型の巻き網船による稚魚や幼魚の乱獲が起こり、スルメイカやマグロ漁が大きな影響を受けています。

今回の漁業権の見直しでは、養殖業や定置網漁でのこれまでの地元の漁業者を優先するルールを撤廃し、地域水産業の発展に寄与すると認められる者に新しい漁業権を付与するというものです。新規参入者は漁業組合員ではありませんので、これまでのような漁業者自身による規制が効かないことになります。

さらに、各都道府県ごとに設置されている海区漁業調整委員会委員の公選制を廃止し、知事が任命することになります。海の事情を知らない人を任命する危険性をはらむとともに、知事の権限が強くなることによって、海区漁業調整委員会は国の言いなりになってしまうことが大変心配されます。それは、漁業者の権利が無くなってしまうだけでなく、参入した業者が採算が合わないとなれば、すぐに漁業から撤退するなど、沿岸漁業の持続的な継承につながらないことにもなり、沿岸漁業を壊す可能性の高い、許し難い法律です。

国は近年漁獲量が急激に減少していると言いながら、有明海の漁獲量についてはそれほど減少していないと言います。有明海に生きる漁師の肌感覚とはあまりにもかけ離れた見解を述べるのは何故でしょうか。それは、漁船漁業者や一部のノリ養殖漁業者が諫早湾奥部の大規模干拓のために設置された潮受け堤防によって大きな漁業被害を受けたと訴え続けているからだと思います。

漁業者は、豊かな有明海が国の大規模公共事業によって壊されたと強く認識しています。有明海の子宮と呼ばれた諫早湾では、天然の浄化作用を有する広大な干潟を失い、また、本明川と有明海のつながりが潮受け堤防によって分断されました。堤防を造るために、海の生物が一番育つ良い漁場から海砂を大量に採取して、海底を著しく傷つけるなど、二重三重に海環境を壊してしまったのです。

写真８　有明海再生の鍵を握る干潟の再生実験の成果を市民に還元するアサリ収穫祭

国は漁獲量減少は乱獲が最も大きな原因だと言っていますが、国の公共事業を騙《かた》った自然破壊が大きな原因だと思います。国は公共事業が必要だというなら、自然環境を取り戻す事業を早急に始めればよいのではないでしょうか。そうしないと、この国の沿岸漁業は、ますます衰退してしまうと思います。

ＮＰＯ法人ＳＰＥＲＡ森里海・時代を拓くの取り組み

有明海をめぐる状況は暗い話ばかりですが、明るい光明も差し込み始めています。２０１０年10月に柳川市で開かれた第１回有明海再生シンポジウム「森里海の連環による有明海の再生」を友人と聞きに行きました。森は海の恋人運動を牽引する畠山重篤さんの軽妙な話に引き込まれ、田中克先生の有明海に対する強い思いを聞き、凄い人たちだなと感心しました。

今まで多くのシンポジウムに参加しましたが、科学者が調査研究したことを発表されるだけで、それで終わりでは意味がないと感じていました。そこで、「これからどのような対策をとれば良いか」というような発言をしました。これに田中先生は、「干潟再生の実験漁場を提供していただき、一緒に干潟再生実験ができないか」と言われました。これにより、現場は支援者の集まる柳川市から遠いけれども、私の太良町のアサリ漁場の提供を申し出ました。

翌11月には柳川の「さいふや旅館」（後にここを拠点に有明海の再生を目指すＮＰＯ法人ＳＰＥＲＡ森里海・時代を拓くが立ち上がります）に関係者10名ほどが集まり、どんな実験をするかを話し合う場がもたれました。翌年４月には多くのボランティアの市民や研究者の協力を得て、干潟の底質を改善する環境改善剤（キレートマリン）を入れる作業から始めました。アサリが死んで硫化物の臭いがする真っ黒な干潟が年を追うごとに回復するのを確認しました。そして、多くの人、特に子供たちに、毎年4月にはアサリ収穫祭（写真8）に来てもらえるようになりました。有明海の干潟で遊び、親しみ、興味を持ってもらうのが目的です。

まだまだ色々な問題が山積です。夏場の赤潮、貧酸素による死滅、ナルトビエイによる食害、冬のカモの食害などです。ＳＰＥＲＡの会員、高校生や大学生など、これからの時代を担う若い世代の力を借りて、干潟調査や漁場整備（食害防止の網張など）の対策に挑んでいます。また、最近では大阪の認定ＮＰＯ法人シニア自然大学校の皆さんにもアサリ収穫祭にご参加いただいています。

有明海の再生に、全国的な関心が広がるよう大いに期待しています。

諫早湾中央干拓地で農業に生きる

農業生産法人（株）マツオファーム代表
松尾公春

はじめに　水産業から農業への転身

諫早湾中央干拓地で30ヘクタールの農業を始めて10年になります。もともと私は水産業を営み、魚介類の加工販売業を40年間続けております。魚介類の販売をしていましたので、有明海の魚介類の水揚高やその推移についてはよく知っています。私が始めた40年ほど前には、カニ、エビやフグもたくさん揚がっていました。私の会社だけでワタリガニ（ガザミ）が1日に4トンから5トンも揚がっていました。私の仕入れの漁場は橘湾や有明海だったのですが、連日豊漁が続き、1日ぐらいは海が時化《しけ》てくれないかと願うほどでした。しかし、漁師はお構いなしに持ってくるし、漁協はもういっぱいで引き取ってくれない状態でした。当時は大量に販売できるところがなかったのです。

私は長崎県外の、佐賀県竹崎のホテルや旅館にも水産物をおろしていました。そのころはホテルも旅館も忙しくて、連休前には「とにかく1トン確保してくれ」、「2トン確保してくれ」と注文が殺到しました。竹崎のホテルや旅館は大きな生簀《いけす》を保持し、常時カニがいないと不安だという状況でした。私も水産業で非常に頑張っていました。

私は、水産物を生で捌《さば》くのと同時に、地元で獲れた魚を一次加工して販売しておりました。というのは、カサゴなどは一度に多く持ち込まれ、多いときには値段が大きく下がり、加工しないことには商売にならないため、加工に踏み切りました。タチウオも、カタクチイワシを獲るきんちゃく網で大量に獲れていました。しかし、その後だんだんと漁獲量が減っていきました。

これはおかしいなと危機感を持ちました。私のところも従業員はいるし、何かしないといけないと思い、水産野菜、具体的には刺し身のつまのダイコンの生産を水産会社として始めました。七つの町にまたがって、耕作放棄地を利用してダイコンの生産を始めました。周りの皆さんの「なんや、あれ、おかしなことをしとるぞ。会社にトラクターも止まっている」という注目の中で、農業を始めました。ダイコンを10ヘクタールの畑で作っていましたが、それでも足りなくて近隣の農家さん40軒や宮崎県田野町の農家に頼んで作っていただいていました。

諫早湾中央干拓地への入植の誘い

私の会社の目の前に長崎県の農業改良事務所があり、職員が常に私の会社の前を通ります。私が農業をしていることから、2007年8月20日頃に長崎県農業公社より「松尾さん、干拓地で農業をしてみる気はないか」との電話が入りました。そろそろ諫早湾奥部に広い干拓地ができるといううわさは聞いていました。非常に応募者が多く、政治家の皆さんに頼んだり、いろいろなこねを使って入ろうという人たちまでいるという話も聞いていました。

応募の締め切りが9月10日前後で、あと1カ月もないぐらいのときに私のところに入植の話が来たものですから、「土地が足りないぐらい応募者がいると聞いていますが、おかしいんじゃないですか」と尋ねてみました。確かに応募者は多いけれど、農業をちゃんとやれる人を入れたいというので、「松尾はどうだ」という話になった、との説明でした。

当初は厳選な審査があるということでしたので、どうしたらいいんですかと尋ねると、「計画書を作ってくれ、今ダイコンを作っている販売先等を書いてくれ」ということで、そのとおり書いて提出しました。1週間もしない間に「松尾さん、準備をしておいてくれ」との返事が届きました。「何を準備するのですか」と聞き返しました。

中央干拓の畑が1枚で6ヘクタールもありますから、それだけあれば十分だと話をしたところ、応募者が多くて削られたら困るので、12ヘクタールで申し込んでくれないかと言われました。6ヘクタールもあればいいんだから、そうしておきましょうかと言ったら、後日、内定したという通知が届きました。

干拓地への入居者が決まったということで、現地説明会がありました。そこに参加したところ、「松尾さん、4枚、24町やってくれないか」と言われ、すぐに話が違うじゃないですかと尋ねたところ、「厳正な審査の下でやる」との返事でした。「審査はどうしたんですか」と言ったら、「こちらの事情で処理しました」と訳の分からない返事でした。それでは困ると言って、リース代は5年、据え置いてくれと言いました。「いや、それはできない」との返答でした。では半分にまけろという話もしましたが、「それはできません」とのやり取りがありました。最終的に、とにかく頑張ってみようかということで営農を始めました。私のところも営業しないといけないし、機械も整えないといけないということで、諸準備を始めました。

それから1週間ぐらいすると、「松尾さん、辞退者が出たんですよ」との連絡がありました。どういうことですかと聞くと、「松尾さんの畑の隣が、準備をしていたけれど、どうにもならないということになり、もう1枚引き受けてくれないか」との依頼でした。もう審査はないんですかとの問いに「審査は大丈夫だから」との返答。厳選な審査は何の審査なのかという疑問だらけの中での出発でした。結局30ヘクタールを借り受けて頑張ることにしました。もうこれで終わりだと思っていたら、また連絡がありました。「隣の農家が機械が準備できないと言っているから、もう1枚作ってくれないか」。最終的に、初年度に36ヘクタールを引き受けることになりました。地獄でした。

干拓農地の5年リース更新をめぐって

その当時、長崎県は環境保全型農業の推進を前面に、干拓地では非常に環境に優しい農業をするということで、除草剤はいっさい使うなということでした。除草剤を使わなかったら、うちの畑は1枚、100×600メートルありますから、端の方から草を取って半分ぐらい終わったら、最初に取ったところからまた生えてきます。県は「素晴らしい農業」と大々的に宣伝していました。私が最初に中央干拓地に出向いたとき、2007年10月ぐらいだと思いますが、確かに草は1本もありませんでした。冬ですからないわけです。春になったらどんどん草が出てきます。そういうところで農業を始め、なんとか5年間続けました。5年がリースの切り替えなのです。

5年ごとのリースの切り替え時に、県から「この書類に記入してくれ」と言われました。中を見ると、今年はどの畑に何ヘクタール、何を作った、どこにいくらで売った、その金は回収したのか、来年は何を作るんだ、再来年は何を作るんだと厳しい注文です。

私たちは環境に応じた、そしてお客さんのニーズに合わせた農業をしなければいけないのです。だから来年何を作るかは今から決められないし、作る側の勝手だと思います。リース料を払っているわけですから。しかも5月、6月というのは、菜種梅雨が終わって、本梅雨が始まりそうな、非常に忙しい農繁期の最中です。そんなときに何十枚もの書類を書けというのは、一日朝から夜遅くまで農業をやっているわれわれ農家にとっては酷な注文です。

私は書類を提出しませんでした。そうしたら私の事務所に「松尾さんは書類が出なかったので、継続できない」との電話がありましたので、即「継続しなくて結構です」と言いました。そうしたら県の人間5、6人が、私がトラクターに乗って作業しているところにやって来ました。「何しに来たんだ。俺はもう辞めたい。あんたたちが継続できないと言ったのではないか」と言い放つと、「松尾さんに続けてもらわなかったら困る」との返事が返ってきました。それならそんな煩わしい書類を書けと言うなと、私は突っぱねました。そうしたら、今度はハンコ一つでよかったのです。

リース更新に見る県の理不尽

それから2期目の5年が経過しました。去年の5月12日でした。継続の説明会をするということで農業者全員が集められました。行ったところ、30枚ぐらいの申込用紙がありました。先ほど言ったような、何を作ったか、どこに売ったかというような書類もありました。もう一つ、一番最後に私がかちんときたのは、「何でも言うことを聞きます。滞納した場合は自分から再リースはしません。いろいろな金融機関に調査をされても、文句を言いません」という書類を書いて出せということでした。

何でこんな書類を書かなければいけないのか。5年前に話をしたときには、今後はハンコ一つで済ませるようにするからということでした。話が違うのではないかということで、私は副知事である農業振興公社の理事長と話をしました。私に何の問題があるんだと問うと、「松尾さんには経営上、何も問題ない。同意書だけだ」ということでした。私は、知事と副知事が「今からは話し合いをした上で、いろいろなことを農家と決めていく」ことを約束したので、前提承継書を付けて出しました。そうしたら、「そのような約束も話もしていない。同意書は認めない。3月31日までに更地にして出ていけ」という通知が来ました。

入植に関する厳正な審査とかいうのはまったくありませんでした。多くの皆さんは、たぶん誤解されていると思います。干拓の農家は非常に手厚く保護され、いろいろな補助を受けて、特別扱いされて、うまくいっていると思われがちです。そんなことは一切ありません。実際問題、もう12社ほど撤退してしています。

5年前に撤退された方の中には、5、6億円も投資した農家もおられます。農業で5億、6億の投資を5年で取り戻せるものではありません。ハウス、集出荷施設、冷蔵庫を建てておられましたが、それらもみんな競売で取り上げられた上に、出ていけということでした。県は、自己責任だと何の手当てもしませんでした。私たちが入植するときには、県は、「頑張ってくれ、われわれは全て応援して助けていく」と言って入植を勧められたので、私たちは長期にわたって農業ができるとの期待や夢を持って入ったわけです。それがまったくの〝うそ〟だったのです。5年前に出ていった人も何人もいます。その中には、ジャガイモを作ろうとして畑に持っていったら、杭を打たれて、もう畑に入るなと言われ、種も腐らせてしまいました。ジャガイモを作らなければ収入がないわけですから、リース料が払えないわけです。それでも払えということで、この前その方にお会いしましたが、いまだに毎月集金に来るそうです。その方は精神的にまいって、仕事もできずにこもりっきりで、うつ病に苦しんでおられます。

干拓地の農業というのは非常に厳しいのに対して、公社というのは言ってみれば「不動産業」なのです。農業振興公社は農地を持っているが、農業もしていません。農業もしていない農業振興公社がなぜあんなに広い農地を持っているのでしょうか。それも県民の税金を集めて買っているわけです。そういう実態がありますので、非常に取り立ても厳しいのです。滞納すると14・5％の金利を付けて取りに来ます。そのうち払えなくなったら出ていけと、ひどい仕打ちです。

私は辛うじて10年間、6千万円、7千万円のリース代を払ってきました。しかし、書類1枚にけちを付けたばかりに出ていけと追い立てられています。干拓地入居者メンバーの地図があるのですが、うちの会社の敷地は白紙です。借り手がいない。だから不法占拠で農業をしているということで、出ていけという裁判を県の方から長崎地裁に起こされています。

写真１　飼料草の栽培が広がる諫早湾中央干拓地を調整池側から見渡す　遠方に白い帯状に見えるのは，林立するビニールハウス群。（2019年４月22日）

写真２　写真１に遠くに見えたビニールハウス群
冬は寒く，夏は暑く，土質がよくない干拓地に林立するビニールハウス群は何を語る？

過酷な干拓地の環境に立ち並ぶビニールハウス群

干拓地は冬になると非常に冷え込みます。県も標高千メートルを超える雲仙普賢岳の頂上の温度と一緒だと言っています。冬には、干拓地の土は凍っては溶け、解けては凍るを繰り返し、レタスなんかは凍傷にかかって出荷したときは腐ってしまう状態です。ダイコンも洗って、きれいに箱詰めして倉庫に入れておくと、朝日に照らされてぎらぎら光っています。凍っているのです。マイナス7度から10度にもなります。これはなぜかというと、あんなに浅くて広い調整池がそのようにしているからです。池ですから冬は冷えたままで、冷却機の役目を果たしています。

農業というのは海岸べりで霜が降らないようなところを見つけ、冬にはそういうところで作物を作るのです。しかし干拓地では、霜は降るわ、凍るわとすごく寒いのです。素人考えですが、海流が入ってこないから寒いに違いないと思います。

今干拓地内でどういうことが起こっているかを説明します。長崎というのは冬場も産地ですので、みんな暖かいと思って12月から3月ぐらいまでの契約が多いのです。いろいろな野菜、特にレタスが多いです。レタスの契約農家はたくさんいるのですが、トンネルを造っても駄目ということで、今はビニールハウスで栽培されています。ハウスは面積にしておよそ6反ほどです。大規模農業ができるというふれ込みで入ったのに、狭いハウスを造って農業をしなければならないという、異常な事態に至っています。(写真1・2)

干拓地では一作しかできません。県は二作できるということで計算していると思いますが、現実は一作しかできません。なぜかというと、夏は調整池がお湯状態で、涼しい海風が来ることはなく、異常な高温が続きます。だから夏場には農業ができないのです。

〝松尾を追い出せ〟の嵐に抗して

私は、こうした厳しい環境の中、辛うじて赤シソに注目して、夏に強い作物を作ってふりかけの原料とか、自社で赤シソジュースを作るなどして、何とか夏を過ごしています。本当に厳しい農地です。今からは、おそらく干拓農地はハウスと牧草地になると思います。牧草地がどんどん増える理由というのは、畜産農家は堆肥処理場を造る必要性に迫られますが、現状では堆肥の持って行き先に困っています。そうすると広い農地に牧草を作り、堆肥の処理場になっていくのではないかと危惧しています。

公社はどんな農業でもいいわけです。文句を言わずに農業をして地代を払えば、どんな農業でもいいのです。最初に述べた環境保全型農業ですが、私も今四十数軒の干拓農家とともにそれを進めています。牧草や堆肥を作りまして、畑にすきこんで、それを国の補助金で賄えば、種代が出ます。しかし、それも松尾には出さない、松尾には補助はやらない、という通知がありました。

どんなにしていても使い捨てなのです。だから70年間のリースなのです。70年間続けられる干拓農家はおりません。誰一人として。若手でも40代後半から50代です。70年後に農業をしている人はいません。今きちんとしないと、ますます後継者はいなくなると思いまして、頑張っているところです。

今は松尾一人だけだが、後にこういう者が出てこないように、今のうちに潰せと、長崎県は動いています。それはすごい力です。畑の土壌調査とか、そういうのも松尾には一切情報をやるなという命令が出ています。まさに干拓地は無法地帯です。国の法律は何も通用しないのです。そういうところです。本当にひどいものです。今私は、何ゆえ出ていかなければならないのかと、懸命に頑張っています。

追い討ちをかけるカモによる野菜の食害

もう一つ深刻な問題が生まれています。それは、カモが一晩のうちに1ヘクタールぐらいの野菜を食べてしまう問題です。国は新しい環境ができ、カモが増えて素晴らしい自然ができたと言っています。私は言いました。そのカモは何を食べているんですかと。カモの食害は驚くべきものです。カモは行儀がいいのです。端から端まで順番にきれいに食べていきます。最初の群が食べてしまっていなくなったあと、次の群が待ち構えています。2群、3群と続いて来ます。1群の食べたあと、次の群もきちんと手前から食べていきます。そのぐらい行儀がいいのです。カモの被害については、農損害賠償請求の裁判訴訟を起こしています。

私は、開門しないことには、この干拓地の農業環境はよくならないと訴えています。開門して海流を入れることによって、気温が温和になれば、ハウスを造らなくてもいいのではないかと思います。

今では、大手の会社が大きいハウスを造っています。そこも1年間に1千万円ほどの赤字を出しているということでした。その会社は売り逃げしまして、また、大きい会社がやってきて、大きいハウスを建てます。よその地域より4度から5度も気温が過酷で、油代もすごいに違いないと推測しています。

どんなに大きい会社が営農しても一緒です。赤字の原因をそのままにしたやり方では絶対赤字です。私は辛うじて、初年度からとんとんかいくらか黒字を出しております。そのため、私は当初県の宣伝マンに使われたと思っています。それは自分のやっていることを言っただけであって、県のために言ったわけではありません。しかし、それを誤解されて、県の宣伝マンを担っていると変な目で見られたこともありますが、自分のためにやっていたということです。

この憤りをどこにぶつけたらよいのか

私は干拓の地で、廃プラスチックから油を作るということをしました。ごみからまた再生マルチを作って使うということもしましたし、いろいろなことを試してきました。県は、それらは大いに干拓農業のアピールになると持ち上げました。何をしても県は悪徳不動産屋そのものです。悪徳不動産屋でも金を払っていたら文句は言いません。だから悪徳不動産屋よりひどいのです。やくざも顔負け、やくざ以上と痛感しています。

この憤りをどこにぶつけたらいいのでしょうか。ひどいものです。うちの家が支援センターの真ん前にありますので、常時監視されているのです。私は看板を変えろと言いました。営農支援センターは看板に偽りありで、「営農邪魔センター」に変えたらいいんじゃないかと所長に言ったことがあります。所長は「うちのことですか」と聞き返しましたので、ほかにどこがあるんだ、と言い返しました。

何事も事後対応なのです。虫が発生しました、こういう病気が入りました、すべて後付けです。後付けなら誰でもできます。出る前に言っておかないと意味がないです。営農支援センターや農業試験場は、私の農業法人より従業員が多いのに、畑はうちの何十分の一です。虫もパートの人で捕まえた方が早いぐらいです。消毒しなくてもいいぐらいの農地で作った例を、われわれに「こうしたらうまくできます」というような説明をしたりするのです。

私の同僚の諫早市の飯田さんは10年間私たちと一緒に農業をしてきました。ジャガイモ農家なのですが、最初に、二作できると言われ、「こんないいジャガイモができる」ということまで見せられました。そんなにいいジャガイモ

写真3　干拓地農業の実態を知るために大阪から訪れた市民に，干拓地農業の苦悩を語る筆者（写真中央）

ができるならということで入植されたわけです。しかし、5月まで遅霜が降りますので、霜でやられたり、作付けを遅くすると梅雨に入って掘り出して収穫できなくなります。面積が広い農地ですので、収穫にも時間がかかるため、取り遅れが起こります。

国・県は畑地を造っただけです。トイレもない。飯を食うところもない。まったく何もないところからの出発でした。今でこそ、やっと皆さん倉庫なんかを置いていますが、入った当時は本当に何もなかったのです。干潟を潰して広大な農地を造ったのであれば、順次いろいろな設備を整備していくべきです。

特に水は重大です。公式には、調整池の水を農業用に使っているから水門を開けて塩水が入らないようにしていると言っていますが、実は使っているのは本明川の下流の水なのです。その水をわれわれが使うのは、だいたい8月の盆過ぎから9月初旬ぐらいの、一番種まきに重要なときなのですが、水管を開けると悪臭がします。そして、畑に入れるとシジミの殻などがいっぱい出てきます。時にはフナも出てきます。とても優良な水とは言えません。

水が悪ければレタスの苗などにかけると枯れてしまいます。ショウガの栽培には夏場には水が必要になりますが、その水をやると病気になってしまいます。だから作れる作物もだいぶ限られてきます。

農家のいろいろな苦労というのを、県は何も考えていないと私は思います。

おわりに　皆さんのご支援を

干拓地の周辺を元の自然に戻して、気温を温和にすることが、まず第一にすべきことだと思います。諫早市民の方々にとっても、冬は寒く、夏は暑くなり、大変だと思います。干拓地周辺の諫早市だけかも知れませんが、絶対何か影響があると思います。どのように表現したらよいのか分かりませんが、もう少し県や国も考えて、改めるところは改めてもらいたいと切に願っています。いつ追い出されるのかという不安もありますが、捨てる神あれば拾う神ありと思って頑張っています。

農業というのは非常に大事なのに、県が農業のことを真剣に考えていないことが今回明らかになりました。皆さんのお力をお借りして、干拓地で農業を続けたいと願っています。皆さんの干拓への誤解もあったと思いますが、懸命に頑張っていますので、ご支援をよろしくお願い致します。（写真3）

ムツゴロウとシソとドングリとウナギの語らい

〔田中　克〕

★ムツゴロウたちの井戸端会議

「おい、昨日のニュースを見たか」

「ああ、あの最高裁への漁民の訴えを門前払いで棄却したやつだろう」

「あいつら、現場に足をはこんでおれたち有明海の主《ぬし》に意見を聞くことなく、あんなひどい判断を下すなんて、何考えているんだろ！」

「あの〝自分たちに非あり〟を宣言しているような判決を見て、何も動き出さないなら、一番賢いと思い込んでいる人間に、明日はないよな」

「ちゃんと調査すれば、すぐわかるのに」

「何でも、漁民と農民が水門の開閉を巡って対立しているらしいな」

「結局、お金をたくさん持っている農業団体側の言い分が通ったらしいぜ」

「どんどん貧乏になるこの国では、日本銀行がお金を造りまくって、ジャブジャブと町に撒《ま》き散らしているそうだ」

「その借金を全部背負わされるこれからの子どもたちは、ほんと大変だ」

「人間の子どもに生まれてこなくてよかったぜ、おれたち」

★シソの葉の〝こくはく〟

そこに、ひらひらと舞い降りてきた一枚のシソの葉。

「農民と漁民が争っているなんて、とんでもないウソなのよ。知らないの？　土のよくない干拓地で、苦労して私を作ってくれた農家さん、水門を開けて干拓地の周りの池を海に戻してほしいと、必死に訴えているのよ」

「ええ？　漁業者といっしょじゃない」

「それじゃ、裁判所の言い分通らないよね」

「そうなの。だから、国や県のお役人たちは大慌てなの」

「一番がんばっているその農民を、干拓地から追い出すために、県が裁判所に訴えたの」

「なにそれ、弱いもんを守るために裁判所があるんじゃないの。本末転倒だぞ」

★ころころと干潟に転がってきたドングリ

そこに、今度は森から流れてきたクヌギのドングリが「ひとことぼくにも言わせてよ」と。

「ムツ君たちが暮らす海から蒸発した水で、ぼくらは育ち、そのお礼にきれいなおいしい水を、川や地下を通じて海に送っているんだよ」

「そうだったのか。諫早湾が閉め切られて、干潟が干上がったのに、おれたちの仲間、深い穴を掘って長く生きながらえたのは、ドングリ君のおかげだったのか」

「今、人間社会はみんながばらばらになり、政治家はやりたい放題じゃない」

「人間社会がつぶれようが、おれたちの知ったことじゃないが、海や川や森を壊しまくられては、たまったもんじゃないぜ」

「ちゃんと元に戻してから、好きなように絶滅しろよな」

★ムツゴロウたちの〝談合〟

「今度、有明海をよくするために、本が出るらしいな」

「私たちの話も取り上げられているそうよ」

「でも、それに関わる人たちはちょっとまじめすぎて、いいこと書いてあるのに、なんだか堅苦しそうだぜ」

「なんでも、ばらばらになった社会をつなぎなおして、子どもたちが昔のように、おれたちといっしょに干潟で泥まみれになって遊ぶようにしたいらしい」

「そのために、親子で山にドングリの木を植えて、よい水を畑に送って農産物を生み出し、さらに海の生き物を育て、みんなが助け合って暮らせる社会に戻そうと、相談しているようだ」

「ムツゴロウも、シソも、ドングリもみんなつながっていることが、ようやくわかってきたようだぜ」

「私たちに、何かできることはないかな」

「あるよ、ここでの話をアニメや漫画にして、見たらすぐにわかるようにすれば、一気に広がるよ」

「よーし、その人たち、ときどき干潟に来るので、今度出会ったら、おれたちがアイコンタクトで、伝えておくよ」

★ウナギの諫早への思い

夕方まではずんだこの会話に、よふかし組みのウナギが眠気眼でやって来た。

「なんだか、おもしろそうな話をしてるな。干潟の主のぼくを起こしてくれないなんて、ひどいよ」

「悪い、悪い。つい話が弾んでしまって」

「今では諫早湾奥の干潟がなくなり、ウナギの町諫早市を流れる川に一匹もウナギがいないらしいな」

「〝看板に偽りあり〟のままでは、明日はないぜ」

「新月《しんげつ》と満月《まんげつ》の夜、潮が満ちてきたとき、ちょっとだけ水門の上を開けてくれれば、おれたちするりと諫早湾の中に入ってウナギの町に戻してやれるのに、知恵がないよねー」

「いや、そうでもないよ。このままではいけないと一軒一軒訪ね歩いて、〝イサカン〟をちゃんと話し合う場を求める署名を集めている人たちもいるようよ」

「その人たち、この本を作っている人たちといっしょに〝ムツゴロウ育む植樹祭〟を計画しているらしいぜ」

「おいらウナギは、川を上って森の中までいけるから、ドングリを植える〝お祭り〟のときには、ムツ君とシソちゃんを背中に乗せて、連れて行ってやるぜ」

「よーし、次の集まりは森の中。ドングリ君、準備たのむよ」

第3章

有明海の環境と生物多様性

有明海の干潟の大切さ

鹿児島大学理工学研究科教授
佐藤正典

はじめに

まわりを陸に囲まれた半閉鎖的な海域は「内湾」と呼ばれる。入り組んだ海岸地形が特徴の日本列島には、瀬戸内海、有明海、東京湾、伊勢湾など大小多数の内湾がある。中海・宍道湖《しんじこ》などの汽水湖や、大きな河川の河口域も、内湾によく似た環境であり、いずれも高い生物生産力を有している。日本は内湾の豊かさに恵まれた国と言える。おだやかな内湾の奥部や河口域には、川が陸から運んでくる砂や泥が堆積して、水際に平坦な「干潟」が形成される。陸と海の境界に位置する干潟は、とりわけ生物生産力が高い所であり、内湾全体の魚介類を育む場としても大きな役割を果たしている。

私たち日本人は、古来、内湾の干潟から大きな恩恵を受けてきた。干潟は、豊富な魚介類を生み出してくれる「食料庫」として何よりも重要だったはずだ。その証拠は、全国各地の縄文時代の遺跡で見つかる貝塚にある。貝塚からは、ハイガイ、ハマグリ、アサリ、カキなどの干潟に生息する二枚貝の殻が大量に出土する。内湾奥部の干潟は、海水から「塩」を取り出すための場所（塩田）としても重要な場所だった。

しかし、日本の社会は、これまで多くの干潟を埋め立てや干拓によって消滅させ、陸化してきた。環境省のデータによると1945年から2005年までの60年間に日本の干潟面積は、40％減少したと見積もられている（花輪2006）。大都市が湾奥部に立地している内湾では特に干潟の消滅が著しく、東京湾や大阪湾では90％以上、伊勢湾では約60％の干潟が失われている。

その結果、干潟にすむ多くの底生生物（貝類、ゴカイ類、エビ・カニ類など）が激減し、縄文人の食料だったハイガイやハマグリまでもが「絶滅の恐れのある種」に指定されている（日本ベントス学会 2012、環境省 2017）。それとともに、人々の伝統的な営みであった内湾での漁業も大きく衰退した。

このような状況の中で、九州の有明海は、特別な存在だった。ここには「天の恵み」によって日本最大の干潟が存在し、日本ではここにしかいないムツゴロウなどの特産生物が多数生息している（菅野 1981、佐藤 2000）。その中には、日本各地で生息場所が失われたために現在は有明海にしか生き残っていない種も含まれている。この干潟の生態系に支えられた活発な漁業と、漁業に結びついた伝統文化や経済活動も長く維持されてきた。江戸時代の浮世絵などに描かれている「むつかけ」や「うなぎかき」などの漁法が有明海奥部に今も生き残っていることは奇跡的にすら思える。その有明海が、現在大きな危機に瀕している。1997年4月、有明海奥部に位置する諫早湾において大規模干拓事業による閉め切り（潮止め）が実行され、有明海奥部に特有の軟泥質の干潟が大規模に失われた。それ以降、有明海の奥部全体で著しい環境悪化が進んでいる。

まずは、有明海の干潟がどんな所なのかを、ぜひ多くの人に知っていただきたいと思う。そして、干潟の生き物たちの視点から、閉め切られた諫早湾の環境を復元することの意義と可能性を論じたい。

1　有明海の特徴

日本最大の干満差

有明海は、南北に長く延びた比較的大きな内湾であり、南に開いた湾口が狭いために閉鎖性が強い（佐藤２０００、佐藤２００４、図1）。この有明海のサイズと形によって、有明海奥部では潮汐の振幅が大きく増幅され、日本最大の干満差がもたらされている（大潮時の干満差が6ｍ以上）。大きな干満差は、強い潮流を生み出すことによって、有明海全体の海水を大きく攪拌する。海水の攪拌は、有明海の高い生物生産力を支える大きな要因の一つになっている（後述）。

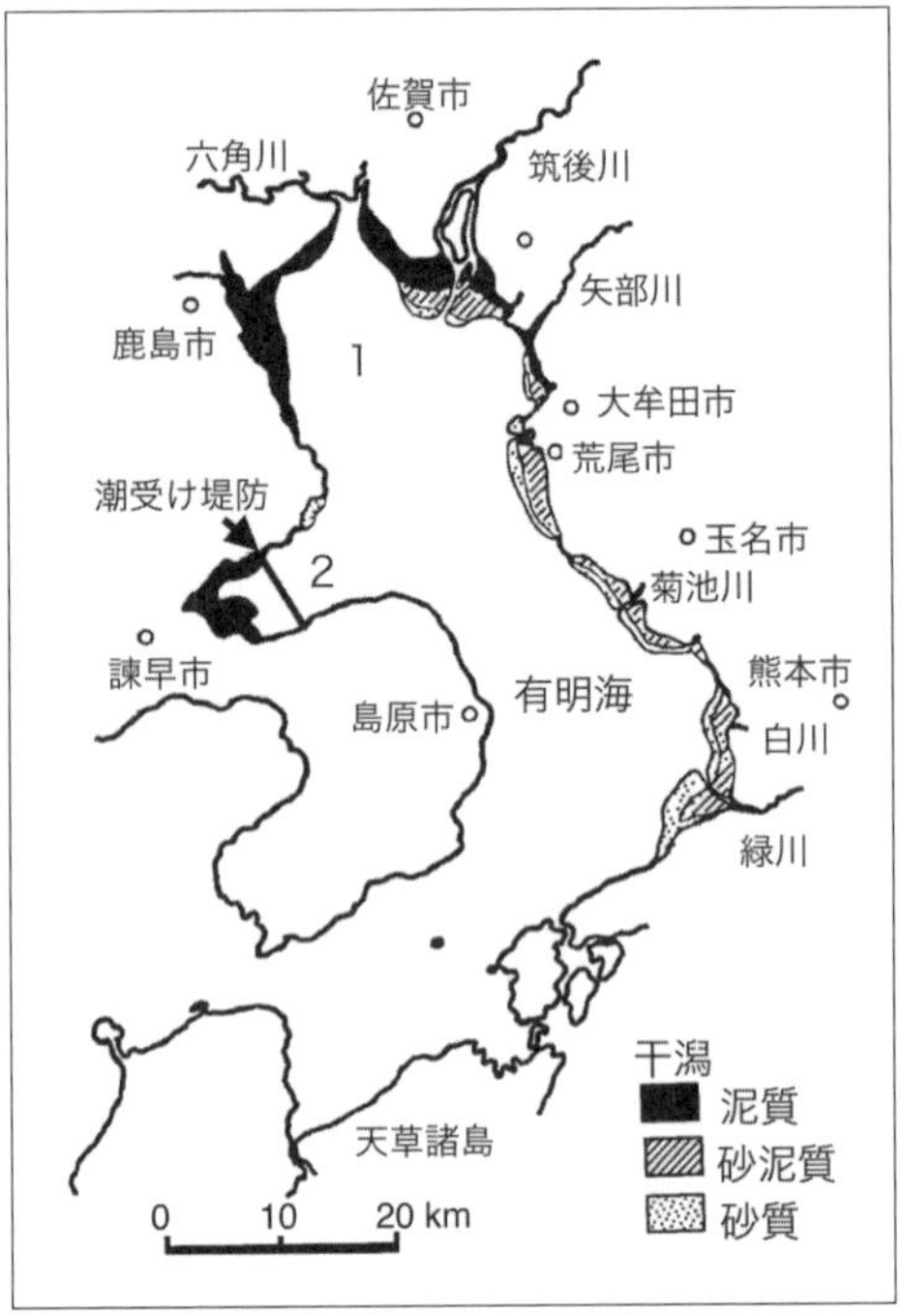

図1　有明海における干潟の分布　1：前の海，2：諫早湾。下山（1996）に基づく。

干潟の海

有明海の奥部は、二又に分かれており、その一方が福岡県大牟田市から佐賀県にかけての「前の海」、もう一方がその西に位置する諫早湾である（図1、佐藤２０００）。そこは、細長い閉鎖的な内湾の一番奥まった部分にあり、しかも「前の海」には九州最大の河川である筑後川をはじめとして矢部川、六角川、塩田川など大きな川がいくつも流入しているので、海水が河川水（淡水）によって薄められ、汽水的な環境になっている（降水量の多い7月の平均的な塩分は、海水の33前後よりかなり低い25－28）。つまりここは、巨大な河口域とみなすことができ、流入する河川水を通して、豊富な栄養塩と大量の砂泥が陸から供給されている。

有明海の平均水深は約20ｍであるが、その奥部は大部分が水深10ｍ以下であり、海岸線は広大な干潟で縁どられている。干潟とは、泥や砂が堆積した遠浅の潮間帯（潮汐に応じて干出と水没を繰り返す場所）のことであり、河川からの砂泥の供給によって維持されている。有明海は、干潟を発達させる好条件がそろっているため、日本最大の干潟面積を有する内湾になっている。すなわち、日本の全干潟面積の約4割もの干潟が有明海に存在するのである。

干潟のうち粒子の粗い砂質の干潟は有明海東部の熊本県沿岸によく発達している。一方、有明海奥部の「前の海」と諫早湾では、日本では他に例をみない大規模な泥質の干潟が広がっている（図1）。

潮汐による砂と泥の分離

干潟の土台を作る砂と泥は、川の流れによって、絶え間なく陸上から供給され続けている。一方、干潟の砂泥は波浪による浸食によって、絶えず沖合に流出している。この両者の均衡によって、干潟は維持されている。

有明海では、大きな潮汐の力によって砂と泥がふるい分けられている（坂倉 2004）。砂の粒子は重いので、水底に沈んだら潮流の力で巻き上がることは難しいが、細かい泥の粒子は、軽いので、上げ潮時に巻き上げられ、水中を漂いながら、下から上に、あるいは湾口部から湾奥部へと移動する。湾奥では、上げ潮に海水は急激に前進し、下げ潮はゆっくり後退するという性質があるので、上げ潮によって水中に巻き上げられた泥は、湾の奥部に向かって運ばれ、湾奥部や河川の内部にたまって泥干潟を形成する。垂直方向では、水中に巻き上げられた泥が陸の近くに持ち上げられて堆積するので、干潟の上部に泥干潟ができ、干潟の下部では、泥が抜き取られて砂質の干潟になる傾向がある。泥干潟と砂干潟とでは、そこにすむ生物が大きく異なる。

諫早湾の軟泥質の干潟

有明海に供給される砂泥粒子の大部分（有明海全体の76％、有明海奥部の95％）は筑後川からに持ち込まれている（横山　2007）。このうち軽い泥の粒子は、潮汐の作用によって堆積と再懸濁を繰り返しながら奥部に向かって移動するが、この移動には、地球の自転に伴うコリオリの力による反時計回りの動き（恒流）も作用する。その結果、最も粒子が細かくて軽い泥の成分（粘土）は、西に向かって最も遠くまで運ばれ、諫早湾の奥部に堆積していたと考えられる。

実際に、閉め切り前の諫早湾奥部の干潟は、粘土の割合が高く（20―40％、藤曲・牧野　2001）、「とろとろ」のアイスクリームのように軟らかい典型的な「軟泥質の干潟」であった。

「きれいな濁り」が育む豊かな海

泥の粒子は有機物をたくさん吸着しているので、海底に泥が堆積したままであれば、有機物の分解によって水中の酸素が消費され、海底が酸素不足になって、有毒な硫化水素が発生する。こうなると普通の魚介類は生息できなくなってしまう（佐藤　2011）。

かつての有明海奥部（「前の海」と諫早湾）では、そこが大量の泥の集積の場でありながら、酸素不足になりにくく、きわめて高い生物生産力が維持されていた。その主な理由は、細かい粒子の泥が大きな潮汐の力によって干潟の上部に持ち上げられて定期的に空気にさらされていると同時に、そこに堆積したままでなく、上げ潮時には絶えず水中に巻き上げられ、「浮泥」となって酸素の豊富な水中を漂っているからだと思われる。浮泥は、大量の栄養分が海底の貧酸素化を起こさないでうまく生態系に取り込まれ豊富な魚介類を生み出すための「栄養の貯蔵庫」として機能しているのである（佐藤　2000、2004）。そこでは、有明海特有の強い潮流による海水攪拌が重要な役割を果たしているのである。

有明海奥部の満ち潮時の海を初めて見る人は、海水が強く濁っていることに驚くだろう。地元の漁業者は、この海のことを「きれいに濁っている」と表現していた。浮泥による強い濁りがこの海の豊かさを育んでいることを人

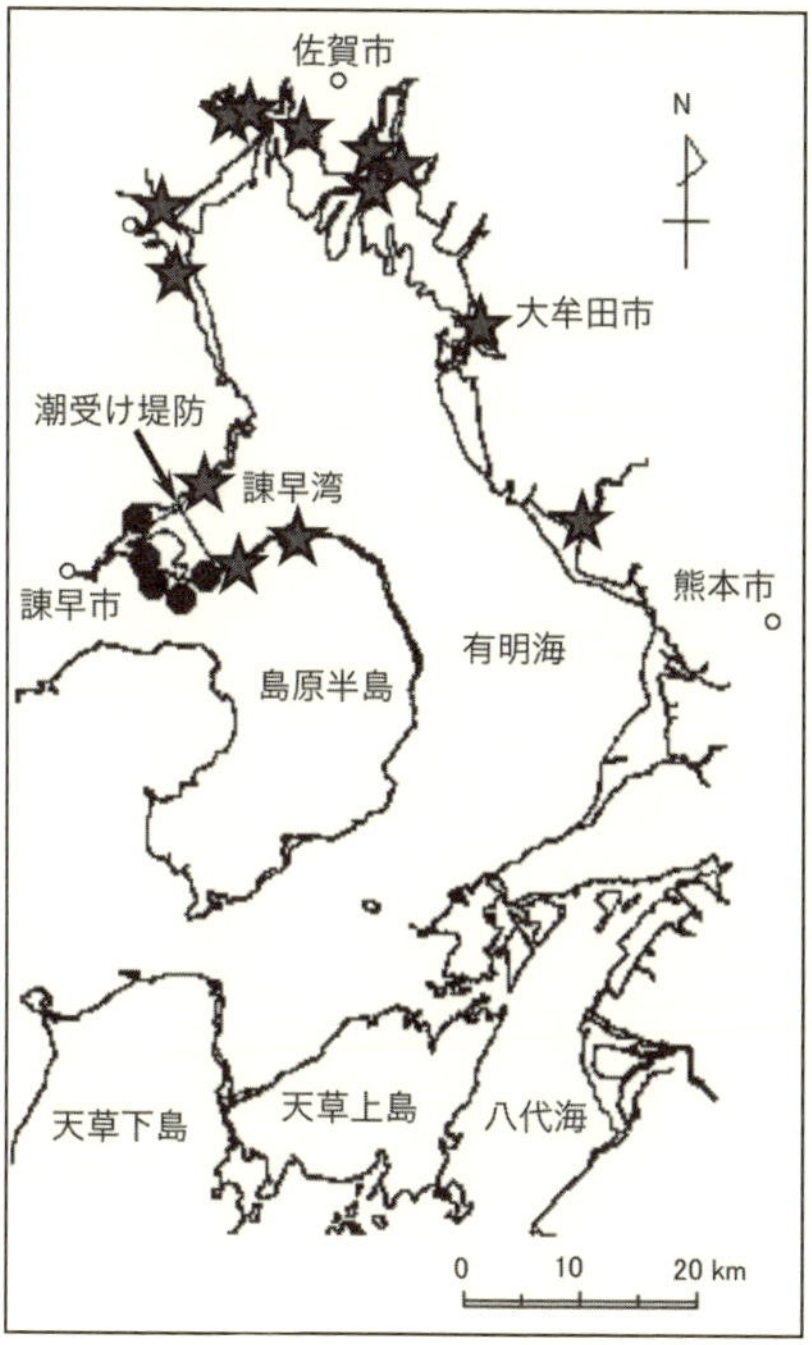

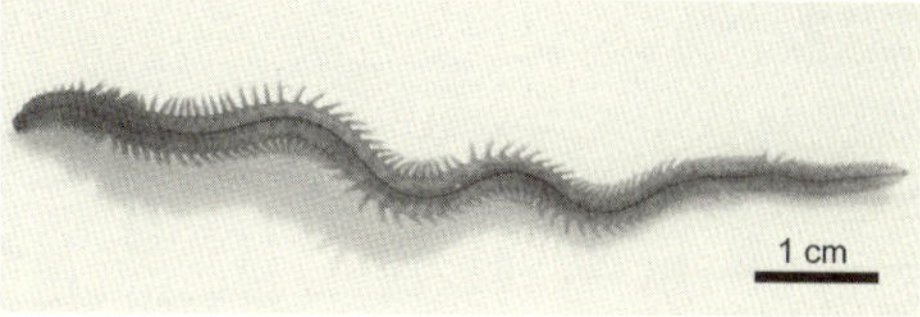

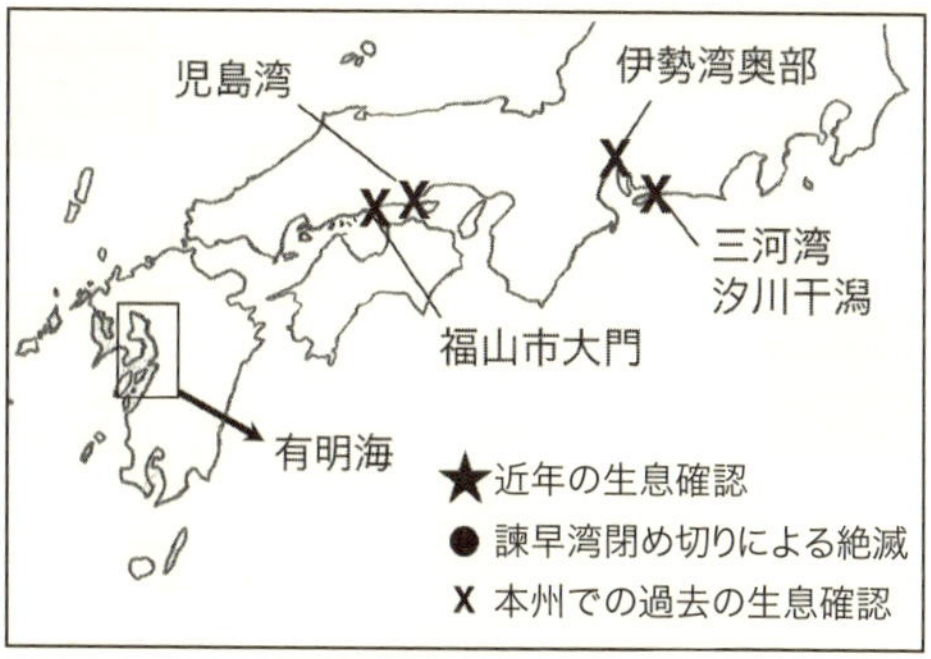

図２　日本におけるアリアケカワゴカイの分布記録　佐藤（2017）を一部改変。

々は経験を通して知っていたのだと思う。

絶滅危惧種にとっての「最後の砦」

日本の干潟が過去数十年間に急速に失われた結果、干潟を住処とする底生生物たちが日本中から姿を消しつつある。環境省レッドリスト（２０１７）によれば、私たちにとって最もなじみ深い二枚貝の一つであるハマグリ（絶滅危惧Ⅱ類）をはじめとして多くの種が「絶滅の恐れのある種」に指定されている。

それらの干潟生物の中で、泥干潟に特有の生物は、とりわけ危機的な状況にあると思われる。泥干潟が発達する内湾奥部の潮間帯上部は、これまでの沿岸開発によって最もひどく破壊された場所だからだ。

有明海奥部に広がる泥干潟は、多くの軟泥干潟特有の生物にとって、日本に残されたほとんど最後の生息場所になっている。たとえば、環形動物のアリアケカワゴカイ（絶滅危惧ⅠB類）は、現在は、有明海奥部の泥干潟でしか見られない（図２）。しかし、この種は、約百年前には、伊勢湾の最奥部（かつては宮湾と呼ばれていた熱田神宮の門前）や瀬戸内海の児島湾奥部にも生息していたことがわかっている（佐藤　２０１４、２０１７）。そのような事実は、昔の標本が博物館に大切に保管されていたおかげで明らかになった。伊勢湾にも、瀬戸内海

図3　ハイガイ　上：諫早湾の閉め切りによって全滅したハイガイの大集団。1997年８月（閉め切り後４カ月），富永健司撮影。下：諫早湾の潮受け堤防の外側で生き残っている生貝。2013年４月撮影。

にも、現在の有明海奥部とよく似た生物相を有する軟泥質の干潟があったのである。しかし、それらの海域では、湾奥部の泥干潟がこれまでの沿岸開発によってほぼ完全に消滅したため、アリアケカワゴカイは絶滅したと考えられている。その後の博物館所蔵標本の追加調査によって、本種は、少なくとも１９７０年までは三河湾の汐川干潟にも、また、１９６３年までは広島県福山市大門にも、それぞれ生息していたことが新たにわかったが、これらの場所でもアリアケカワゴカイは絶滅したと考えられている（佐藤　２０１７、未発表資料）。

泥干潟に特有の二枚貝であるハイガイ（絶滅危惧Ⅱ類、図３）やアゲマキ（絶滅危惧Ⅰ類）でも同様の分布の縮小が知られている。それらは、全国各地の縄文時代の貝塚から大量に出土している。つまり、私たちの先祖の重要な食料だった貝である。しかも、一部の地域では、アゲマキは、飢饉のときの貴重な食料だったために「オタスケガイ」と呼ばれていたという（吉本　１９９５）。

有明海奥部は、これら多くの泥干潟特有の絶滅危惧種が、まとまって生き残っている稀有な場所なのだ。閉め切られた諫早湾の干潟は、それらの絶滅危惧種がとりわけ高密度に生息していた重要な場所だった。生物多様性保全を国際的な公約としている国の責任として、諫早湾は、本来、まっさきに保全されるべき海域なのだ。諫早湾干拓事業をめぐる問題は、有明海の漁業被害という点で大きな社会問題となっているが（後述）、有明海だけの問題ではないのである。国全体の問題として、環境省が中心となって、一刻も早く諫早湾の環境復元に向けて取り組まなければならないと思う。

2　干潟の生態学的機能について

ミクロの大草原

汽水域の干潟では、生態系の食物連鎖の土台となる植物や藻類の一次生産力（光合成による有機物の生産力）がきわめて大きい。干潟の表面では光合成のために必要な光と栄養塩が共に豊富に存在するからである。

干潟（とりわけ泥干潟）で最も重要な生産者は、底生珪藻である（図4）。単細胞の微小な藻類なので肉眼ではその姿が見えないが、干潟の表面で底生珪藻が増殖するとそこが黄緑がかった褐色に見える。有明海沿岸では、それが「潟華《がたばな》」と呼ばれることがある。そのような言葉の存在は、人々の暮らしが干潟に深く関わっていた証拠だ。潟華は、泥の表面に微小（ミクロ）な藻類の大草原が広がっているようなものである。陸上の生態系では、森林を形成する樹木などの大きな植物が重要な生産者になっていることが多いが、海の生態系では、重要な生産者が小さくて目立たないことが多い。

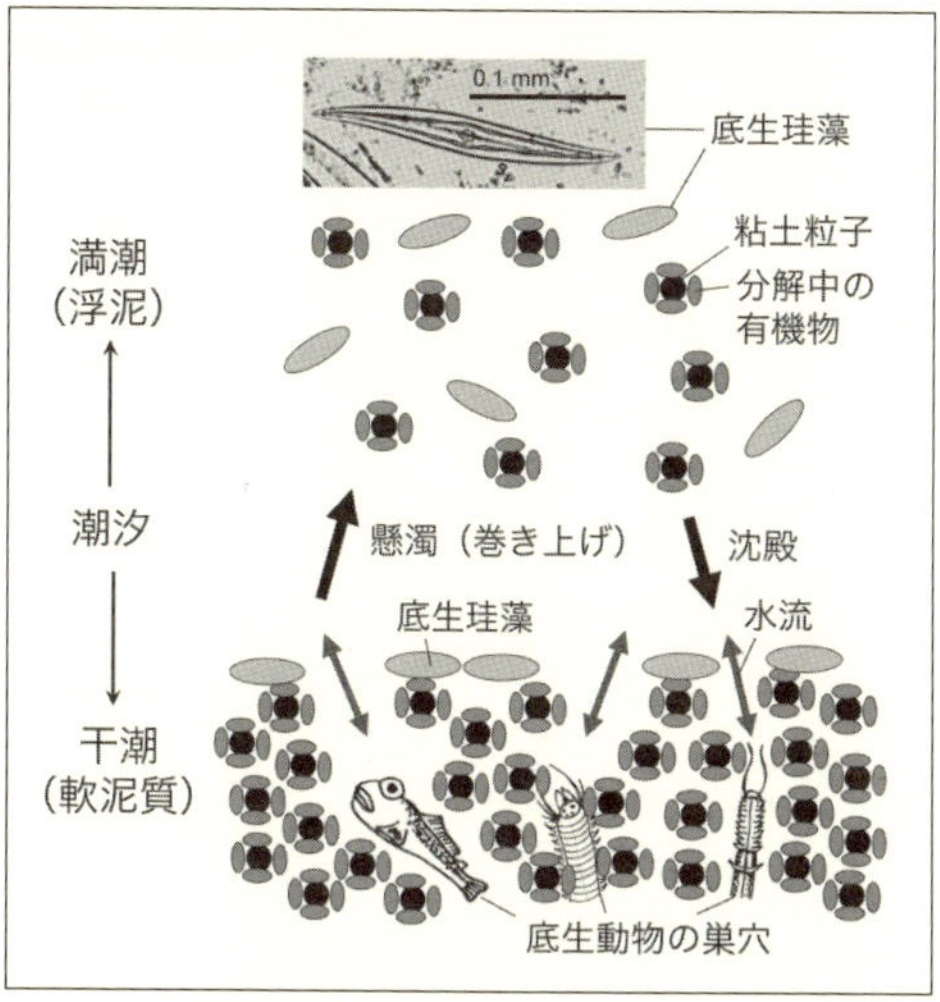

図４　軟泥質の干潟の満潮時（上）と干潮時（下）の模式図　挿入写真は，底生珪藻の一種（閉め切り前の諫早湾干潟から採集されたもの）。

干潮時に露出する平坦な干潟は、日光を遮るものが何もないので、その全面で太陽エネルギーを吸収することができる。まさに「天然のソーラーパネル」だ。底生珪藻は、干潟の泥の表面に並んで太陽光を受け、光合成を行なうことができる。

有明海には、日本の全干潟面積の4割に相当する広大な干潟が存在する。すなわち、有明海は、莫大な太陽エネルギーを生態系に取り込むことができる超巨大ソーラーパネルを持っていると言える。

有明海奥部の泥干潟では、このソーラーパネルが特に大きな威力を発揮する。

有明海奥部では大きな干満差による海水の攪拌作用のため、泥の粒子が絶えず巻き上げられ、海水は強く濁っている（図4上）。この濁りは、水中への光の透過を遮るため、水中で光合成を行なう植物プランクトンにとっては不都合なものである。しかし、泥干潟の表面で生活している底生珪藻にとっては、海水の濁りは問題ない。底生珪藻は、満潮時には、泥の粒子と一緒に水中に巻き上がるが、干潮時には、干潟の表面に並んで空気中に露出し、確実に光を浴びることができるからだ（図4下）。底生珪藻は、粘液を分泌しながら動くことができ、泥に埋まっても、自ら表面に這い出ることができる。泥干潟は、透水性が低いために、干潮時でも表面が乾きにくく、しかも栄養がたっぷりある。細かい泥の粒子がたくさんの栄養塩を吸着しているからだ。有明海奥部に存在する広大な泥干潟は、底生珪藻の大増殖をうながす好条件がそろっている。

図5　アサリの濾過能力を示す実験　海水にアサリを入れたもの（左）と入れないもの（右）を用意し，その両方に米のとぎ汁を加えた。約2時間後，アサリを入れたものでは海水が透明になった。佐藤（2014）より。

干潟での食物連鎖

底生珪藻は、様々な動物の食物として大変重要である。たとえば、干潮時には、ムツゴロウなどに食べられ、満潮時には、泥と一緒に水中に巻き上がり、二枚貝などの「濾過食者」に食べられる（図5）。干潟には、川の上流から運ばれてきた陸起源の有機物も流入する。たとえば、落葉などの陸上生物に由来する有機物が細菌によって分解されながら流下し、干潟表面に堆積する。これらも干潟の動物にとっては重要な食物になる。

干潟の表面や砂泥中には、貝やカニやゴカイなどの様々な底生動物がたくさんすんでいて、その食事の仕方も様々である。それらの底生動物は干潟の外からやってくる捕食者たちに食べられる。主な捕食者は、空からやってくる鳥、沖合からやってくる魚、そして陸からやってくる人間などである。

干潟と漁業の関係

干潟生態系の高い生物生産力と食物連鎖によって、干潟とその周辺には豊富な魚介類が生み出される。それが日本の内湾における豊かな漁業を支えてきたのだ。干潟は、干潟内での漁業だけでなく、内湾全体や内湾の外側も含めたもっと広い範囲の漁業をも支えている。沖合で漁獲される魚介類の中には、干潟を産卵場、あるいは稚魚や稚エビの成育場として利用しているものが少なくないからである。

たとえば、クルマエビの場合、卵は水中に放出され、ふ化した幼生はしばらく水中でプランクトンとして生活する。その幼生が干潟に着底して稚エビとなり、干潟で成長した後に沖合に移動する。

そのため、干潟をつぶしてしまったら、干潟での漁業だけでなく、干潟から遠くはなれた沖合の漁業にまで悪影響がおよぶのである。

干潟の水質浄化作用

陸の生物に由来する有機物は、雨水に流され、分解しながらやがて海に流出する。そこには、人間の生活排水に由来するものも含まれる。それらの栄養物質は、いきなり海の中に入るのではなく、その多くが、汽水域の河口周辺に広がる干潟で吸い取られ、回収され、そこでまた新たな生物の体へと転換されている。

まず、底生珪藻や海草、塩生植物などの生産者が水中に溶けている栄養塩を吸収し、有機物を合成する。それをムツゴロウや二枚貝などの小動物が食べ、それらの小動物は大型の動物（ワラスボやエイなどの魚やシギ・チドリ類などの鳥など）に食べられる。この過程（生態系の食物連鎖）を通して、陸から流入した栄養物質（チッソやリン）が、あたかも「リレー」のように、次々と他の生物（走者）に受け渡され、最後は、移動能力が大きい大型の動物によって、その栄養が干潟の外に運び出される。この生態系のリレーの中で、人間の漁業の営みは、鳥たちと同様に、最終走者（アンカー）の役割を担っている。

この食物連鎖の経路とは別に、水中のチッソの一部は、砂泥中の細菌たちの働きによって、気体に変えられて大気中に出てゆく。この過程を「脱窒《だっちつ》」と言う。この脱窒が干潟ではたいへん活発であることがわかっている（左山2007）。

このようにして、干潟生態系は、陸から流入する豊富な栄養分を吸収し、再利用する天然のフィルターのような働きをしている。この働きを「水質浄化作用」という。それがなくなれば、半閉鎖的な内湾に栄養が過剰にたまって、赤潮や海底の酸素不足などの富栄養化の問題が生じやすくなる。干潟生態系は、富栄養化の問題を抑制し、それと同時に、海に流入する栄養分を使って、多様な生物を産み出し、水産資源を育み、漁業を支えている。そのような一石二鳥（水質浄化作用＋魚介類生産システム）の大きな能力は、人工的な下水処理システムでは、とてもまねできないものである。

人工的な下水処理場では、通常、水中に懸濁している粒子状の有機物だけが除去され、除去された有機物（汚泥）は焼却処分されている。一方、水に溶けているチッソやリン（栄養塩）はそのまま海に流されている。「高度処理」と称して栄養塩まで人工的に除去することも不可能ではないが、それには莫大な費用がかかる。

干潟の生態系は、人間が「高度処理」と呼んでいる栄養塩の除去も「ただ」（無料）でやってくれている。しかも、水中から抜き取った栄養を無駄に捨てるのではなく、それを使って、また新たな生命体を産み出している。こんなことは、どんなに優れた下水処理場でもできないことである。

これまでの日本の社会は、以上のような干潟の役割をよく理解しないまま、内湾の干潟を大規模につぶしてきたのである。

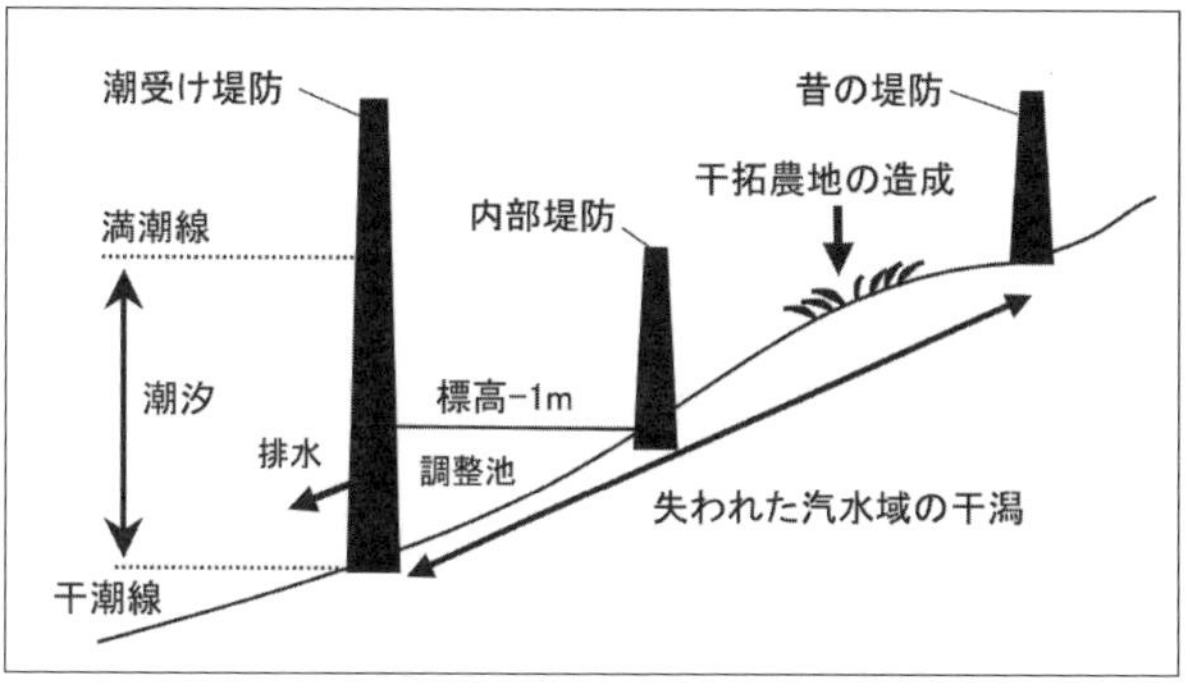

図6　諫早湾干拓事業による干拓地造成の断面模式図　大潮時の平均干満差は5.4m。

3　諫早湾干拓事業の問題

問題の原点

諫早湾では、1997年4月14日、国の大規模干拓事業によって湾奥部（3550ha）を全長7kmの潮受け堤防で完全に閉め切る「潮止め」が完了した（佐藤 2014）。これによって、堤防の内側に存在していた約2900haの干潟が消滅した（末尾のコラム参照）。かつての干潟の上部（約670ha）には干拓農地が造成され、その他の大部分（約2600ha）は、農業用水の確保のために「ほぼ淡水化」された「調整池」となった（図6）。

諫早市内に流れ込む本明川などの河川水は、それまでは諫早湾奥部の「汽水域」において淡水と海水が徐々に混じり合いながら海に流入していたが、諫早湾の閉め切り以後、淡水は、水が淀んだ調整池に溜まった後、潮受け堤防の2カ所の排水門（以下、水門）を通して、堤防外の海に排水されている。この排水は、海水面が低下する干潮時に実施されており、密度の軽い淡水と重い海水が堤防の外側でいきなり出合うという不自然な状態が続いている。この点は今なお多くの人に誤解されているのだ。水門は、決して閉まったままではなく、日常的な排水のために「開門」されている。これによって、調整池のアオコ毒を含む汚濁水が一方的に有明海に排出されている（梅原・高橋 2016）。

この干拓事業の当初の目的は、「水田の造成」だったが、その後、米の生産をめぐる社会状況が大きく変わり、新たな水田の造成は不要になった。事業の目的は「水田の造成」から「畑作地の造成」に変更され、さらにまた、新たな目的として高潮対策などの「防災」が追加された。当初、この事業に強く反対していた漁業者たちも、「防災」という名目によって押し切られてしまった。

引き返すチャンスはあった

諫早湾の閉め切り以降、有明海奥部の環境悪化とそれに伴う漁業被害（いわゆる有明海異変）が顕著となった。すなわち、赤潮の頻発や海底の貧酸素化の拡大などの漁場の環境悪化のために、有明海奥部での重要な水産資源（タイラギをはじめとする貝類やエビ類など）の漁獲が激減したのだ（佐藤　２００４、２０１１）。２０００年暮れには大規模な冬の赤潮の発生によってノリ養殖が大きな被害を受けた。

これに対して、農水省が専門家を集めて立ち上げた「有明海ノリ不作等対策委員会」は、２００１年12月に、短期、中期、長期の3段階で「排水門の開門調査」を実施するよう提言した。すなわち、「第一段階として、2カ月程度、次に半年程度、さらに数年間の開門。開門はできるだけ長く、大きいことが望ましい」というのがこの委員会の提言の骨子だった。ここで言う「開門調査」とは、「潮受け堤防の2カ所の水門を操作することによって、淡水化されている調整池内に海水の出入り（潮汐）をある程度復活させ、そこを閉め切り前の汽水域に戻して、その効果を確かめること」を意味している。調整池内の淡水を一方的に排水するためだけに行なわれている現在の「開門」とは意味が異なるので、本当は、「環境復元調査」と表現すべきものである。

この委員会の提言は、後述する現在の確定判決（5年間の排水門の開放）を先取りするものだった。しかし、農水省は、２００２年に約1カ月の短期開門調査を行なっただけで、中期および長期の開門調査を実行せず、漁業被害を見捨てたまま、事業を進めてしまった。干拓農地にまだ入植者がいなかったこの時点で長期開門調査をやっておれば、現在のような大きな混乱を引き起こすことなく諫早湾の環境復元が実現できたはずであり、それを契機に干拓事業そのものが中止されたかもしれない。

干拓事業を途中でやめた例

島根県の宍道湖はヤマトシジミ（汽水産の二枚貝）の漁獲量日本一を誇る汽水湖である。この宍道湖とそれに隣接する中海では、諫早湾の場合と同じように、戦後の米不足を背景に大規模な干拓・淡水化事業が立案され、1963年に事業が着手された。それは、二つの汽水湖を全部淡水化し、その淡水を使って営農するための干拓地を新たに造成するというものだった。干拓地を仕切る堤防工事が進み、湖口を閉め切る堤防や水門もほぼ完成し、水門を閉めれば、宍道湖の汽水域の生態系が全滅するという絶体絶命のところまで工事が進んだが、2002年、土壇場で、事業の中止が決定された。着工以来39年間の投資をすべて無駄にしても、自然環境と漁業を守るという選択がなされたのである。

環境復元を命じた判決の確定

宍道湖・中海とは対照的に、諫早湾では干拓工事が続行され、その後は、司法の場で、干拓事業と漁業被害の因果関係をめぐる論争が長く続いた。2008年6月、佐賀地方裁判所は「5年間の長期開門調査」を国に命じる判決を下した。せめて、この時、国が控訴しないで判決に従っていればと思わずにはおれない。この時は、干拓工事が終わった直後で、造成された農地（借地）での作業が始まったばかりだったので、農作業が進んでしまった現在の状況に比べると混乱は少なかったはずである。

しかし、国は控訴し、裁判がさらに続き、その間に入植者の営農が本格化した。国の担当者は次々と交代し、彼らの給料は保証されているので裁判が長引いても困ることはないが、被害者である原告の漁民は、誰とも交代できない個人であり、裁判が長引けば、被害が救済されないまま時間が過ぎ、高齢化し、生活がますます苦しくなる。水俣病事件の裁判をめぐって故原田正純先生が指摘された「不公平」と同じことが、ここでも繰り返されている。

そのような不公平な状況にもかかわらず、原告の漁民は、一審に続いて、二審でも勝訴した。2010年12月の福岡高裁の二審判決が、佐賀地裁の一審判決を支持し、「諫早湾の閉め切りが漁業者の漁業被害をもたらしている蓋然性が高い」と認定し、国に対して、閉め切り堤防の排水門を5年間にわたって開放すること、すなわち淡水化された調整池に再び海水の出入りを復活させることを命じた。その後この判決が確定したので、ようやく長年の問題が決着し、日本で初めての画期的な環境復元が実現するかに思われた。しかし、確定判決が国に命じた排水門の開放の実施開始の期限（2013年12月）が過ぎた今（2019年8月時点）も、それはまだ実現しておらず、裁判で認定されたはずの漁業被害が放置されたままである（裁判をめぐる問題の詳細は、本書の第5章参照）。

問題が長期化する間に、干拓地に入植した営農者（法人と個人合わせて約40）の農業活動が既成事実化してしまった。それに伴って、「大規模な環境破壊」という問題の原点が社会から忘れられ、有明海の漁業者と干拓農地に入植した農業者の間の表面的な利害対立に問題がすり替えられてしまった。

漁業被害は社会にとっての「非常ベル」

有明海奥部では、タイラギ漁をはじめとする伝統的な内湾漁業が崩壊の危機に瀕している（佐々木 2016）。天然の魚介類を捕獲する伝統的な内湾漁業は、自然の恵みに全面的に依存した生業なので、環境汚染や環境破壊の影響を最も大きく受けるのである。すなわち漁業者の存在そのものが、そこの生態系の豊かさのバロメーター（指標）なのだ。絶滅の危機に瀕した多くの底生生物がまだたくさん生き残っている有明海に人々の伝統的な漁業が今まで維持されてきたのは決して偶然ではない。

漁業被害とは、自然の恵みが大きく損なわれたことを社会に知らせてくれる「非常ベル」のようなものである。有明海に今も漁業が存在するからこそ、諫早湾干拓事業の問題が20年以上もの長い間ニュースとして取り上げられているのだ。もし漁業が崩壊し、漁民が海からいなくなってしまったら、海がどんなにひどく破壊されても、社会はそれを認知できず、環境破壊が際限なく進むだろう。

4　諫早湾の環境復元の可能性

諫早湾干拓事業は、有明海奥部に特有の典型的な軟泥質の干潟を大規模につぶし、そこに生息していた多数の絶滅危惧種を死滅させ、それらの生物が支えていた重要な生態学的な機能を消滅させてしまった。しかし、土砂を投入して干潟を埋め立てたわけではなく、1枚の潮受け堤防だけで海を遮り、元の干潟を海水面よりも低い土地と池に変えただけである。もし、確定判決に従って「排水門の開放」が実行されるならば、現在の淡水化した調整池には海水が出入りして潮の干満がある程度回復し、限定的ながらも元の汽水域の環境が戻る。そこには堤防外から様々な底生動物の幼生が入ってきて、元の干潟生態系の機能が比較的すみやかに回復すると考えられる。

短期開門調査の実績

調整池では、閉め切り後の塩分低下に伴い、元々ここに生息していた海産および汽水産の底生動物が、閉め切り後4カ月以内にほとんど消滅した。しかし、2002年4月の短期開門調査の際には、汽水域に戻された調整池内に一部の汽水性の種が復活した（佐藤・東 2017）。この短期開門調査では、わずか27日間だけ、潮受け堤防の水門の「制限開門」が実施され、ほぼ淡水化していた調整池に限定的ながら再び海水を出入りさせ、干満差20㎝の潮汐を回復させた。この期間に、堤防の外に生息している一部の汽水性の二枚貝や甲殻類の幼生が潮に乗って調整池の内部に入り、定着したのである。しかし、「制限開門」が終了し、再び調整池が淡水化されると、これらの汽水性の種はまた死滅してしまった。

短期開門調査による調整池の一時的な環境復元は、潮受け堤防の外側の有明海にも一定の環境改善の効果をもたらした可能性がある。たとえば、諫早湾湾口部の北側の佐賀県大浦における平方宣清氏（本書第2章に執筆）のアサリ漁場では、１９９７年の諫早湾奥部の潮止め以降、アサリの水揚げ量が激減したが、短期開門調査が実施された２００２年度には水揚げ量の一時的な回復が起こった（図７）。また、１９９７年の諫早湾奥部の潮止め以降、毎年６月に実施されている有明海奥部50定点における底生動物の生息密度調査によれば、底生動物の平均生息密度は、潮止め以降減少し続けているが、短期開門調査の直後の調査時に限って、底生動物の平均生息密度が急増している（佐藤・東　２０１７）。

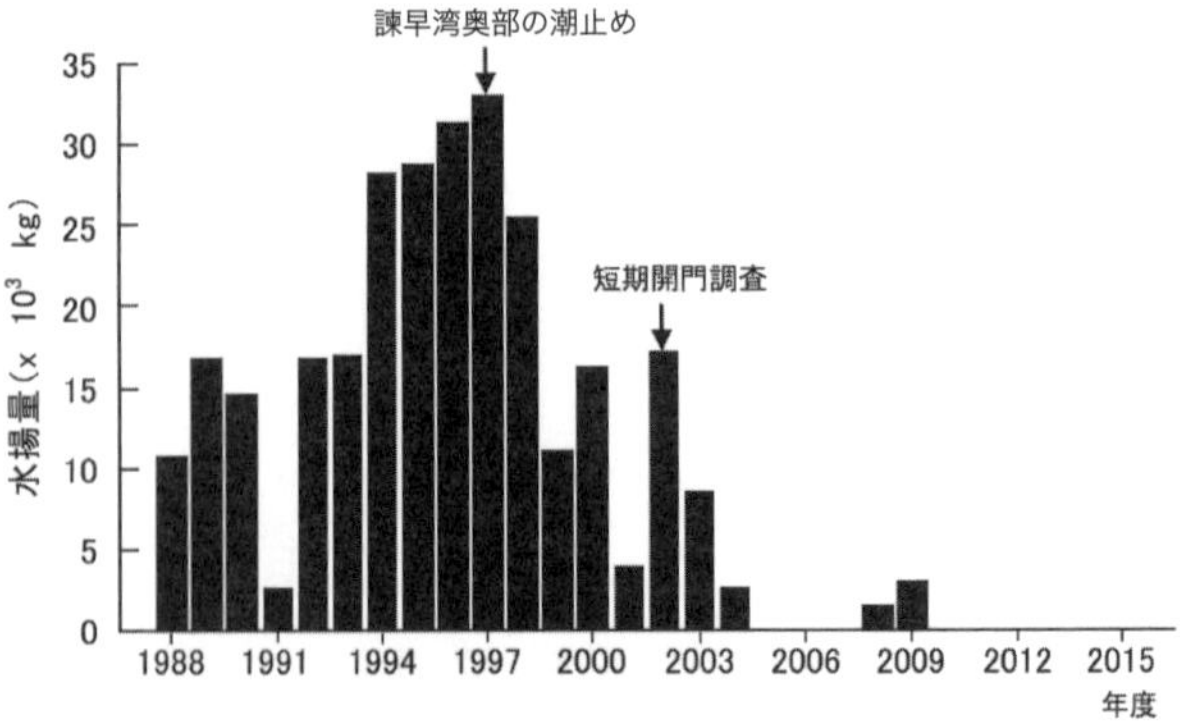

図７　佐賀県大浦のアサリ養殖場（面積：約1500㎡）におけるアサリの年度別水揚量（殻付き重量）。平方宣清氏のデータに基づく。

英虞《あご》湾での干潟再生

真珠養殖発祥の地として有名な三重県の英虞湾（27・1㎢）は、諫早湾の閉め切られた部分（35・5㎢）よりも小さい湾だが、湾内には多数の入り江があり、それぞれの入り江に干潟があった。しかし江戸時代から20世紀前半まで水田造成を目的にした干拓が相次ぎ、約70％の干潟が消滅した。現在ではその干拓地の90％以上が耕作されていない遊休地になっている（国分・山田　２０１１、国分・高山　２０１２）。

ここでは、遊休地になっている干拓地を元の干潟に戻し、それによって劣化している英虞湾の生物生産力を回復させようという取組みが始まっている。英虞湾奥部の石淵地区では、１９６０年に建設された潮受け堤防の内側に、干拓地との間に約２haの調整池があった。２００９年10月から潮受け堤防の水門が解放され、調整池内に海水が導入された。これによって、調整池の中に潮の干満とそれに伴う海水の流動が戻り、干潟が再生された。

干潟再生前の調整池は、富栄養化が進んで底生生物の乏しい場所だった（イトミミズやユスリカなど６種のみ）。しかし、水門開放の半年後には、ウミニナなど20種の底生動物が確認されるとともに、ボラ、ハゼ、スズキなどの稚魚も戻ってきた。2年後には、底生動物の種数は35種となり、潮受け堤防の外側の自然の干潟の種数（45種）に近づいている。

英虞湾では、その後、さらに第2、第3の干潟再生も実現している。干潟再生が「地域再生」と位置づけられ、漁業者、地域住民、地元自治体（三重県、志摩市）、地元企業など様々な立場の人々の協力で進められている。

5　諫早湾の環境復元後の未来像

再生のシンボルとしてのウナギ

ニホンウナギ（以下、ウナギ）は、貴重な滋養食として古くから日本人が愛してやまない食用魚であるが、今や絶滅危惧ⅠB類（環境省　2017）に指定されるほど減少している。ウナギは、諫早市の伝統的な名物であり、市内には江戸時代から続く老舗の鰻屋が並んでいる。現在、諫早の人々は、「ウナギの妖精うないさん」を街のシンボル（ゆるキャラ）に掲げ、そのイラストを商標登録している（http://unai.b1388.jp/）。

ウナギは、海からやってきた幼体（シラスウナギ）が川を上り、淡水域で成長し、成熟すると川を下って熱帯の海の産卵場まで泳いでゆくと長く信じられていたが、最近の研究によって、産卵場に向かう成魚の履歴が詳しく調べられた結果、淡水域で成長した履歴をもつ個体（川ウナギ）は少なく、川を上らないで汽水域や海で成長した個体（海ウナギ）が多いことが明らかになった（海部　2013、2016）。シラスウナギは、上げ潮に乗って川の汽水域に入り、感潮域の最上流部にまず定着し、そこから上流方向に移動して淡水域に行くもの（川ウナギ）と下流方向に移動して河口や海の干潟などに行くもの（海ウナギ）に分かれるが、後者の海ウナギこそが次世代の生産に大きく貢献していると考えられている。昔から内湾・河口域の干潟で捕れるウナギは、青みがかった体色をもつことから日本各地で「アオ」と呼ばれ、極上の味のウナギとして重宝されていた。泥干潟にもぐったウナギを捕まえる「ウナギ

図8　閉め切り前の諫早湾干潟における「ウナギかき」と「ウナギかき」に用いられる漁具（鉄鉤）の先端部分（上：1980年代，中尾勘悟撮影）

かき」などの伝統漁法は、今も有明海奥部には残っている（図8）。

諫早湾の閉め切りによって、海からやって来るシラスウナギは潮受け堤防の内部に入ることができなくなり、堤防内では海ウナギも川ウナギもすべていなくなった。諫早湾干拓事業は、ウナギの生息場所も著しく減少させたのだ。

確定判決に従った諫早湾の大規模な環境復元が実現するならば、多くの絶滅危惧種にとっての生息場所が回復されることになる。そこには、アリアケカワゴカイ（図2）やハイガイ（図3）だけでなく、ウナギもまた戻ってくるだろう。これほど大規模な環境復元は日本では例がなく、日本中の若者に大きな希望を与えるだろう。諫早市は、「環境復元の街」として、世界中から注目されるにちがいない。その時こそ、「ウナギの妖精うないさん」が、真に諫早市にふさわしいシンボルになるだろう。

自然の干潟を生かした町づくり

韓国南部の町、順天《スンチョン》市では、「生態首都」という看板を掲げ、恵まれた干潟の自然を生かした町づくりを進めている。2006年にラムサール湿地に登録された順天湾（3550ha）は、諫早湾の閉め切られた部分と同じ面積であり、その大部分（2260ha）が美しい泥干潟で占められている（図9）。

その干潟の上部は、広大な塩沼地（ヨシやシチメンソウの群生地）に縁どられ、それが水田と連続している。この風景は、日本中の内湾が失ってしまった本来の干潟の原風景である。

干潟とその周辺は、「環境保全地帯」に指定され、そこでは、開発が禁じられ、徹底した保全策がとられた。たとえば環境保全地帯にあった飲食店などは周辺に移転させられたという。その結果、保全された干潟の見学に年間約300万人もの人が訪れるようになり、移転させられた人々も含めて、市は大きな経済的利益を得ている。大勢の訪問者は、木道を歩きながら、干潟の風景を楽しみ、ムツゴロウなどの生物を観察している。周辺の食堂では、干潟の魚介類を使った名物料理（ムツゴロウ汁やハイガイのビビンバなど）を食べることができる。

ここには、自然の干潟と農地の間に両者を隔てる大きな堤防がない（図10）。海岸を巨大なコンクリート堤防で囲ってしまうことを当然と思っている多くの人々が学ぶべき重要なことがここにある。広大な干潟が、高潮などに対する「緩衝地帯」になっていて、それが「自然の堤防」としての役割を果たしているため、その後ろには大きな堤防を作る必要がないのだ。つまり、埋め立てや干拓によって人間が海の中に入っていくのではなくて、人間が一歩下がって、干潟をつぶさず、干潟を保全すれば、海の豊かさが保たれるだけでなく、それと同時に巨大堤防に頼らない「防災」を実現できるのだ（図10）。順天湾の干潟については、本書第6章に高校生の見学談が紹介されている。

図9　韓国の順天湾自然生態公園
展望台から見た干潟の風景。泥干潟の上部にヨシ原が発達している（2009年6月撮影）。

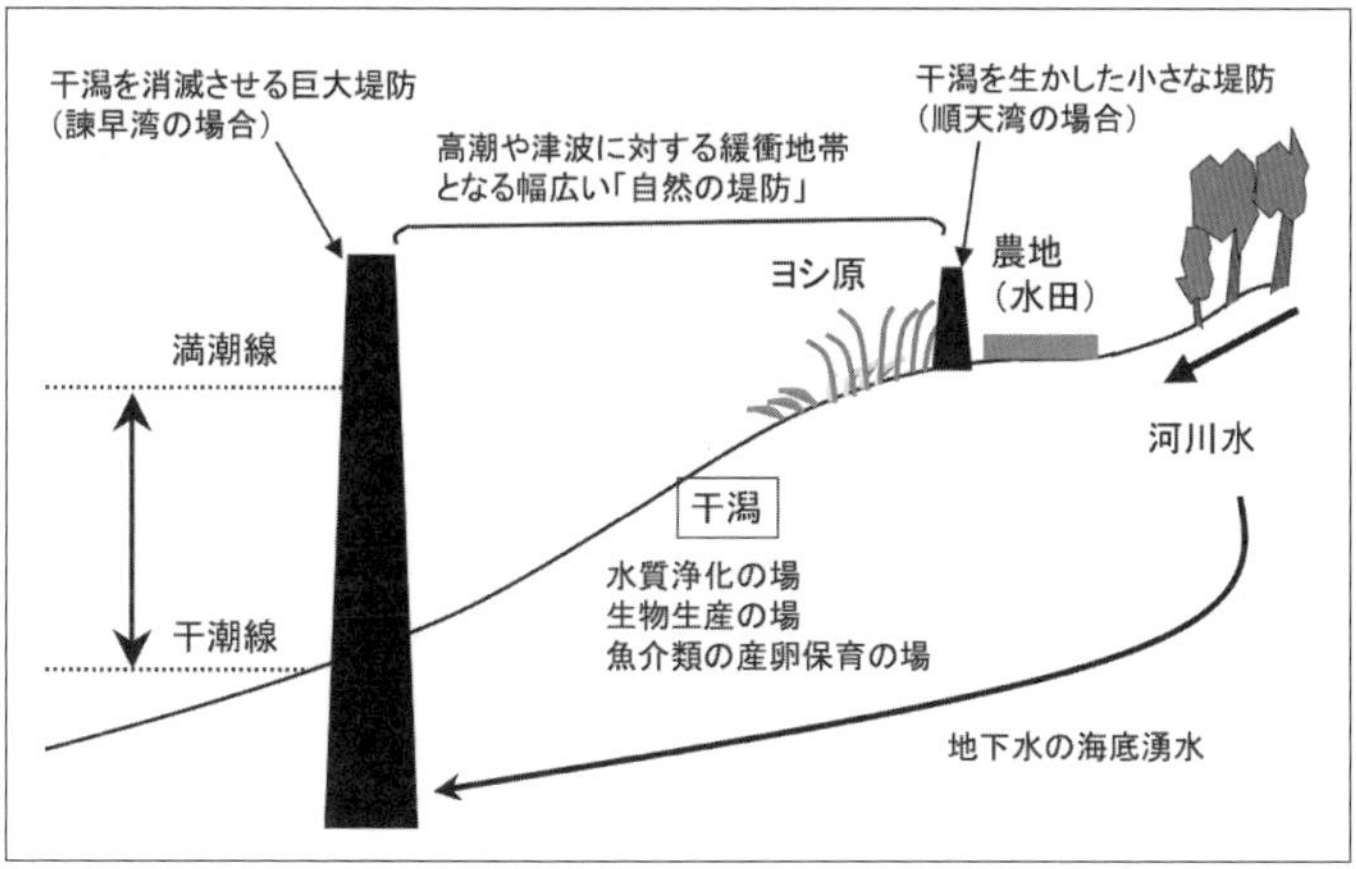

図10　人が一歩下がることによって実現できる環境保全と防災の模式図

諫早湾干拓事業は、人間の技術力で力づくで海を押しのけ、水面下の海底（干潟）を陸に変えてしまった。こうして人間が際限なく海の中に立ち入れば、日常的な排水不良や高潮の被害が起こりやすくなるのはあたりまえだ。それらの被害を巨大な潮受け堤防で防ぐから「防災」だと宣伝し人々を安心させて低地に住まわせることは、将来大きな災いをもたらす恐れがある。２０１１年の東日本大震災で明らかになったとおり、日本列島では、大地震がいつどこで起こっても不思議ではない。もし有明海で大地震が発生したら、海の中の軟弱な粘土層の上に立っている潮受け堤防は、津波や地盤の液状化に耐えることができるのだろうか。

「人間が一歩下がること」こそが、先祖代々の大切な食料庫である海の自然をこわすことなく長期的に子孫の安全を守ることができる真の「防災」だろう。諫早湾の環境復元は、それを次世代のために実行する絶好の機会であり、漁業者が長い裁判を耐え抜いたおかげで、もうあと一歩で実現できるところまできているのである。それが実現すれば、日本中の海辺の際限ない自然破壊を止めるための大きな契機になるだろう。

◆コラム　諫早湾干拓事業によって失われた干潟の面積

干潟とは、干潮線と満潮線の間（潮間帯）に広がる砂または泥質の平坦な場所である。満潮線と干潮線は、月の周期に伴って変動するので、「干潟の面積」も周期的に変動する。新月または満月の前後の「大潮」の時期に、干満差は最大となり、干潟の面積も最大となる。上弦または下弦の月の前後の「小潮」の時期に、干満差は最小となり、干潟の面積も最小となる。有明海における大潮時の干潟面積（２３８・１㎢）は、小潮時の干潟面積（１０９・９㎢）の約２・２倍である（安井ほか　１９５４）。一般に干潟の生態系に特徴的な生物相は、大潮時の最大面積の広がりの中に存在するので、干潟（潮間帯）の定義は、内海（１９７２）などに従って、「大潮時」を基準とすべきである。

諫早湾干拓事業によって失われた干潟の面積については、事業主体である農水省（九州農政局）が環境アセスメントの一環として調査を行なっている（九州農政局 1992）。これによれば、九州農政局は、諫早湾の閉め切り（1997年）の14年前に当たる1983年に独自の測量調査を行なって海底地形図を作成し（図11）、大潮平均干潮線の標高（EL（－）2・9m）よりも浅い海底部分を「干潟」と定義し、その干潟面積を「29・0km²（＝2900ha）」と算出している。さらに、有明海全体の大潮時の干潟面積を「270・3km²」と算出し、諫早湾の干潟面積が有明海全体の干潟面積の10・7%と記している。有明海全体の干潟面積の値は、前述の安井ほか（1954）の見積（238・1km²）に比べてやや大きい（約1・1倍）。いずれにしても、諫早湾の干潟面積については、この九州農政局（1992）の数値が最も信頼できる値であり、ここで示された海底地形図に現在の潮受け堤防の位置を重ね合わせてみると、2900haの干潟のほぼすべてが諫早湾干拓事業によって失われたことがわかる（図11）。失われた干潟の正確な面積を求めるためには、2900haから堤防の外側に残存している若干の干潟の面積を差し引き、九州農政局（1992）では評価されていない本明川などの河川の感潮域で失われた干潟の面積を加えなければならないが、その加減量は共に小さい。

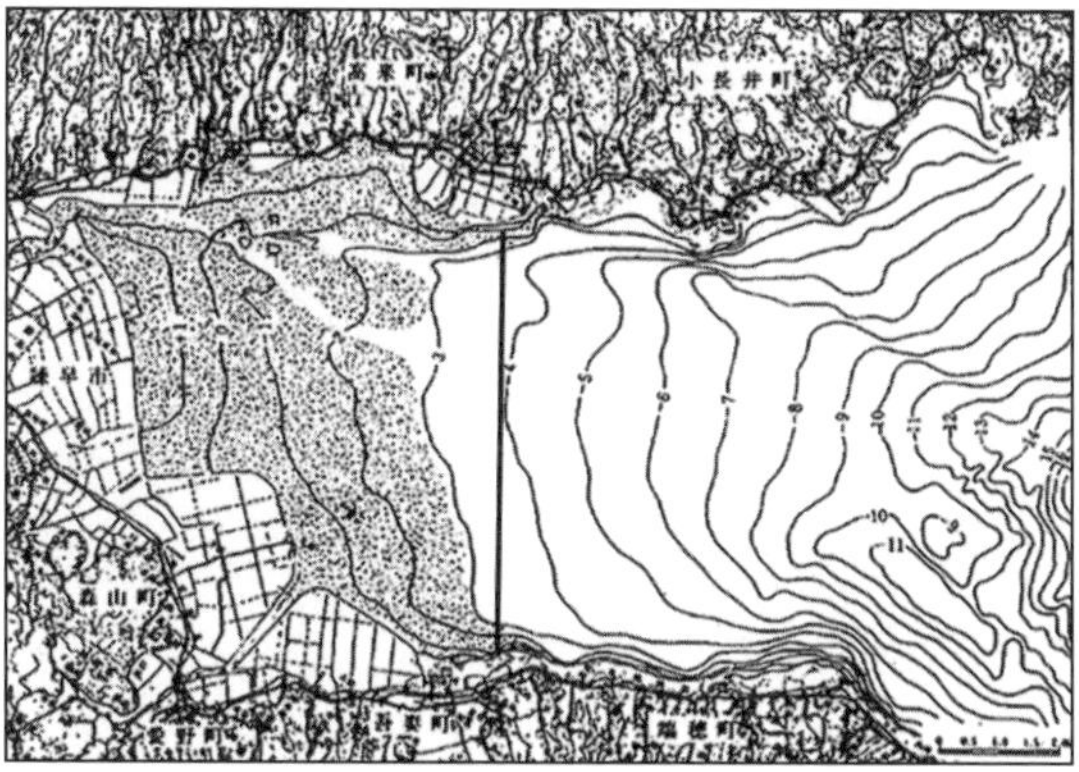

図11　諫早湾の海底地形図　黒点部が「干潟」（大潮平均干潮線の標高（EL（－）2.9m）よりも浅い部分）を表す。九州農政局による1983年度の調査に基づく。図中の数値の単位：m。実線は，現在の潮受け堤防の位置を示す。九州農政局（1992：図ＩＩ・２・１－９）を一部改変。

　これまでのマスコミ報道や出版物では、ほとんどの場合、諫早湾干拓事業によって失われた干潟の面積として、環境庁（1994）の数値「1550ha（15・5km²）」が用いられてきた。これは、九州農政局（１９９２）に基づいた数値（約２９００ha）の約半分（53％）である。

環境庁（１９９４）の報告書は、日本全国の干潟の調査を各都道府県に委託し、その結果をまとめたものである。長崎県が担当した諫早湾の干潟面積の算出の根拠は、この報告書の１８４－１９５ページに詳しく書かれている。それによれば、諫早湾の潮受け堤防の内側に存在した干潟は、11のブロックに区分され（図12）、それぞれの面積が、国土地理院発行の地形図に描かれている干潟の形状に基づいて算出されたものと判断される。その時に用いられたと思われる5万分の1地形図（諫早、１９９１年発行）は、明治33（１９００）年に測量され、昭和47（１９７２）年に編集されたものである。国土地理院に問い合わせて確認したところ、「干潟の形状は、空中写真及び現地調査の結果に基づいて表示をしているが、現地調査の日時等は不明」とのことだった。九州農政局の１９８３年の測量結果（図11）からは、この国土地理院の地形図に描かれた干潟は、小潮の干潮時の形状に近いものと推察される。

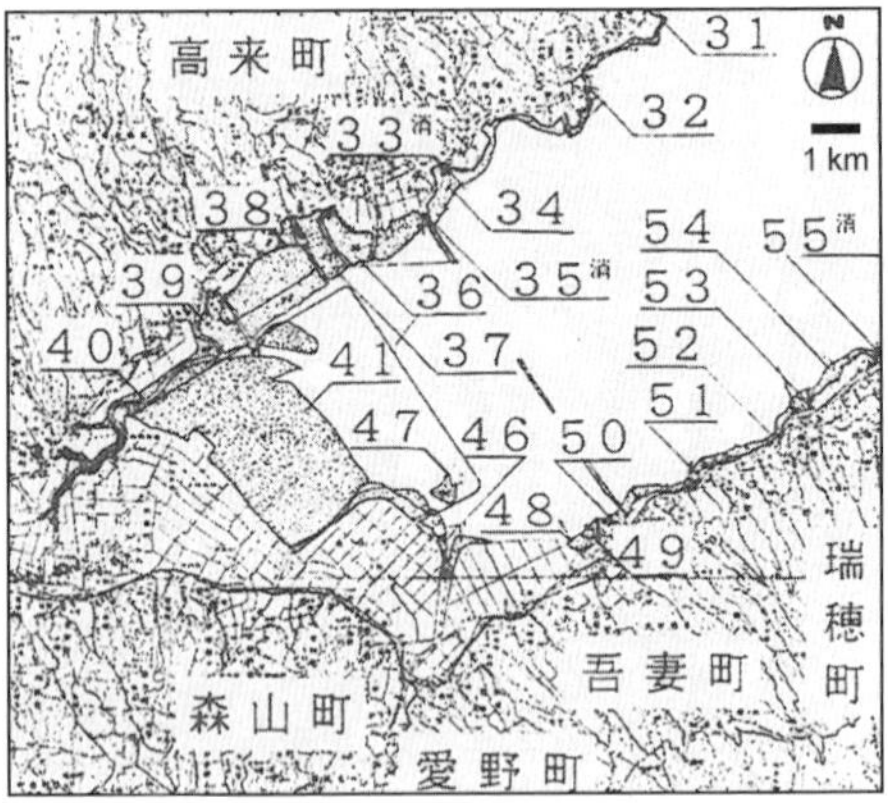

図12　諫早湾における干潟の分布図　環境庁（1994：195ページ）の原図を一部改変。

以上の事から、環境庁（１９９４）の「１５５０ha」という数値は、諫早湾干拓事業によって失われた干潟の面積を著しく過小に評価するものと言える。この事業による干潟生態系の破壊の規模を正確に伝えるためには、九州農政局（１９９２）に基づいた数値「約２９００ha」を用いるべきである。

【主な文献】

環境庁自然保護局　1994。『第4回自然環境保全基礎調査海域生物環境調査報告書（干潟、藻場、サンゴ礁調査）』第1巻　干潟、環境庁自然保護局・財団法人海中公園センター。http://www.biodic.go.jp/reports/4-11/q00a.html
九州農政局　1992。『諫早湾干拓事業計画（一部変更）に係る環境影響評価書』九州農政局。
佐藤正典（編）2000。『有明海の生きものたち』海游舎。
佐藤正典　2004。「有明海の豊かさとその危機」『佐賀自然史研究』10、129−149ページ。
佐藤正典　2011。「干潟の海、有明海の豊かさ」『科学』81、432−443ページ。
佐藤正典　2014。『海をよみがえらせる——諫早湾の再生から考える』岩波ブックレット890、岩波書店。
佐藤正典　2017。「有明海・諫早湾の環境復元の意義−泥干潟の豊かさを未来に残すために−」会誌『ACADEMIA』162、11−28ページ。
菅野徹　1981。『有明海——自然・生物・観察ガイド』東海大学出版会。
内海富士夫　1972。『原色日本海岸動物図鑑』（第3版）、保育社。
安井善一・赤松英雄・中村勳　1954。「有明海の潮汐と潮流について」『有明海の総合開発に関連した海洋学的研究』長崎海洋気象台、3−40ページ。
［その他の引用文献は、佐藤（2017）に掲載］

稚魚研究から見た有明海の異変と未来

高知大学海洋生物研究教育施設教授
木下　泉

はじめに

長崎大学、京都大学、そして現在の高知大学において、魚類の初期生活史の解明を目的に、研究に携り続けて40年近くが経過しました。その原点のひとつが長崎大学水産学部の学生時代に、当時進められようとしていた「長崎南部地域総合開発計画」の下に諫早湾を干拓する事業に疑問を抱き、仲間の学生と一緒に諫早湾奥部に流れ込む本明川の河口近くの橋桁からプランクトンネットを吊るし、流れとともに入る仔魚や稚魚の調査を実施したことにあります。それから25年ほどの時が流れ、合法的に(?)造られた諫早湾潮受堤防などによる大変ユニークな有明海の稚魚たちの動態への影響調査を進めてきました。

本稿では、筆者らがこの十数年間続け、さらに基礎知見を集積し続けたいと願っている諫早湾内外、有明海湾奥部における稚魚の出現動態に関する研究の一端を紹介し、豊かな有明海の未来への思いを述べてみます。

1　ユニークな特産魚を育む有明海

図1　普賢岳の麓にある九千部岳からの諫早湾の鳥瞰

図1の写真は潮受堤防が建設されたほぼ直後、普賢岳にある九千部岳という火山に登って撮った写真です。この時、干拓はまだ完成されていませんでした。堤防の内と外で水の色が大きく異なることがよく分かります。

最初に、諫早湾干拓について少しおさらいをしたいと思います。まず１９５０年代（実は戦前から構想されていたとのこと）、島原半島と天草を仕切った巨大なダムによって有明海全体を淡水湖化し、大穀倉地帯にするという元々の計画がありました。ほぼ同時代に計画され、そのまま遂行されてしまったのが秋田県の八郎潟です。その計画が１９６０年代になって、時代の変化の中で大きく縮小され、諫早湾だけを閉め切るという計画になりました。さらにその後の減反政策などにより、この計画は一度白紙に戻りました。それは、原子力船「むつ」の廃船とほぼ同時期にあたります。

ところが１９９０年代のバブル期になって、再び計画が進み始め、諫早湾の３分の1を閉め切るという極めて中途半端な形で計画が具体化し、結局、１９９７年に〝ギロチン〟が断行され、本明川と諫早湾は完全に遮断されてしまいました。

有明海と堤防内側の調整池を比較してみると、有明海の総面積１７００km^2に対して、調整池は36km^2に過ぎません。しかし、干潟面積でみると、有明海全体でほぼ２００km^2に対して、諫早湾の潮受堤防内ではかつて29km^2あり、すなわち全体の面積でははわずか２％ですが、干潟面積では14％を占めていたのです。

シーボルトが川原慶賀に魚たちを描かせた〝Fauna Japonica〟（『日本動物誌』）と

いう本があります。その中に、有明海の特産種でありかつ大陸遺存種であろうエツ、ハゼクチ、ワラスボ、ムツゴロウが現在の科学的図鑑のように見事に描かれています（山口、１９９６）。そこには載ってはいませんが、アリアケシラウオ、アリアケヒメシラウオ、ヤマノカミに加え、私たちの最近の研究で明らかになったデンベエシタビラメ（いわゆる九州でいうクツゾコ）も特産種に加えられます（Yagi et al., 2009）。俗称クツゾコにはコウライアカシタビラメも含まれ、有明海に多く分布しています。日本では有明海でしか見られない魚たちが8種も生息しているのです。このような特産種は魚だけではなくて、ベントスやプランクトンにも多くみられます。

2　諫早湾奥部の閉め切り問題への関わり

図2の左は江戸・元禄期に作られた有明海の海図で、右は現在の海図です。有明海の正式名は島原湾であり、有明海というのは湾奥部の浅海域を指していることが分かります。それはともかく、元禄図は驚くほど正確であり、山々をケバ図法で表していることから、恐らくオランダに作らせたと思われます。諫早湾内に発達している干潟もきちんと描かれ、佐賀城が現在よりもずっと海の近くに位置することから、いかに昔から干拓が続けられてきたかがよくうかがわれます。

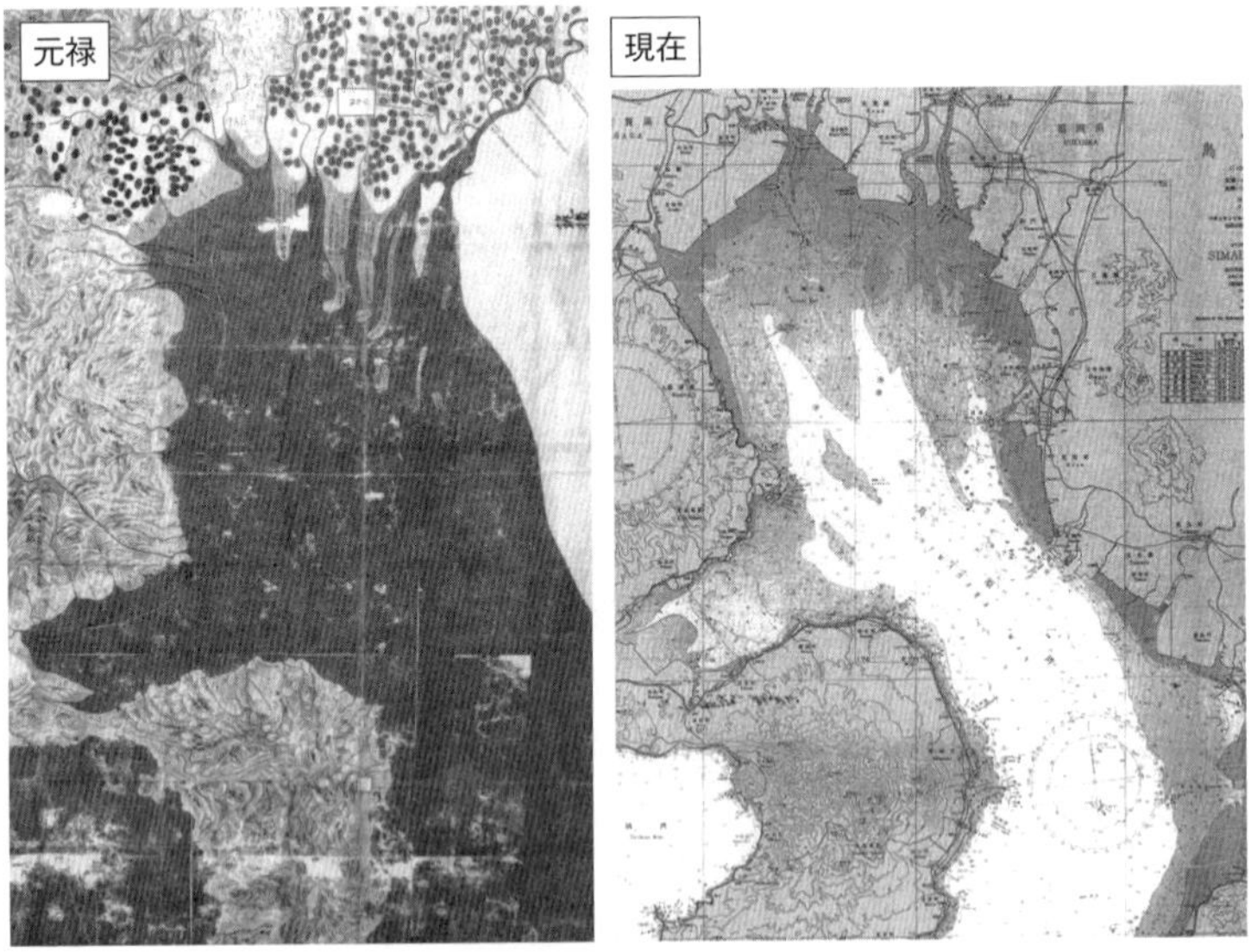

図２　有明海・海図の元禄期（原, 1996）と現在（国土地理院）との比較

図3の写真は、下げ潮ではなく上げ潮時のもので、有明海特有の現象として海水が川を2ノット以上の速さで遡っていることを表しています。そのコーヒー牛乳色こそ、汚水ではなく、阿蘇山を起源とする火山灰が浮泥として漂う、有明海特有の健康的な高濁度水塊です。

筆者の学生時代に、諫早湾全体を埋立る長崎南部地域総合開発計画が持ち上がっていました。それに対して、〝チーチーパッパッ〟的な反対活動をやっていましたが、「反対だけでは駄目だ！　科学的なデータも必要だ」ということで、友人ら数名と一緒に、2年間（1979〜81年）現場調査を行いました。図4上の写真は本明川の河口に架かる不知火橋で、その周辺には見事に干潟が形成され、今の六角川や筑後川河口域と同じように濁水が流れていました。一方、同図下は2002年に潮受堤防が完成後、不知火橋から撮った風景です。見事に緑地化され、全く異質な環境に変えられてしまっています。学生時代、私たちは稚拙ではあるが、橋からプランクトンネットを垂らして潮流によって入る稚魚の採集を試みました（図5）。

図3　有明海に注ぐ六角川感潮域における上げ潮時での高濁度水塊
桁網（図9）を洗っている？

図4　本明川河口域風景の四半世紀間の変貌　上の写真はBから不知火橋Aを望んだところ，下は不知火橋AからBを観たところ。（木下，2007を改変）

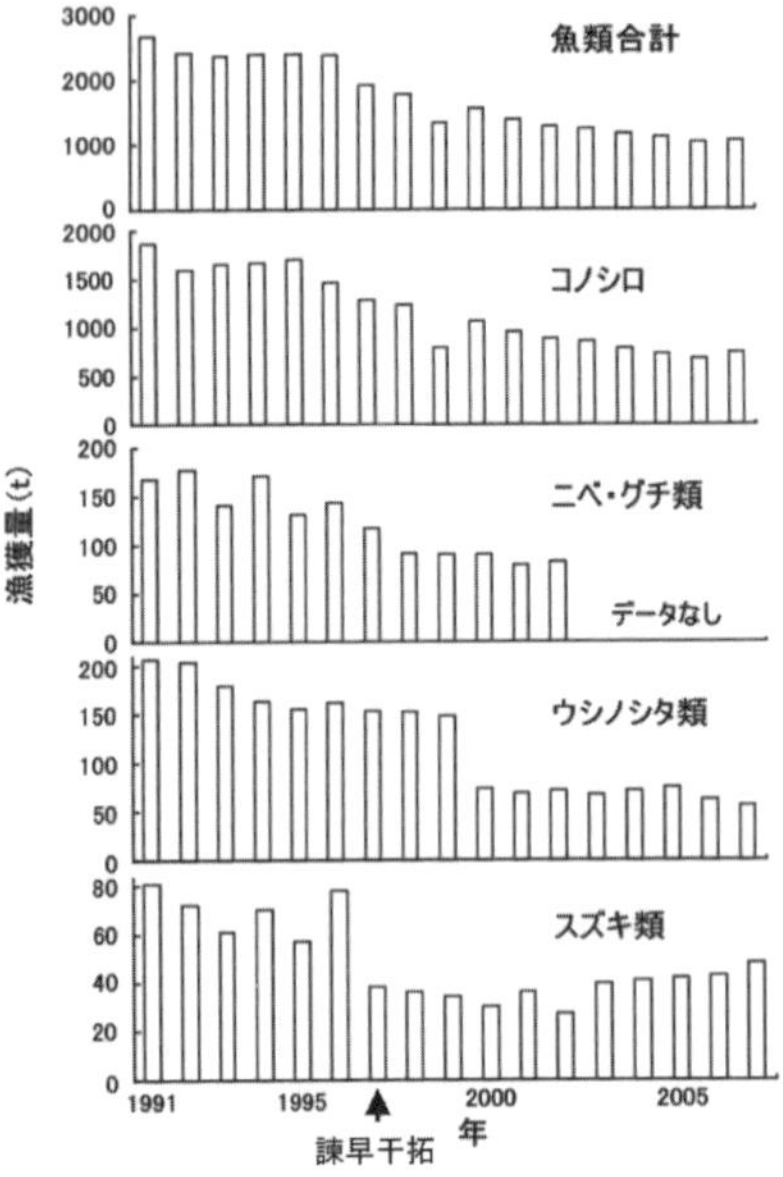

図７　佐賀県有明海産有用魚の漁獲量年変動（2008 農林水産省統計資料より作図）

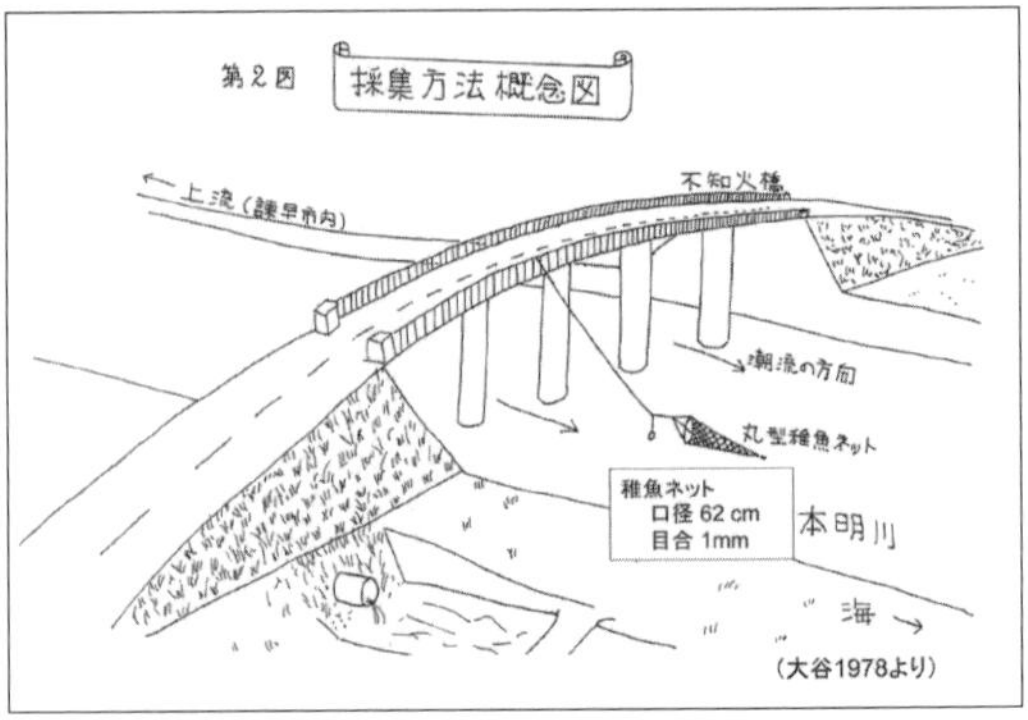

図５　本明川河口域における不知火橋からのプランクトンネット（口径45㎝，網目0.33㎜）潮流曳による仔稚魚採集（大谷，1978より転載）

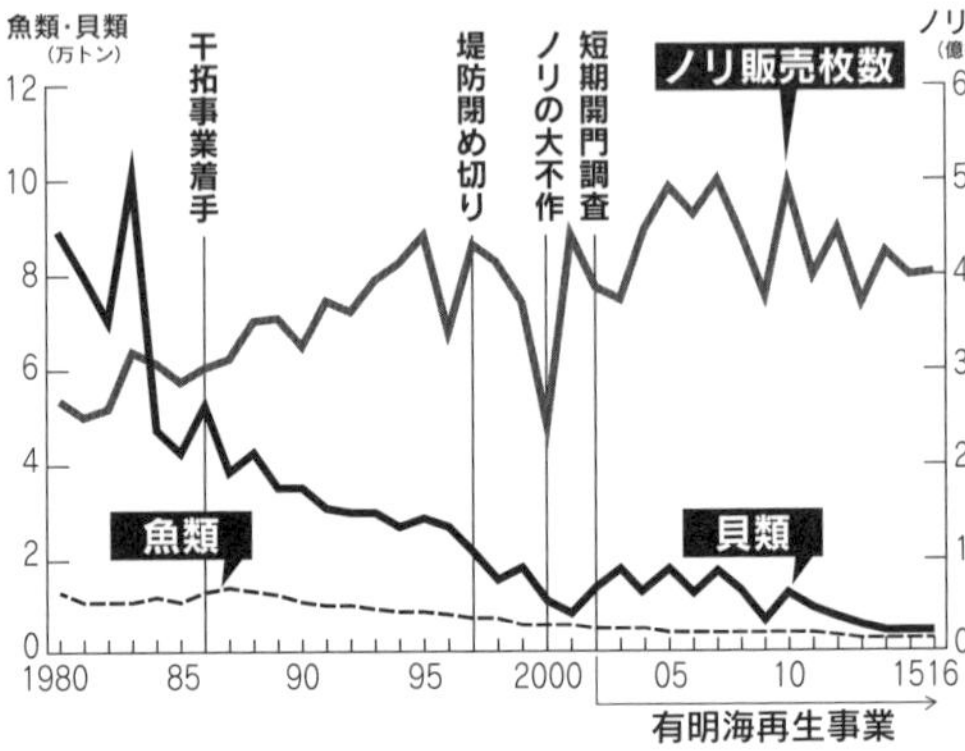

図６　有明海の漁獲量の年変動（農林水産省調べ。「毎日新聞」2018年7月31日付記事より作図）

２０１８年7月30日に福岡高等裁判所による判決が下された翌日の「毎日新聞」に掲載された記事がよくまとめられていますので、以下に潮受け堤防閉め切り後の漁獲量などの変化を紹介します（図6）。これをよると、１９９７年の堤防閉め切りの直後、ノリの大不作が一度起こっています。ところが、ノリに関しては、それから史上最高の豊作が幾度も起こっているのが分かります。次に魚介類を見ると、魚類はすでに１９８０年以前から徐々に漁獲量が減り続け、貝類では１９９７年より以前にさらに激減しています。他方、この年からノリ生産量が劇的に増えていっています。それは、病気防止のための酸処理を許可された年に当たります。これは偶然でしょうか？　いずれにしても、これらの事実を無視しては、有明海の再生を語れないことは間違いないと言えます。佐賀県のみの漁獲高の年変動を見ると、コノシロ、ニベ類、ウシノシタ類、スズキなどの有明海の有用種は１９９７年を境に減少傾向にあることも事実です（図７）。

3　有明海の魚類の動向を稚魚の出現動態から見定める

（1）有明海広域稚魚定点調査

そこで、諫早湾の閉め切り・干拓が、本当に魚類に影響を与えたのかどうかを、佐賀県塩田川、六角川、早津江川（筑後川の支流）、福岡県矢部川そして熊本県菊池川のそれぞれの河口域とその沖合において、魚類の成育場としての汽水浅海域の意義を明らかにすべく、２００２年から調査を開始し、現在も続けています。特徴の異なった様々な河口域における稚魚の動態を比較・検討するために、有明海湾奥部全域にわたって多くの調査定点を設け（図８）、1回におよそ1週間経かる調査を四季別に実施しています。これらの定点で、浮遊期の仔稚魚を対象として稚魚ネット（図９Ａ）を、底生期の稚魚を対象に桁網（図９Ｂ）を用い、成魚に対しては有明海特有の伝統的な「あんこう網」によって出現動態を把握しました。あんこう網漁は、一種の移動式定置網のようなもので、上げ潮時に河川感潮域に遡上してきた魚類やエビ類などを下げ潮に集積したものを潮流を利用して漁る効率的な漁法と言えます（本書、中尾勘悟参照）。全ての調査時には、水温、塩分、濁度、流向・流速、光量子、溶存酸素、プランクトン・クロロフィルを可能な限り最新機器によって測定しました。

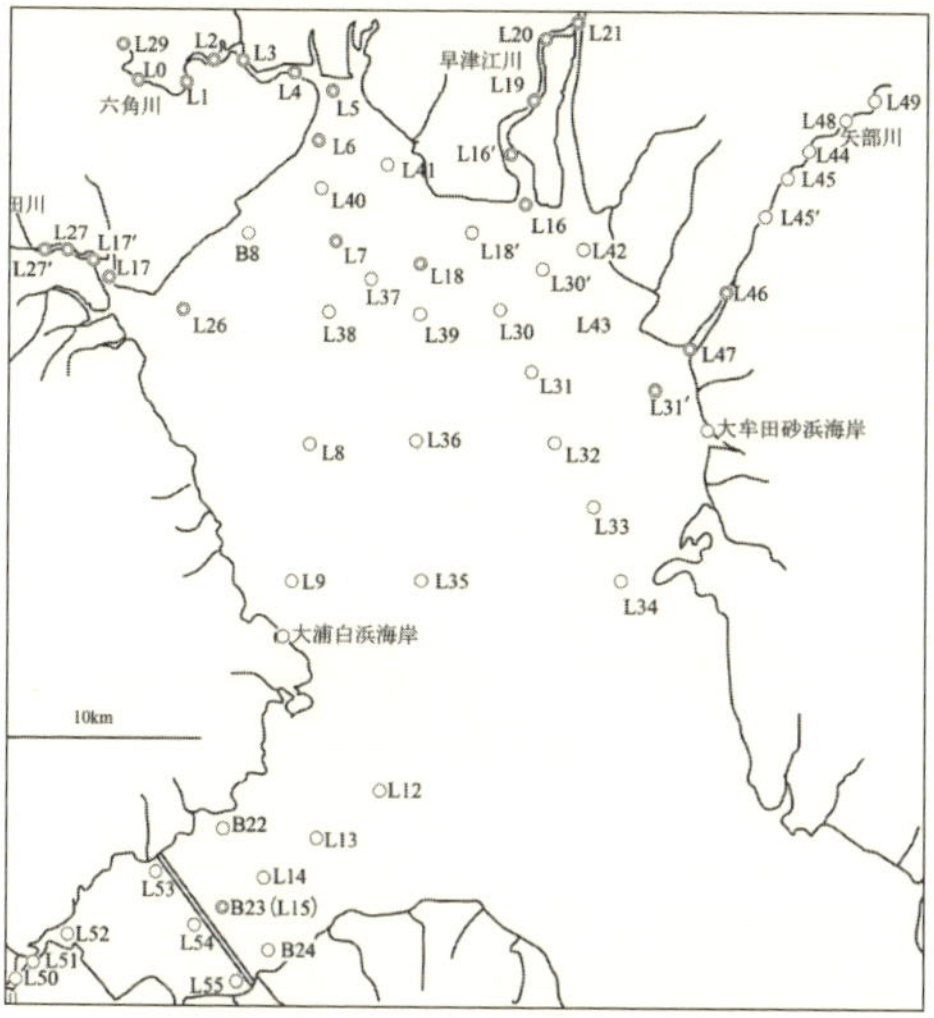

図８　2002年５月から毎年，原則季節に１回実施している海洋観測，仔稚魚採集，プランクトン採集のための定点

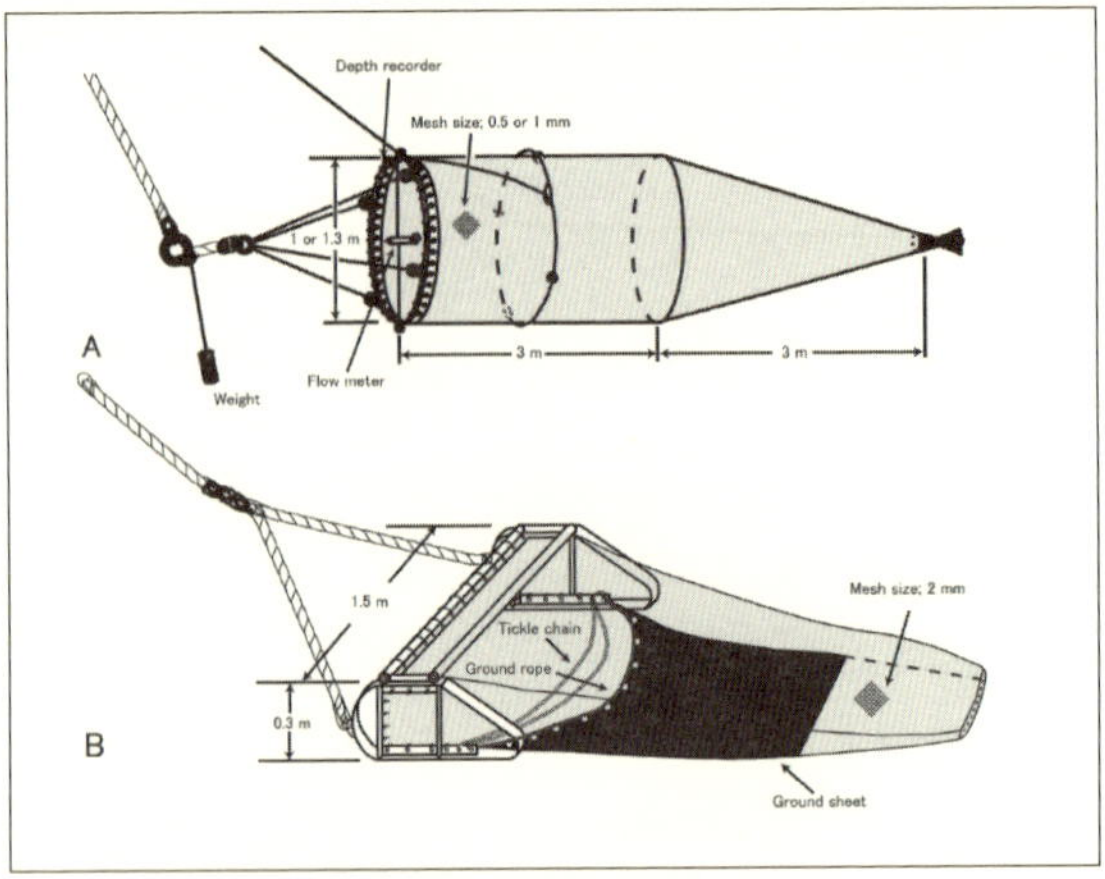

図９　仔稚魚採集に用いているネット　Ａ：主に浮遊期仔魚のための稚魚ネット，Ｂ：主に底生期稚魚のための桁網。（青山ら，2007を改変）

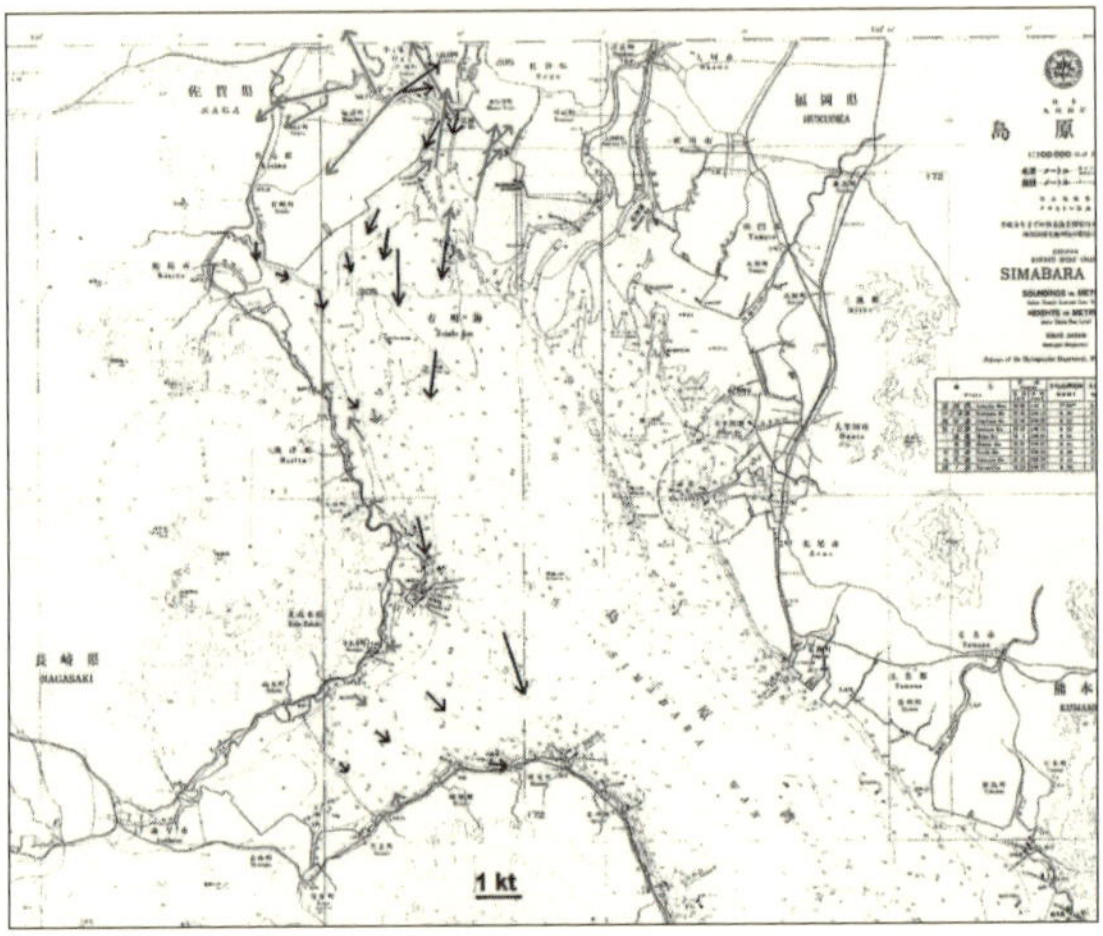

図10　2004年３月19〜22日にADCPにより観測した水深１mでの流向・流速　灰色の矢印は上げ潮時，黒色の矢印は下げ潮時を示す。（木下，2007）

（２）有明海と諫早湾の環境特性

まず、流れをみると（図10）、湾奥では速い時には3ノット前後出ています。ところが諫早湾に入ると、湾口部こそ2ノット前後ですが、徐々に減速し、潮受堤防前では潮流はほぼ無くなります。これは、穴が開いたバケツに水を注ぐと水は流れるが、穴をつぶすとオーバーフローしてしまうのと同じようなものです。潮受堤防を造ったために潮流が諫早湾にオーバーフローして入っていかない、つまり水の交換が悪くなっていることを如実に示しています。夏のある調査日に、諫早湾の潮受堤防外の直前の水域で、無酸素状態によって大量のカタクチイワシの稚魚が浮上死していました。恐らく、湾外から底層を通って入ってきたカタクチイワシが、一気に無酸素で死んで浮上したものと推測されます。炎天下、すでに腐って悪臭すら放っていました。

次に、六角川河口から諫早湾の湾奥までの濁度の鉛直分布をみると（図11）、六角川河口では時には２０００を超える高濁度水塊が発達し、強混合になっていることが分かります。有明海湾奥特有の現象そのものだと言えます。濁度は沖合になるに従い薄くなっていきます。有明海の湾中央部での10という値は、普通の海域に比べると、かなり高いと言えます。閉め切りまでには高濁度水塊が覆っていたと思われる諫早湾奥部においても、濁度は低い値となっています。

塩分を追ってみると（図12）、最高30強の値は、外海に面する土佐湾沿岸の34に比べるとかなり低く、有明海は全体的に陸水の影響を強く受けていることが理解できます。そして、湾奥部の六角川や早津江川の河口に向かうと塩

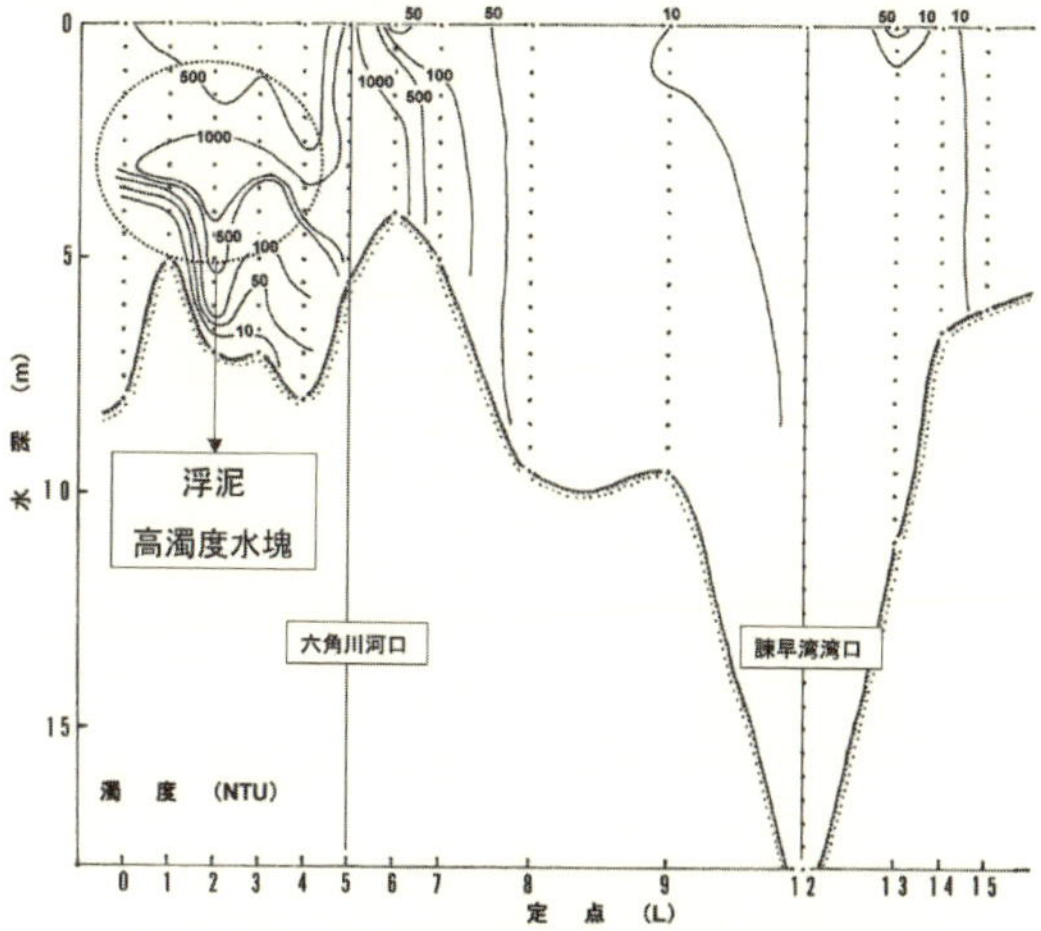

図11　六角川感潮域から諫早湾潮受堤防前域までの濁度の水平・鉛直分布

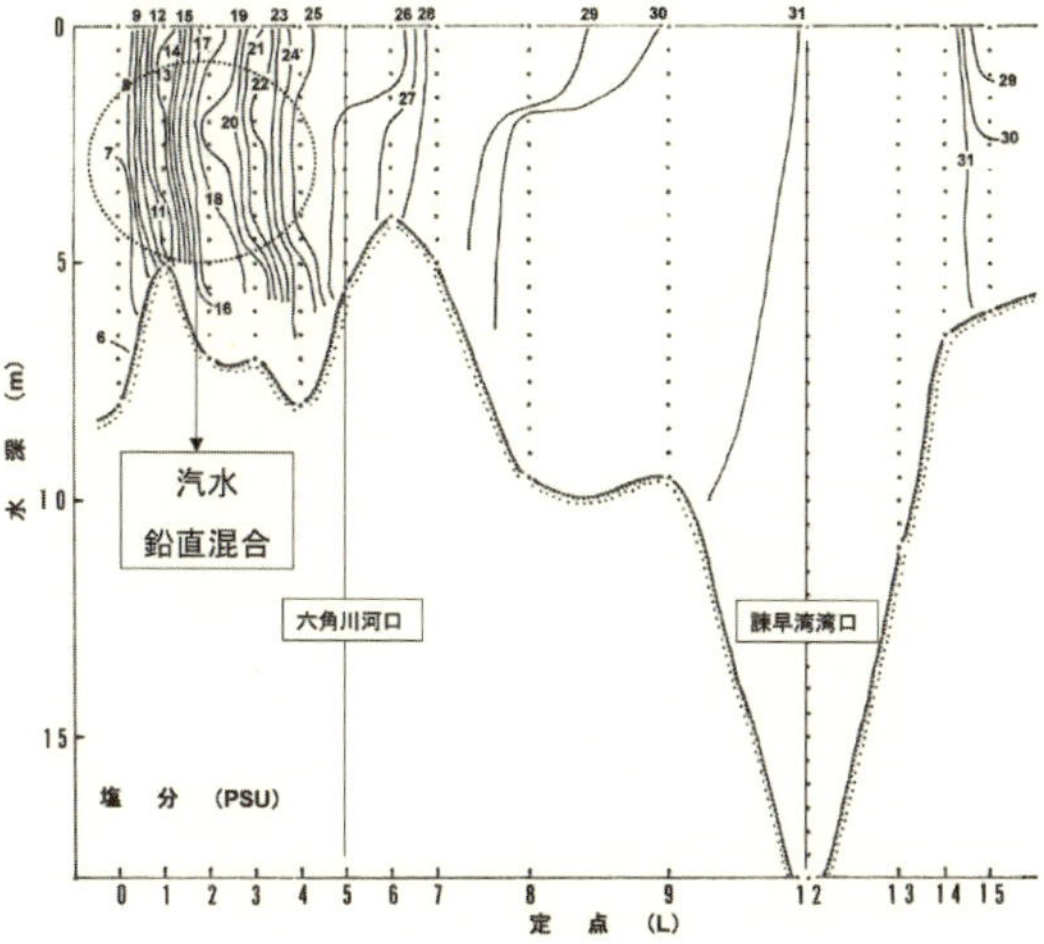

図12　六角川感潮域から諫早湾潮受堤防前域までの塩分の水平・鉛直分布

分が徐々に低下し、汽水の鉛直混合が起こっているのがよく分かります。ところが、諫早湾では塩分はほとんど沖合の水と変わらないのです。つまり潮受堤防で遮断したために、本明川の水の影響をほとんど受けない水塊になっているからです。

(3) 諫早湾閉め切り前の本明川河口の稚魚相の特徴

1979～81年の2年間にわたり本明川河口域に出現した仔稚魚を現在の六角川と早津江川河口域と比較しました(竹内、2012)。仔稚魚の密度(尾数/1000㎥)は、本明川では平均6854に対して、六角川では516、早津江川では356と、本明川で圧倒的に高いのです。採集方法が異なることを差引いても、本明川の河口には当時相当数の仔稚魚が集まっていたことは想像に難くありません。魚種をみると、ハゼクチ、コイチ、ワラスボ、ムツゴロウ、ショウキハゼなどいわゆる有明海特有の仔稚魚たちが中心で、現在の六角川と早津江川とほとんど変わらない魚種組成を示していました。一方、異なった点としては、特産種や準特産種のエツ、ヤマノカミ、コウライアカシタビラメは現在の六角川と早津江川では優占しますが、約40年前(諫早湾閉め切り二十数年前)の本明川にはほとんど出ていなかったことです。特に、エツ仔稚魚は全く姿をみせていませんでした。

次に、仔稚魚たちの生活ぶりを約40年前の本明川と現在の六角川を体長組成から比較してみます(青山ら、2007/竹内、2012)。ハゼグチは世界最大のハゼで、ワラスボは眼が退縮し恐ろしげな多数の歯を有したエイリアンのようなハゼです。両種とも浮遊期から本明川に入ってきて、季節を追って徐々に成長し、稚魚期になるまでここで生活をしていました。つまり、まさに本明川河口域を成育場としています。現在の六角川でも同様であり、この特産ハゼ2種に関しては本明川と六角川ではほぼ同じ生活をしていたことになります。

一方、同じハゼ類でも特産種のムツゴロウと準特産種のショウキハゼではやや違う傾向がみられます。本明川では夏季に稚魚(各鰭が完成後)として入ってきていましたが、現在の六角川ではそれより若い仔魚(いずれかの鰭が未完成）から河口にいて、そこで稚魚へと成育していくことが明らかになっています（青山ら、２００７／竹内、２０１２）。

他の魚種ではどうでしょうか？　ニベ科の有明海準特産種であるコイチでは本明川と六角川でほぼ同様の傾向をみることができます。すなわち、本種は浮遊期から河口域に入ってきて、稚魚期を超えさらに大きくなるまでそこで生活しています（青山ら、２００７／竹内、２０１２）。

以上、本明川と六角川河口域での仔稚魚の出現状態を比較すると、共通点もみられるとともに明瞭な相違点もみられました。すなわち、有明海に注ぐ魚の成育場を形成する河川にも色々なパターンがあり、これこそ、生物多様性ではないでしょうか。

（４）潮受堤防設置前後における諫早湾内外の仔稚魚相の違い

約40年前の本明川の塩分の季節変化をみると（図13左側）、河口域には10以下の塩分、つまり汽水域が確かに存在していました。そこで、現在の潮受堤防内の調整池の環境と比較してみると、水温は、当時の本明川河口域では現在より冬には高く、夏には低い傾向にありました。塩分は調整池では極めて低く、全域ほぼ淡水と言っていい状態です。一方、堤防外の塩分は季節を通して、30前後を維持しています。すなわち、潮受堤防の設置によって、物理環境も全く別のものになりました。堤防外の濁度を見ると、２０００年の前半ぐらいまではかなり高い傾向にありましたが、最近では比較的低くなってきています（図13右側）。

仔稚魚組成を約40年前の本明川河口域と現在の諫早湾の堤防外で比較すると（竹内、２０１２）、本明川の特産種を主体とする優占種は現在の諫早湾ではほぼ姿を消し、全く魚種組成が変わってしまいました。ただし、本明川でそれぞれ2と5番目にランクされたコイチとショウキハゼは、現在の諫早湾でも着底した稚魚として結構分布しています。しかし、浮遊期のものは全く出現しません。六角川ではもちろん浮遊期から出現します。これらのことは、有明海の湾奥部河口域で着底した稚魚が、その後諫早湾に加入してきたことを示していると言えます。

諫早湾潮受堤防外の底生稚魚の２００３～１３年の間の年変動をみると、特産種であるデンベエシタビラメは徐々に増えてきています（竹内、２０１２）。これは、堤防建設前への回復なのでしょうか？ ただし、このクツゾコも浮遊期仔魚は一切諫早湾には分布しません。有明海の湾奥河口域では浮遊期から出現して、そこに着底することが明らかにされています（Yagi et al., 2009）。恐らく、これらも、湾奥から諫早湾に流されてきたとみなせます。では、潮受堤防を造る前はどうだったのでしょうか？ 遮断前には、河口域が多くの魚類の不可欠の成育場であるとの視点からのアセスメント調査は一切行われませんでした。従って、比べる手立てがないのです。潮受堤防を造る前のきちんとしたデータがない、あるいは未公開なので、詳細な比較・検討ができないのです。

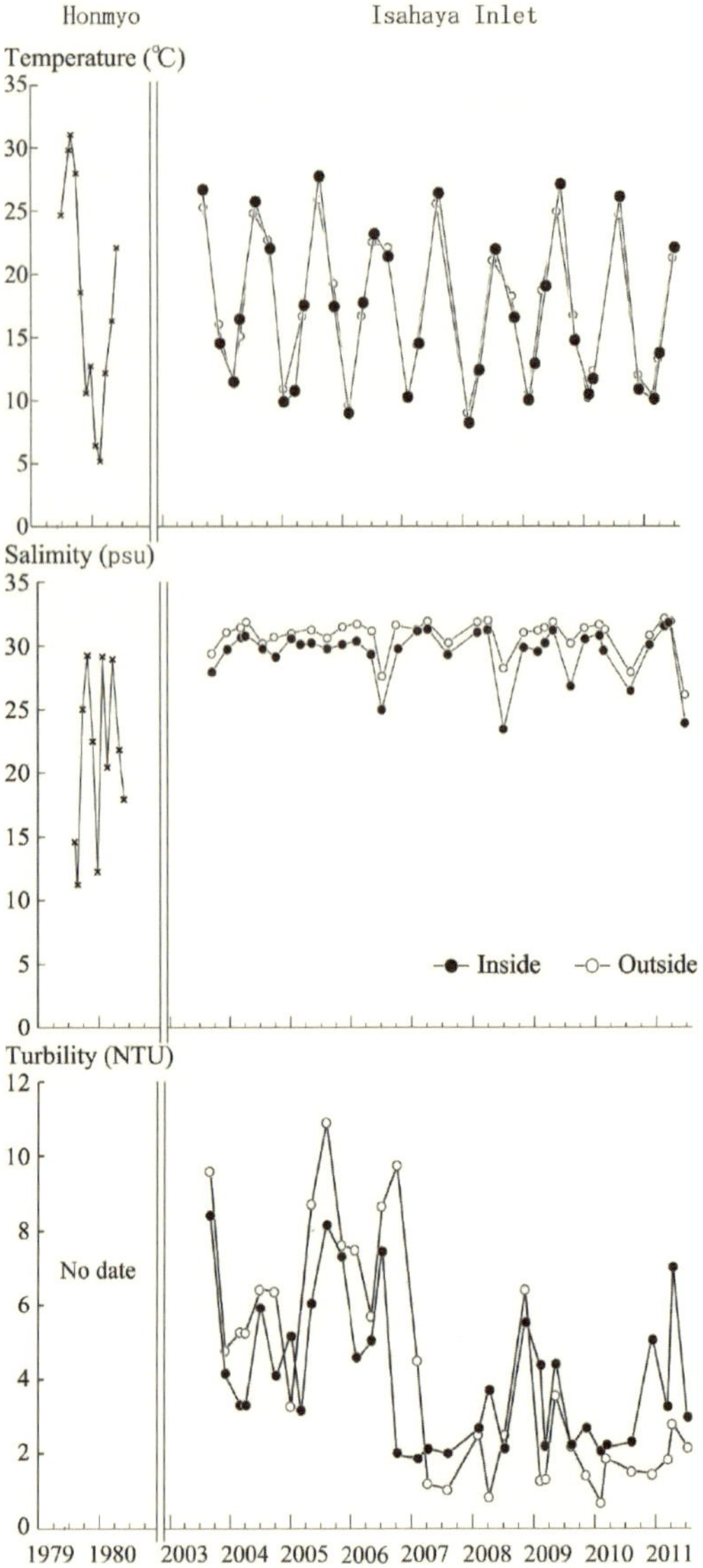

図13　諫早湾河口域における水温，塩分，濁度の潮受堤防建設前と建設後の比較（竹内，2012）

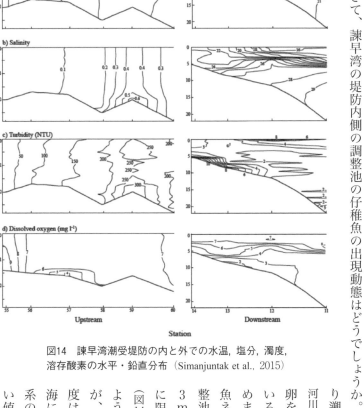

4　あのエツが調整池内で繁殖・再生産！

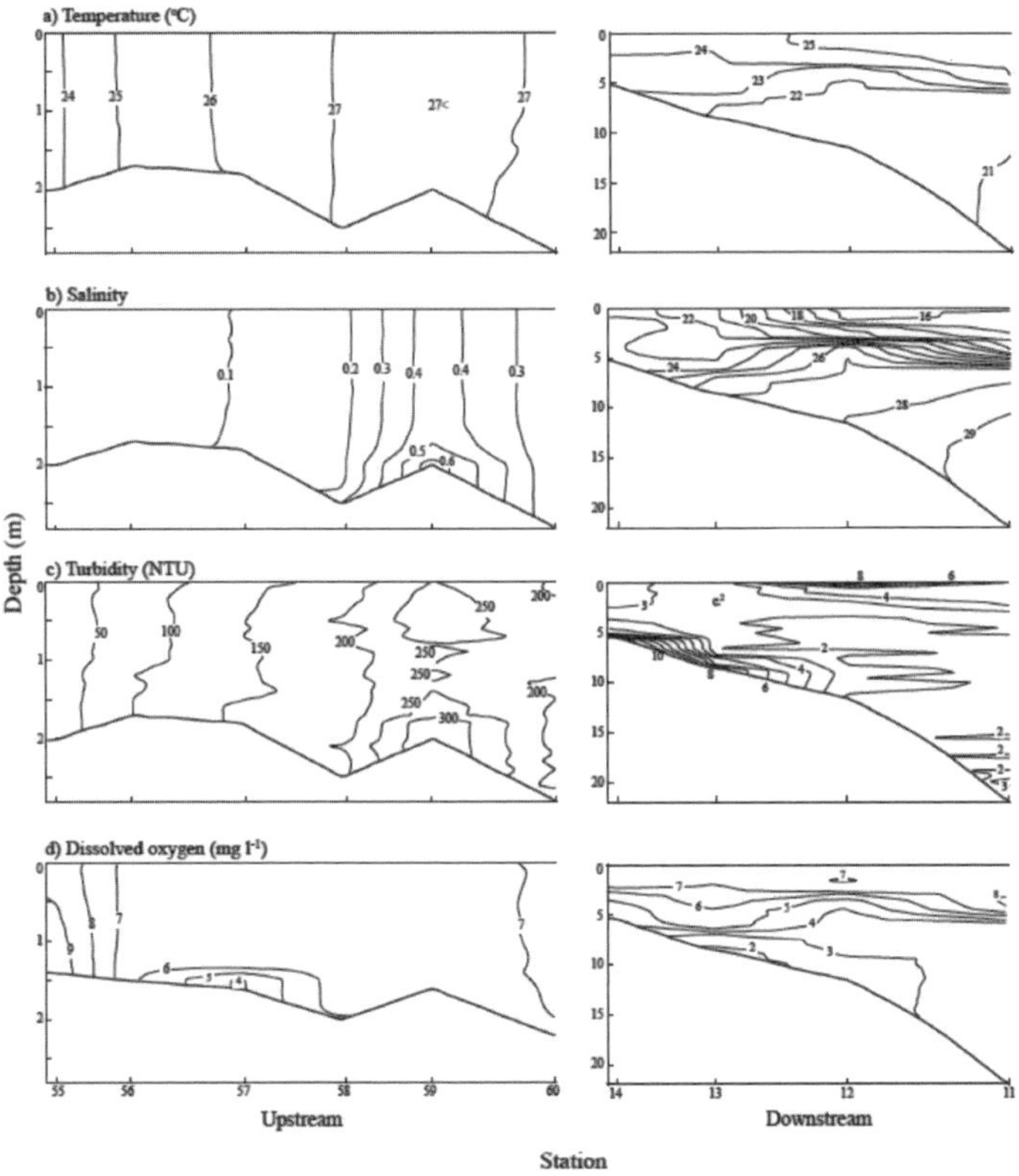

図14　諫早湾潮受堤防の内と外での水温，塩分，濁度，溶存酸素の水平・鉛直分布（Simanjuntak et al., 2015）

さて、諫早湾の堤防内側の調整池の仔稚魚の出現動態はどうでしょうか。カタクチイワシの仲間で、特産種であり遡河回遊魚（普段は海で暮らし、産卵時のみ河川の感潮域最上流部まで遡上）であり、沈性卵を産むエツが、近年、調整池に生息しているという噂が新聞紙面などにものぼり始めました。その実態を明らかにすべく、稚魚ネットによる繁殖生態に関する調査を調整池の中で行っています。水深は深くても３ｍ前後であり、稚魚ネットの表層曳のみに限定せざるを得ません。塩分を見ると（図14左側の2段目）、多少、海水が浸み出たような水塊が底層にみられる時がありますが、基本的には全くの淡水と言えます。濁度は高い時には１００を超えますが、有明海に固有のコーヒー牛乳色ではなく、赤潮系の色のため、普通の川に比べたら相当高い値です。それでも、塩田川、六角川や早

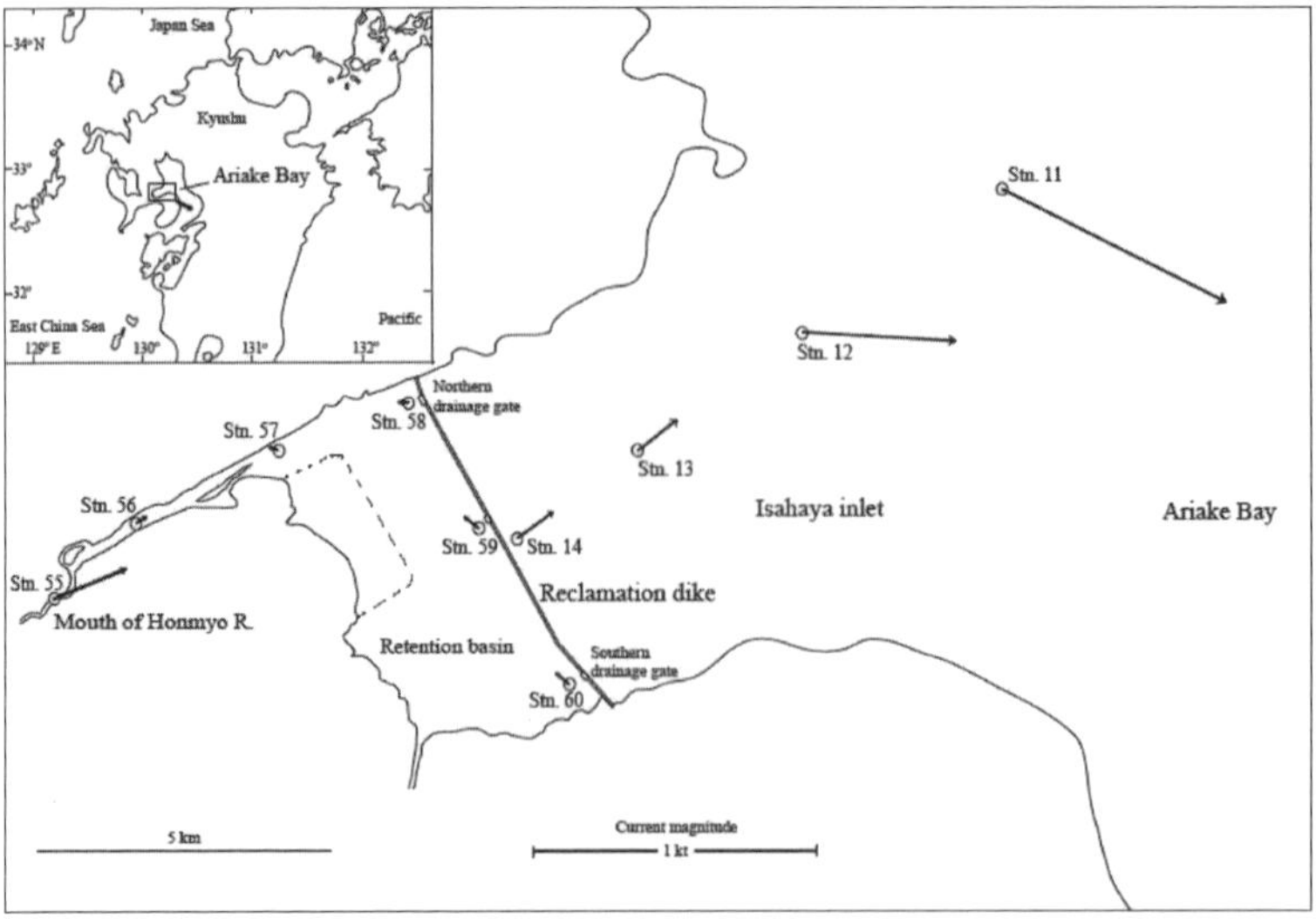

図15　諫早湾潮受堤防の内・外での調査定点および各定点での流向・流速
矢印の向きが流向，長さが流速を示す。(Simanjuntak et al., 2015)

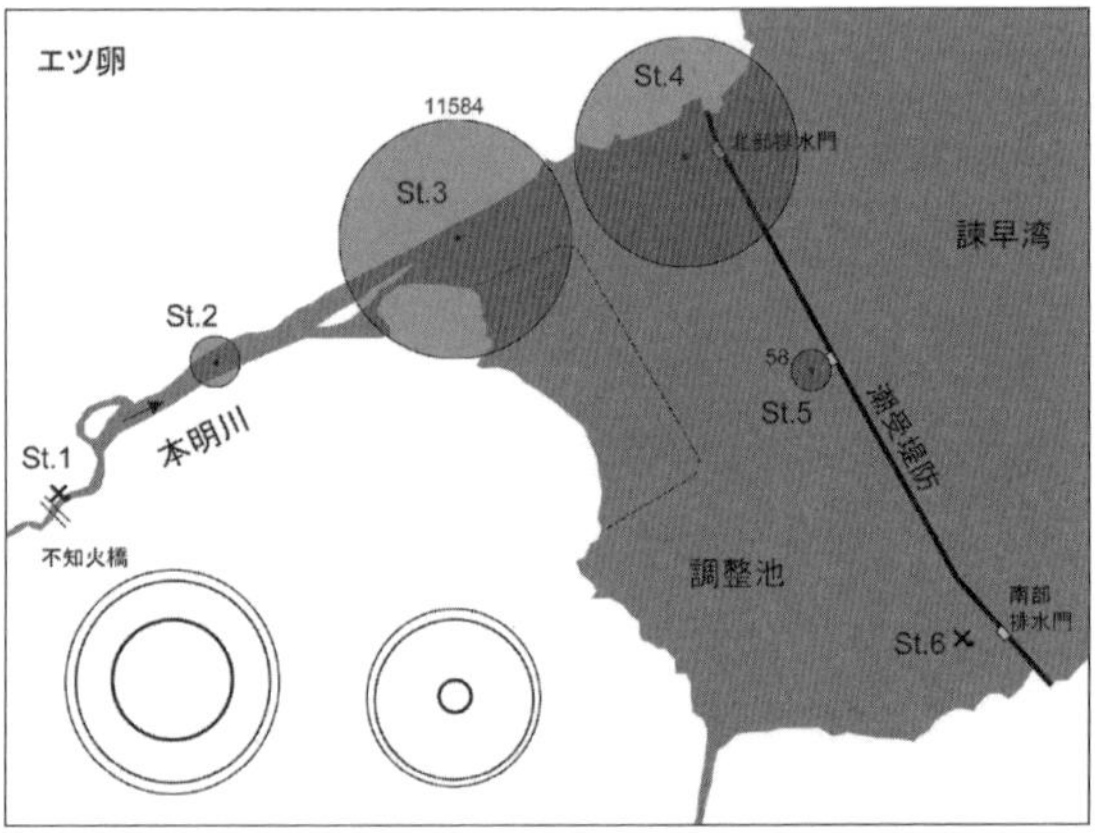

図16　諫早湾調整池でのエツ卵の水平分布　各円の直径は密度（個体数／100㎡）の２乗根に比例し，最高はSt.3の11584。左下は，エツ卵（左側）と一般浮性魚卵（右側）の模式図。

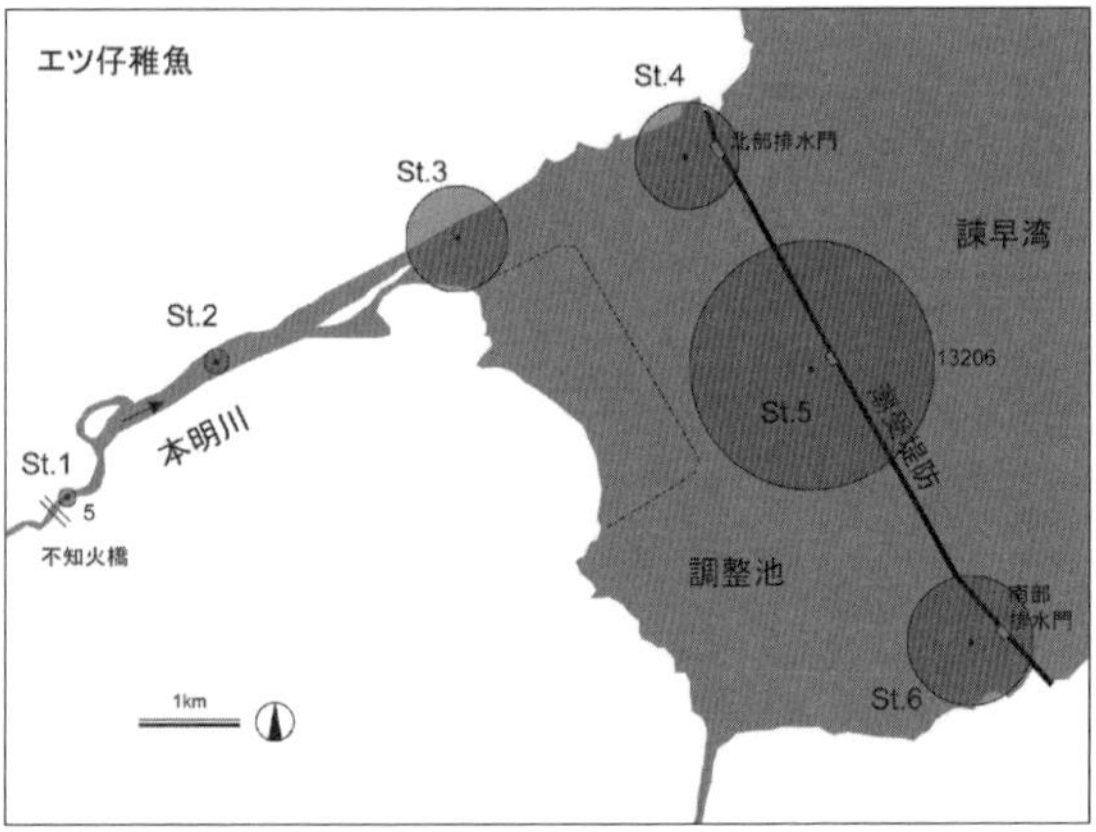

図17　エツ仔稚魚の水平分布
最高はSt.5の13206，その他は図16と同様。

津江川の濁度に比べたら極めて低い値です。溶存酸素はかなり高く、むしろ堤防外で、夏季に底層が無酸素に近い状態になることがあります。流向・流速をみると、本明川からの淡水の流入による流れは幾分ありますが、ほとんど止水状態といえます（図15）。

そのような調整池内でエツが出現したのです（Simanjuntak et al., 2015）。それも多数の卵と仔稚魚なのです（図16・17）。エツはサケと同じような遡河回遊魚であると本で読み、大学の先生からもそのように教えられました。そして、沈性卵（周りの水よりも重い）を産むと書いてあります。それらが全部、事実ではないことが分かったのです。まさにノーベル賞の本庶佑・先生の「既成概念を信じるな！」です。何と、この人工的な淡水池で、エツが繁殖・再生産を繰り返していたのです。さらに、繁殖期以外では海で暮らしているのが通説でしたが、塩田川、六角川、早津江川では、ほぼ生涯、四季を通じて、河口域周辺に滞在し続けていることも明らかになりました（図18・19）。それは、エツだけではありません。汽水域でしか生活を全うできないとされていたワラスボ、ショウキハゼ、シモフリシマハゼもここで再生産を繰り返しているのです（図20）。

長年、稚魚の研究を続けてきましたが、浮性卵（周囲の水よりも軽い）の分類は実に難しく、たいていの卵は、卵径0・8㎜前後であり、1粒の径0・2㎜程度の油球を持っています（図16左下の右側）。タイもヒラメもカツオもマグロも、皆、同じような卵を産みます。したがって、採集されてもどの種の卵か同定できないのが普通です。ところがエツの卵は、卵径1㎜、卵径の半分以上もある大きな油球を持つという特徴を有し（図16左下の左側）、他種とは容易に識別できます。それらが稚魚ネットの表層曳で採集されることは、本種が浮性の卵を産むことを如実に示しています。淡水に浮きますので、比重は極めて軽いことになります。今まで、純淡水域で浮性卵を産む魚は、アフリカのタンガニイカ湖のアカメ類とイワシ類（Kinoshita, 1995）、そして本種しか筆者は知りません。つまりエツは、淡水域で浮性卵を産んで、かつサケのように海に回遊する必要はない魚であると言えます。むしろ、凄まじい可塑的な多様性（いいかげんさ）を持った、たくましい魚と言えるのです。

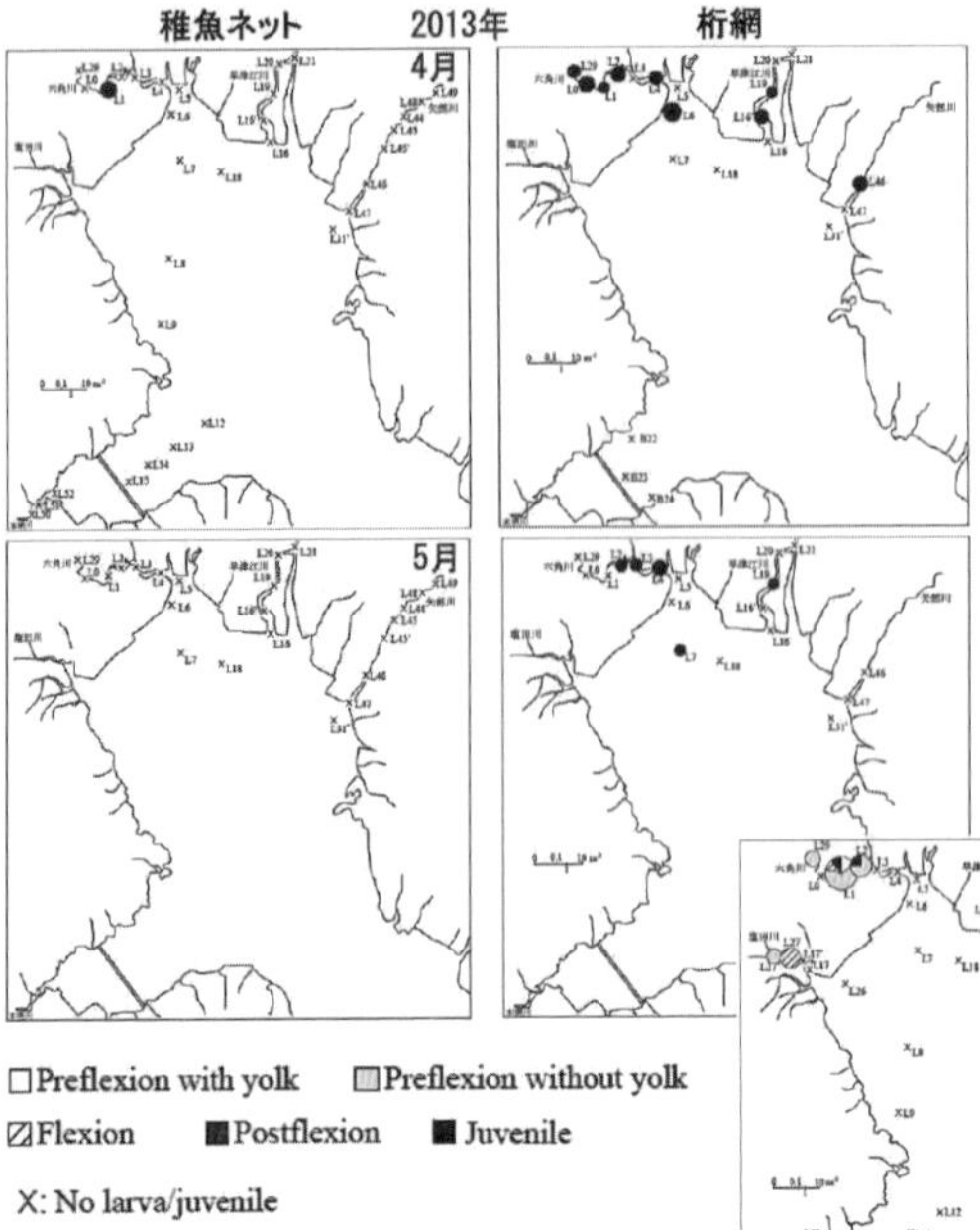

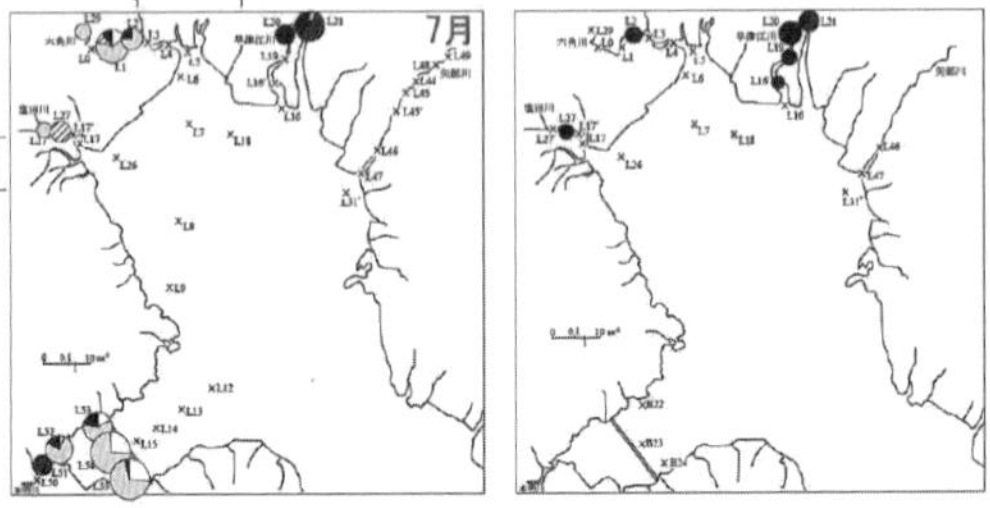

図18　有明海湾奥部におけるエツ仔稚魚の水平分布の季節変化（4・5・7月）　各円の直径は密度（尾数／100㎡）の2乗根に比例。（Simanjuntak, 2016を改変）

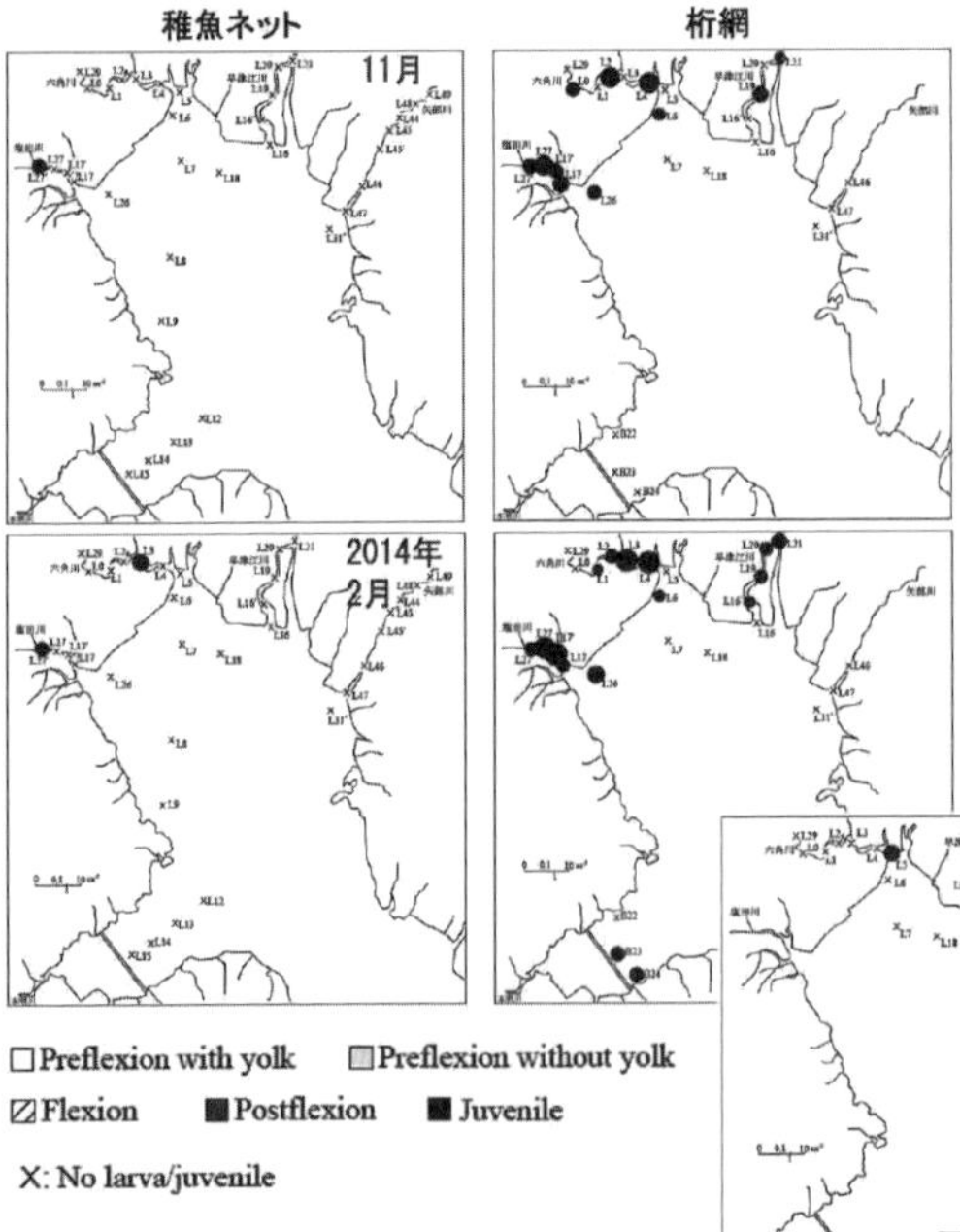

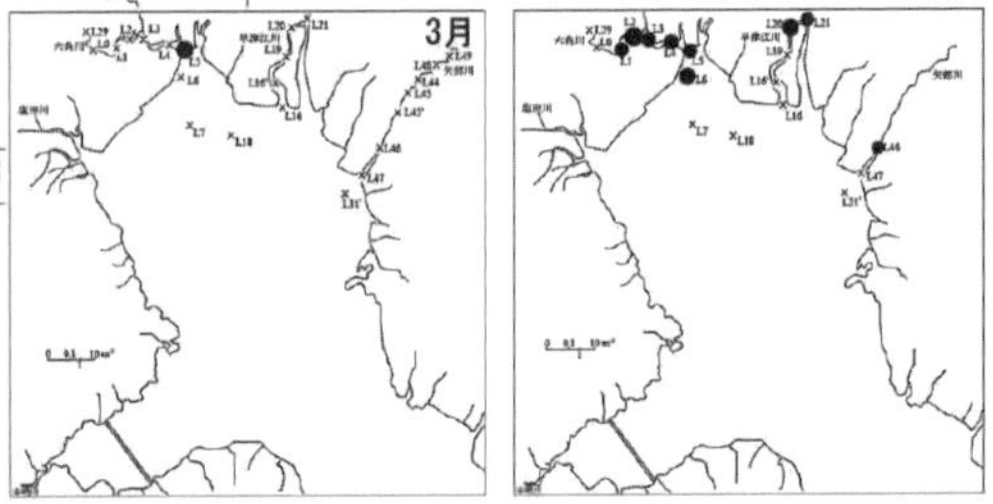

図19　同じく水平分布の季節変化（11・2・3月）　その他は図18と同様。

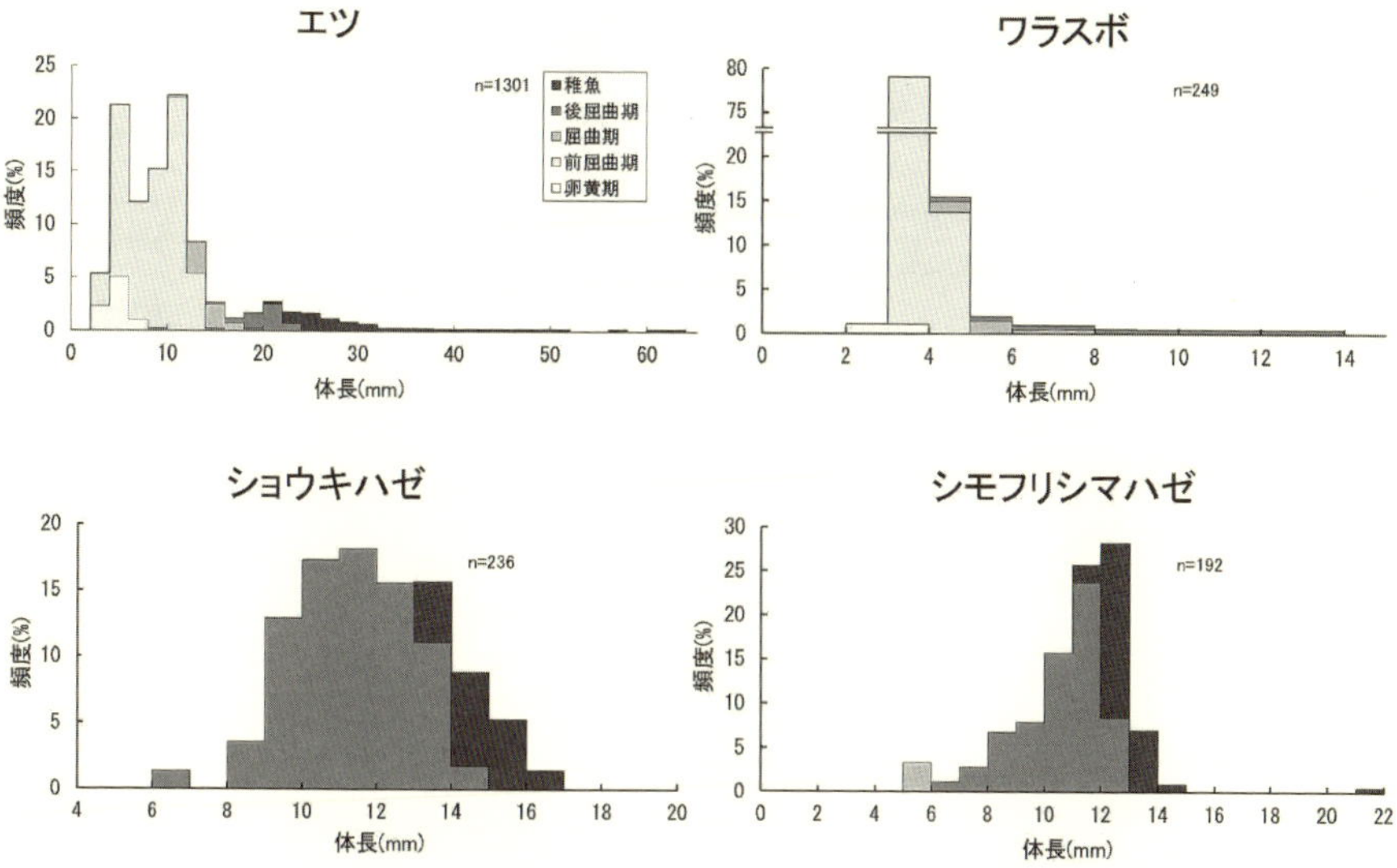

図20　諫早湾調整池内で採集されたエツ，ワラスボ，ショウキハゼ，シモフリシマハゼ仔稚魚の体長組成

しかし、40年前の本明川にはエツはほとんど分布していなかったこと（竹内、2012）を考えると、調整池で繁殖を繰り返しているエツがどのように陸封された（調整池内に封じ込められたか）のか、未だ全く分かっていません。メディアなどで、本種の生息が調整池の水質改善の指標のように伝えられていますが、私にはそのようには思えません。むしろ、エツの可塑性故の私たちの想像をはるかに越える〝奇妙な〟現象であり、恐らく一過性なものと考えた方が妥当でしょう。

おわりに

有明海には、これらの他、スズキ、アリアケシラウオ、ワラスボなど注目すべき魚類は多く、話題は尽きませんが、この辺りでまとめたいと思います。この17年間にわたり調査・研究を続けてきた中で、魚類成育場としての様々な河川の河口域を俯瞰してみると、各河川間で多くの共通点がある一方、相違点も少なからずみられました。さらに、河川間で共通してみられた魚種（例えばスズキ）でも（Kinoshita,et al., 1995／木下、2002／藤田ら、2007）、いずれの河川に入るかによって、その後の運命（成長の良否、生き残りの高低）が決まってくることも明らかになってきました。これこそ、まさに生物多様性と呼ぶにふさわしいものと考えています。

諫早湾奥部の閉め切りに直接・間接的に関わる異変は深刻化している現状を看過することはできませんが、調整池という人間によって生み出された人為的環境下においても、野生の生き物がたくましく命をつなぐ姿は呆れ返る思いです。

最後に、シェイクスピア『マクベス』の冒頭で登場する3人の魔女の呪文を真似て、次のように提言します。

「遮断されてしまった本明川河口域は、有明海に注ぐ多くの河川河口域の中の一つではなく、本明川河口域を含めた有明海が一つである」

本稿の元のデータを我が研究室において、修士論文もしくは博士論文としてまとめて下さった歴代の学生諸君（青山大輔、八木佑太、竹内啓吾、Charles P.H. Simanjuntak, Tran T. Thanh, 東島昌太郎）に感謝致します。調査の遂行に当たり、プランクトン担当で高校の先輩でもある広田祐一、筆者の最強のパートナーの藤田真二、最前線基地として施設を使用させていただいた佐賀県有明水産振興センター歴代の所長、そして調査時の船長・片渕久人の各氏から多大な援助をいただきました。ここに改めて深謝申し上げます。

【参考文献】

青山大輔・木下泉・藤田真二、２００７。「有明海湾奥部河口域の魚類成育場としての役割」『海洋と生物』29（1）、特集・有明海生態系――かけがえのない内湾：その特徴と異変からの回復をめざして②（東幹夫・木下泉編）、生物研究社、16－25ページ。

藤田真二・木下泉・川村嘉応・青山大輔、２００７。「有明海におけるスズキの初期生活史の多様性」『海洋と生物』29（1）、特集・有明海生態系――かけがえのない内湾：その特徴と異変からの回復をめざして②（東幹夫・木下泉編）、生物研究社、47－54ページ。
原維宏、１９９６。『FUKUOKA STYLE』16、特集・有明海大全、１６０ページ。
伊藤毅史・C.P.H. Simanjuntak・木下泉・藤田真二、２０１８。「有明海六角川におけるエツ仔稚魚の分布」『水産増殖』66（1）、17－23ページ。
Kinoshita,I.1995. Occurrence of eggs of clupeid and centropomid fishes in Mpulungu water, southern Lake Tanganyika. Ecol. Limnol. Tanganyika, 9 : 12-14.
Kinoshita, I., S. Fujita, I. Takahashi, K. Azuma, T. Noichi & M. Tanaka. 1995. A morphological and meristic comparison of larval and juvenile temperate bass, *Lateolabrax japonicus* from various sites in western and central Japan. Jpn. J. Ichthyol., 42(2) : 165-171.
木下泉、２００２。「初期生活史の多様性」『スズキと生物多様性――水産資源生物学の新展開』田中克・木下泉編、恒星社厚生閣、79－90ページ。
木下泉、２００７。「有明海における魚類成育場としての諫早湾の重要性を顧みる」『海洋と生物』29（1）、特集・有明海生態系――かけがえのない内湾：その特徴と異変からの回復をめざして②（東幹夫・木下泉編）、生物研究社、69－74ページ。
大谷拓也、１９７８。「本明川河口域における仔稚魚の生態」長崎大卒論、26ページ。
Simanjuntak, C.P.H., I. Kinoshita, S. Fujita & K. Takeuchi. 2015. Reproduction of the endemic engraulid, *Coilia nasus*, in freshwaters inside a reclamation dike of Ariake Bay, western Japan. Ichthyol. Res., 62(3) : 374-378.
Simanjuntak, C.P.H. 2016. Early life history of the endemic engraulid, *Coilia nasus*, in Ariake Bay. Doctoral thesis, Kochi Univ., 153p.
竹内啓吾、２０１２。「有明海における諫早湾の１９９７年潮受堤防建設後の仔稚魚相の変遷（２００３－２０１１年）」高知大修論、50ページ。
八木佑太・木下泉・指田穣・藤田真二・木全純明、２００７。「有明海河口域仔稚魚相の河川間の比較」『海洋と生物』29（1）、特集・有明海生態系――かけがえのない内湾：その特徴と異変からの回復をめざして②（東幹夫・木下泉編）、生物研究社、26－32ページ。

Yagi, Y., I. Kinoshita, S. Fujita, H. Ueda & D. Aoyama. 2009. Comparison of early life histories between two *Cynoglossus* larvae in the inner estuary of Ariake Bay. Ichthyol. Res. 56(4) : 363-371.

Yagi, Y., I. Kinoshita, S. Fujita, D. Aoyama & Y. Kawamura. 2011. Importance of the upper estuary as a nursery ground for fishes in Ariake Bay, Japan. Environ. Biol. Fish., 91(3) : 337-352.

八木佑太・木下泉・藤田真二、２０１５。「内湾――高濁度水塊での仔稚魚の生き残り戦略」『魚類の初期生活史研究』望岡典隆・木下泉・南卓志編、恒星社厚生閣、78－88ページ。

山口隆男、１９９６。「西欧に紹介された魚たち／川原慶賀『ファウナ・ヤポニカ』画集」『FUKUOKA STYLE』16、特集・有明海大全、46－56ページ。

諫早湾における潮受け堤防の建設が有明海異変を引き起こしたのか？

熊本県立大学環境共生学部教授
堤　裕昭

はじめに

２０００年12月〜２００１年3月に、有明海で大型珪藻類リゾソレニアの大規模な赤潮が発生し（水産庁九州漁業調整事務所　２００２）、養殖ノリが色落ちして、被害の大きかった佐賀県では生産量が平年の半分程度にまで落ち込みました（荒牧　２０１５）。この赤潮発生から遡ること約3年前（１９９７年4月14日）に、有明海西岸の内湾である諫早湾では、干拓事業のために潮受け堤防が閉め切られました。すると、その年を境に有明海で赤潮が頻発するようになったのです。１９８０〜９６年の17年間に、赤潮の年間発生件数が40件を超えたのは１９９３年と１９９５年の2回に限られています。ところが、１９９８年以降は、40〜80件の赤潮が毎年発生し、年間発生延べ日数も３００〜７００日弱に達しました（図1ⓐ）（農林水産省農村振興局　２０１２）。

このような赤潮が頻発する「海域の富栄養化」は、人間の様々な活動が活発化した世界各地の沿岸域において、１９６０年代以降に数多く報告されていますが、その原因は例外なく陸域からの栄養塩負荷量の大幅な増加にあり

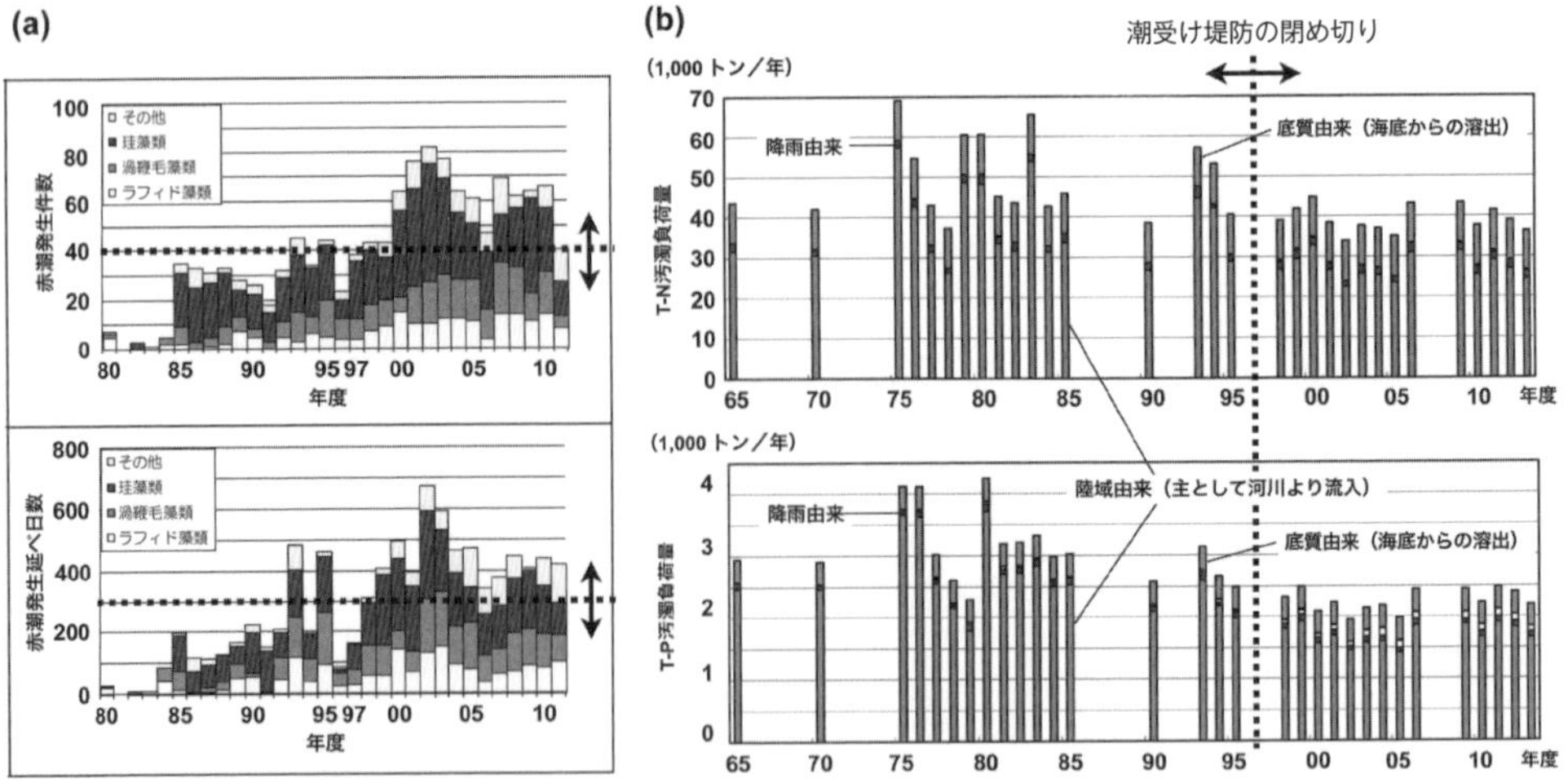

図1　(a) 有明海における年間赤潮発生件数と赤潮発生延べ日数ならびに(b)有明海への栄養塩汚濁負荷量の長期変化　(a)農林水産省農村振興局(2012)の図3, (b)環境省(2017)の図3. 1. 7をそれぞれ改変しました。

ます（Karlson et al. 2002、堤 2003）。有明海に隣接する八代海にもその典型例が見られます。この海域では1970年代に魚類養殖漁業が始まり、1990年代後半よりブリが年間約1万7000～2万3000トン、マダイが年間約8000～1万トン生産されてきました（環境省 2017）。魚類養殖場から排出される残餌や魚の排泄物などによって、同海域への栄養塩汚濁負荷量は1960年代の約2倍に増加し、赤潮が頻発する海となりました（堤 2003）。一方、対照的に有明海では栄養塩汚濁負荷量が1980年代より減少傾向にありました（図1(b)）。そのような状況で、1997年以降、赤潮が頻発するようになったことは、世界に例を見ない出来事です（堤 2005、2011）。2000年代になると、諫早湾や有明海奥部では毎年夏季に底層で貧酸素水が発生するようになりました（環境省 2006、2017、堤ら 2003、2007、濱田ら 2008、堤 2011）。これらの現象は「有明海異変」と呼ばれています。

　諫早湾の潮受け堤防の建設は、諫早湾や有明海の環境や生態系に悪影響を及ぼさないのか？　この議論は堤防の閉め切り以前から起きていましたが、潮受け堤防が閉め切られて、実際に「有明海異変」と直面すると、その是非を問う議論が沸き上がりました。筆者は、この「有明海異変」のメカニズムを解明するために、海洋生態学、海洋化学、水工学などの分野の研究者らと研究グループを結成し、

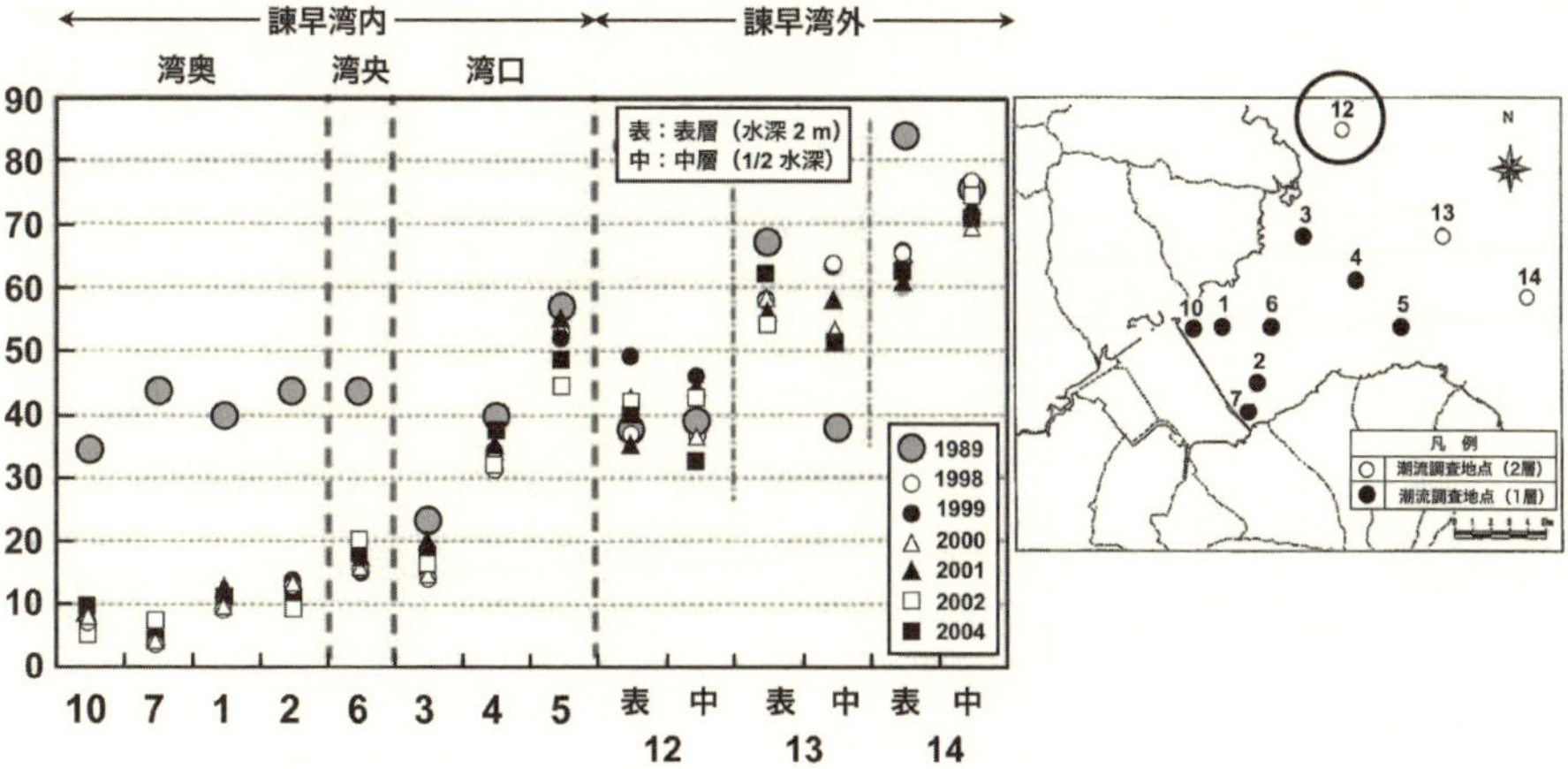

図２　諫早湾およびその外側の海域で，潮受け堤防閉め切り前（1989年）と潮受け堤防閉め切り後（1998～2004年）の各１月に15昼夜間実施された潮流観測の結果（環境省 2003）　環境省（2003）の図３. ５. 13を改変しました。この図は大潮時の最強流速に相当する（M_2＋S_2）分潮の長軸流速を示しています。潮汐のM_2分潮：月の引力による半日周潮，S_2分潮：太陽の引力による半日周潮。

２００１年４月から有明海奥部および諫早湾で、水質、海底環境や底生生物群集の現状調査を開始し、現在に至っています。本節では、これまでの研究成果を基礎として、他の研究例の知見も合わせ、一部は筆者の視点から意味や解釈を見直して、「諫早湾における潮受け堤防の閉め切りが有明海異変を引き起こしたのか？」という命題について検証します。

1　潮受け堤防の閉め切りによる諫早湾の環境変化

潮受け堤防の閉め切りによって諫早湾で起きた環境変化について概説します。同湾は大潮時には５ｍを超える潮位変動が起きる場所であり、潮受け堤防閉め切り前の干潮時には、最奥部に約２４００haの干潟が現れていました。この大きな潮位変動を起こす潮汐によって速い潮流が発生し、大潮時の湾内の最強流速は40㎝/s前後に達していました（図2）（環境省　２００３、中野ら　２００５）。海水は鉛直方向にもよく混合され、当時、海水表面から海底まで塩分が均質な強混合域が形成されていたことは疑う余地のないことです。最奥部の本明川河口から湾口にむけて、淡水から海水へ徐々に移行する塩分勾配が発生していたと考えられます（図３(a)）。

１９９７年４月14日、諫早湾奥部で建設中の潮受け堤防約７㎞の

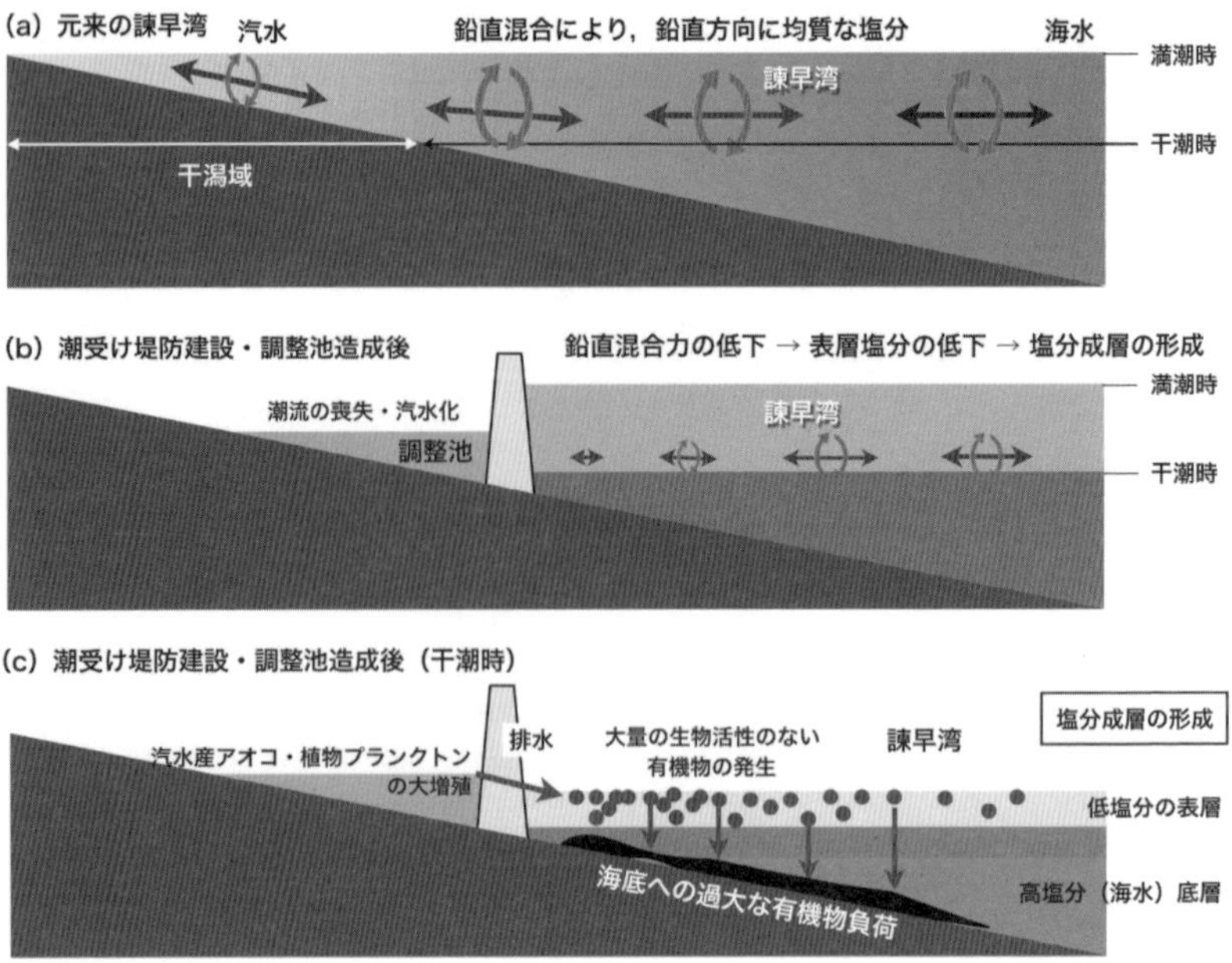

図３　諫早湾の海水構造の特徴と干拓事業による潮受け堤防建設が同湾の海水構造や海底環境に及ぼす影響

（a）元来の諫早湾の海水構造と海水流動の特徴

（b）潮受け堤防建設に伴う海水の成層化と潮流速の減少，ならびに調整池の造成と汽水化

（c）調整池で増殖するアオコや植物プランクトン，ならびにその排水が促進する諫早湾の塩分成層と海底への有機物負荷

うち、最後の約１・２㎞に鉄板が落とされました。その光景は速い潮汐流が行き交う場所を鉄板で区切ったので、「諫早湾がギロチンにかけられた」と表現されました。その後の諫早湾の状態を図３(b)に示します。潮受け堤防内部には約９４２haの干陸地と約２６００haの調整池が造成され、約１５５０haの干潟が消失しました（九州農政局ホームページａ）。調整池の水位は標高マイナス１ｍに調節されています。潮受け堤防は、それより湾奥へ海水が浸入しないように潮汐を妨げ、湾内の大潮時の最強流速は10〜20㎝/sに減速しました（図２）。

潮流は水平方向の海水の動きですが、同時に鉛直混合力を生じるので（小松　２００２、堤・松野　２０１４）、潮流速が減少すると鉛直混合力も弱くなります。まとまった雨が降ると、調整池では河川から流入する水量が増加して水位が上昇するので、干潮時に水門が開放されて、諫早湾へ大量の淡水が排出されます。同時に有明海奥部からも、河川水の流入で塩分の低下した海水が諫早湾内の表層に移流してきます（鯉渕ら　2003）。これらの三つの要因により、潮受け堤防閉め切り後の諫早湾では、表層の塩分が大幅に低下して塩分成層が発達しやすくなりました（図3ⓒ）。

特に、降水量の多い7～8月にはこの現象が顕著になります。図4に、諫早湾湾央部における7月の表層と中層の塩分の長期変化を示します。1997年4月の潮受け堤防の閉め切りを挟んで、その前後の期間で表層の塩分は25・9±3・3（平均値±標準偏差）から21・3±6・9へ、平均値で4・6減少し、表層と中層間の塩分差の平均値は3・1増加しました。表層の塩分低下は、栄養塩の豊富な河川水をより多く含み、赤潮の発生しやすい条件が表層で生じていることを意味しています。また、塩分成層が発達すると、鉛直混合の制限によって表層から底層への溶存酸素の供給量が著しく減少し、水温の上昇で酸素消費が加速される夏季には、底層が貧酸素化する原因の一つとなります。

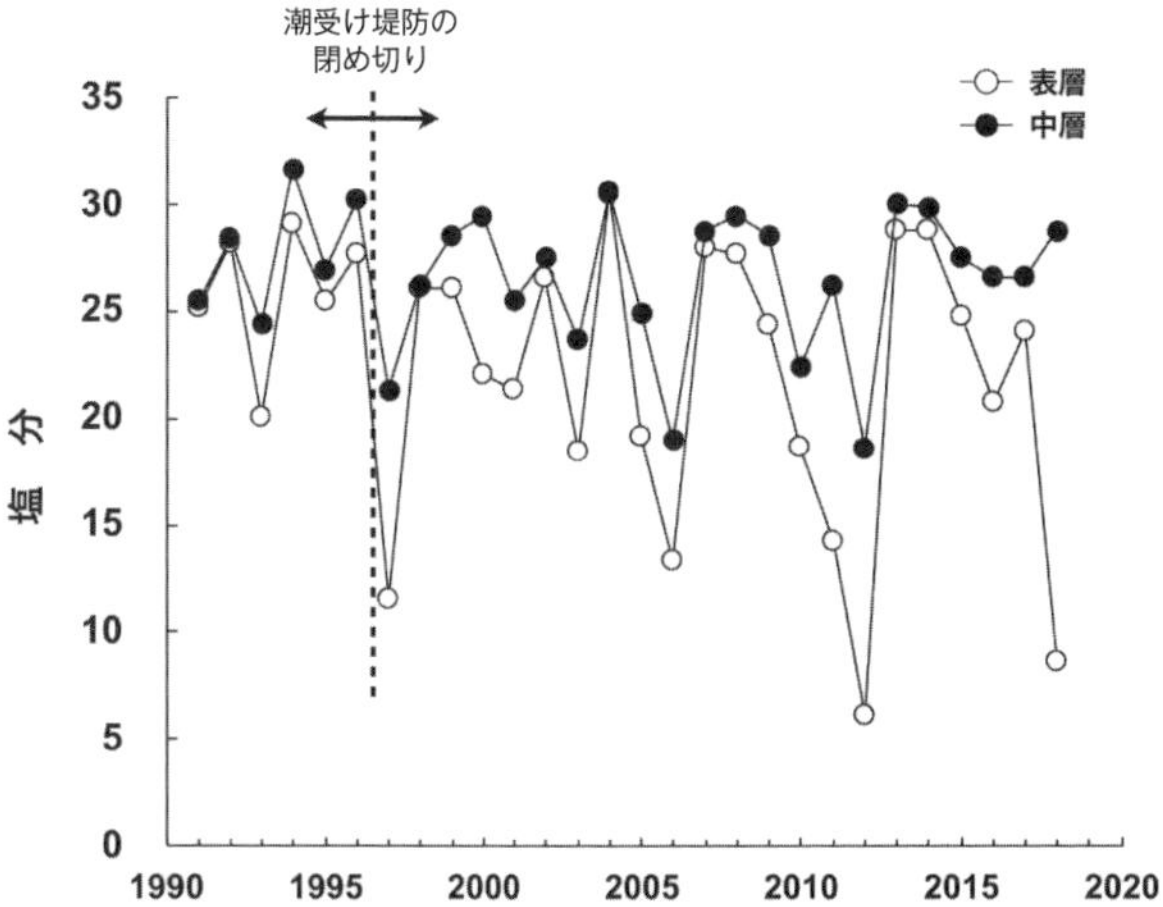

	1991～1996	1997～2018	塩分減少量
表　層	25.9±3.3	21.3±6.9	4.6
中　層	27.8±2.8	26.3±3.5	1.5
塩分差	1.9±1.6	5.0±4.9	

図4　諫早湾湾央部における7月の表層および中層の塩分の長期変化　九州農政局ホームページｂ，諫早湾干拓事業環境モニタリングデータ等の公表について，1環境モニタリング水質調査結果より，1991～2018年のStnB3における7月の表層および中層の塩化物イオン濃度データから塩分を算出してグラフを作成しました。塩分の算出方法は，海洋観測指針（気象庁 1999）に準拠しました。表中の塩分は平均値±標準偏差として示しています。

2　調整池の水質と排水の諫早湾への影響

諫早湾に造成された調整池の水質に焦点を当てると、二つの問題点が浮かび上がります。一つは塩分です。2018年12月の調査では、調整池内の2調査地点の平均で

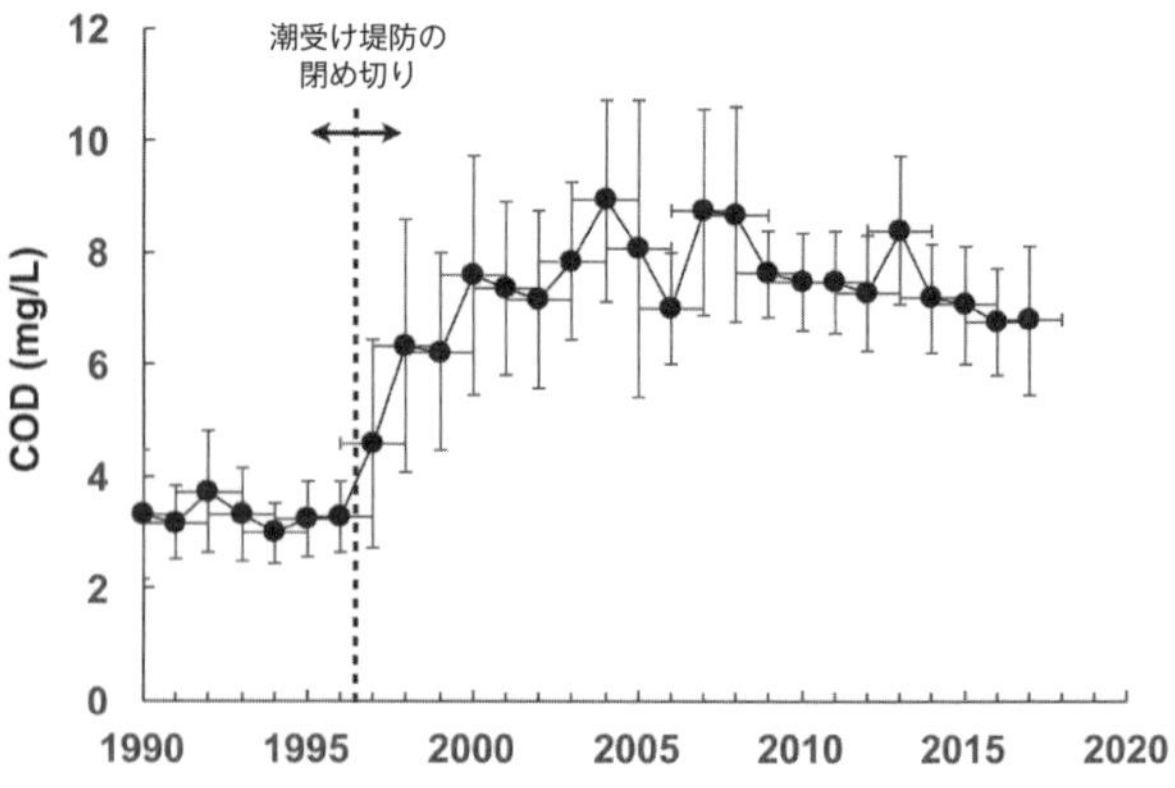

図5　調整池のCOD（化学的酸素要求量）年間平均値の長期変化　九州農政局ホームページｂ，諫早湾干拓事業環境モニタリングデータ等の公表について，1. 環境モニタリング水質調査結果より，1990～2017年の調整池の調査地点（StnB1）におけるCODデータを元に各年の平均値±標準偏差を求め，グラフを作成した。

574mg/Lの塩化物イオンが含まれていました（九州農政局ホームページb）。この値は塩分約1に相当します（1Lの水に1gの塩が溶けていることを意味します）。汽水を定義したVenice systemに従えば、淡水とは塩分0・5未満の水を指し、塩分1は少塩層に分類される汽水となります。つまり、汽水池が造られたことになります。この塩分は電気伝導度（EC）で約1・3ms/cmに相当し、農業で使用すれば多くの野菜や果物で塩害が発生します（参照：国立研究開発法人農業・食品産業技術総合研究機構・ホームページ）。もう一つの問題点は淡水産のアオコや植物プランクトンが常時増殖していることです。アオコにはアオコ毒（ミクロシスティン）を生産する種も含まれています。水生生態系ではこの物質が生物濃縮されるので（高橋・梅原 2011、Umehara et al. 2017、本書・高橋徹参照）、人の健康への影響も懸念されます。

本節では、このような調整池の水が諫早湾へ排水されることにより、湾の海底生態系に及ぼす影響に焦点を当てます。図5に、調整池のCOD（化学的酸素要求量）の年間平均値の長期変化を示します。潮受け堤防閉め切り前の7年間（1990～96年）では、CODは3・0～3・7mg/Lを変動していました。閉め切り後はアオコや植物プランクトンの増殖でCODが急激に上昇し、2008～17年の10年間の値は7・48±0・63mg/L（平均値±標準偏差）に達しました。2018年12月の観測値は8・2mg/Lであることから（九州農政局ホームページb）、一向に減少の兆しが見えません。調整池の水質保全目標値（5mg/L）は、環境省が定めた湖沼の水質基準で、類型B（農業用水）に相当します（環境省ホームページ）。調整池の水質は、造成されて以来、この農業用水の基準を一度も満たしていません。

まとまった降水が発生する度に、このようなCODの水質保全目標値を超える水が、諫早湾へ排出され続けてきました。この排水に含まれる淡水産のアオコや植物プランクトンは、諫早湾の海水に接触した時点で高い浸透圧のために死滅して「生物活性のない大量の粒状有機物」となり、海底に堆積して、過剰な有機物負荷をかけることになります（図3ⓒ）。

3　海底の有機汚濁の進行と塩分成層の発達がもたらす生態系の危機

世界各地の沿岸閉鎖性海域では、前述のように、1960年代以降、人為的活動の増大によって赤潮が頻発して海底への有機物負荷量が増加し、堆積物の有機汚濁化が進行しています。そして、暖水期には底層で貧酸素水が発生し、底生生物群集が著しく衰退する一連の現象が起きています（Diaz & Rosenberg 1995、堤 2003）。諫早湾では、潮受け堤防の閉め切りが契機となって潮流速が著しく減少し（図2）、海水の鉛直混合力も低下し（図3ⓑ）、まとまった降水が発生すると調整池からの大量の排水と（図6ⓑ）有明海奥部海域からの塩分の低下した海水の流入によって塩分成層が発達するようになりました（図4・6ⓐ）。また、調整池の排水は諫早湾の海底へ大量の有機物負荷をかけて（図3ⓒ）、塩分の低下した表層には高濃度の栄養塩が含まれているので赤潮も頻発し、海底への有機物負荷に拍車をかけてきました。このような諫早湾の海底では、夏季に水温の上昇とともに貧酸素水が発生し（図6ⓒ）、堆積物は著しく嫌気化して、海底に生息する生物は種を問わず生息困難な事態に至っています。

諫早湾の海底には、タイラギ、アサリなどの二枚貝類、イカやタコ類などの軟体類、ガザミ、シバエビ、シャコなどの甲殻類をはじめとする多くの底生生物、ヒラメ類、ウシノシタ類などの底生魚類など、水産資源としての価値の高い生物が豊富に生息し、これらの生物を捕獲する沿岸漁業が栄えてきました。この海域で、底層で貧酸素水が発生し、堆積物が嫌気化すれば、これらの生物の生息場所を奪い去り、沿岸漁業は壊滅的な打撃を受けることに

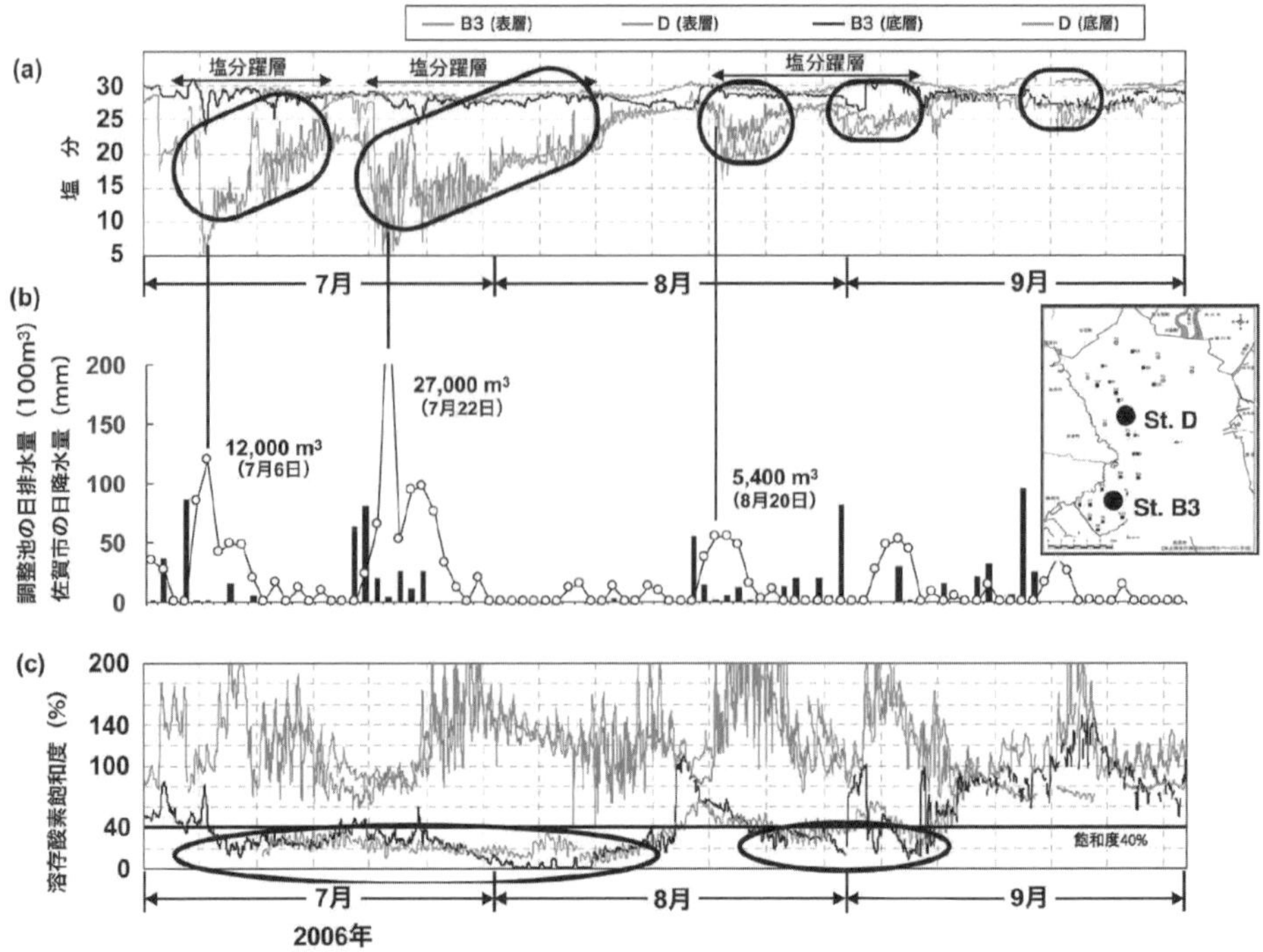

図6　諫早湾湾央部と有明海奥部西側の表層および底層における夏季成層期の塩分（a）と溶存酸素飽和度（c），調整池からの日排水量と佐賀市の日降水量の変化
塩分・溶存酸素飽和度：農林水産省農村振興局（2012）の図3および図4を改変した。佐賀市の日降水量：気象庁ホームページ，過去の気象データ検索（http://www.data.jma.go.jp/obd/stats/etrn/index.php）より佐賀市の2006年7～9月の日降水量を検索し，グラフを作成しました。調整池の日排水量：農林水産省提供データよりグラフを作成しました。

図7　2008年8月13日，諫早湾に面する諫早市小長井町の海岸に打ち上げられた大量の底生生物や底生魚類の死骸　写真には無数のハゼ類やクツゾコが写っています。写真を撮影した時津良治氏によると，キスやガザミなども見られたとのことです。（提供：時津良治）

なります。図7には、2008年8月13日に、諫早湾に面する諫早市小長井町の海岸へ大量の底生生物や底生魚類が打ち上げられた写真を示しています。干潟の干拓事業によって、環境を大きく改変してしまったことが行き着いた先には、このような沿岸生態系の危機的な姿が横たわっていました。

4 諫早湾の潮流の減速が有明海奥部海域に及ぼす影響

潮受け堤防の閉め切り後、諫早湾内の潮流が著しく遅くなったことは前述の通りですが（図2、図3(b)）、このことが湾外の潮流にも連鎖的な変化をもたらしていると考えられます。本来、上げ潮流は、有明海西側では諫早湾の湾口付近で諫早湾の奥部と有明海の湾奥部方向へ二手に分かれて進み、それぞれの湾奥にある干潟に潮が満ちていきます。諫早湾の潮受け堤防の内側には、潮が満ちてくるべき場所が約3500ha（35㎢）もありました。この分の海水は、現在では諫早湾の奥部に流入できないので、有明海西側を湾奥部（佐賀県鹿島市沖）方向へ移流していると考えられます。そのため、有明海奥部西側の諫早湾の湾口部より少し北側の海域（佐賀県藤津郡太良町の沖合い）では、潮受け堤防の閉め切り前より上げ潮時の潮流が速くなっていると推測され、環境省（2003）および中野ら（2015）にはそれに符合する潮流調査の結果が示されています（図2）。この海域の調査地点（Stn12）では、潮受け堤防閉め切り後の1999～2004年に、大潮時の最強流速が表層、中層ともに1989年を上回る値が観測されています。

この大潮時の最強流速の変化は軽視できません。有明海には元々、潮流に支配されない反時計回りの定常流が表層に存在し、北部湾内水とも呼ばれています（図8、安井ら 1954、長崎県水産試験場 1956）。このような表層の定常流が発生する要因としては、地球が西から東の方向に自転していることで生じるコリオリ力の影響、有明海へ一級河川の河口が集中する最奥部東側から大量の淡水が流入することで生じる河口循環流、上げ潮時に有明海奥

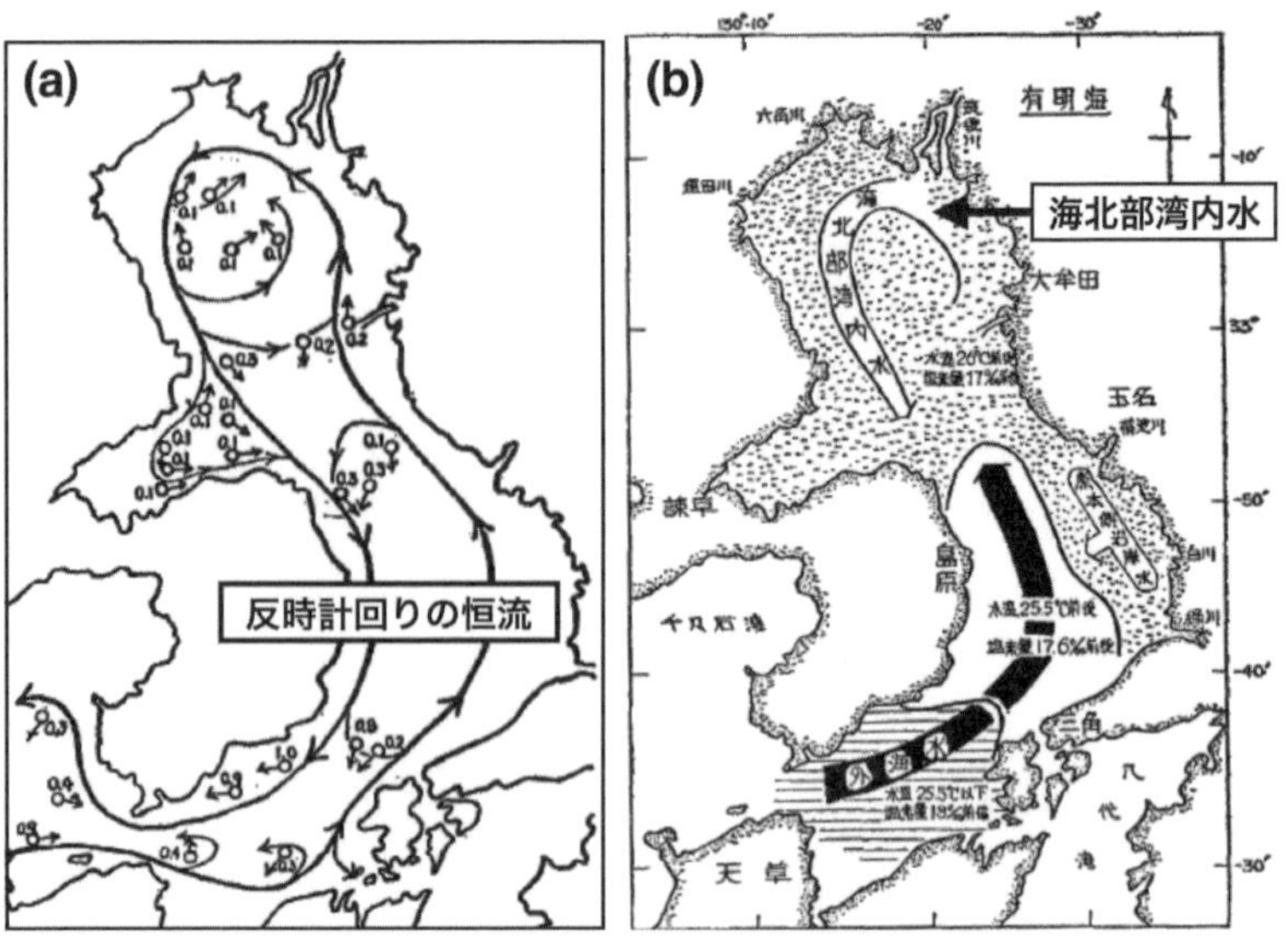

図８　有明海の表層における反時計回りの潮流に支配されない定常流の分布　（a）有明海おける湾内環流の大勢。安井ら（1954）より改変しました。（b）湾奥部に発生する反時計回りの「海北部湾内水」。長崎県水産試験場（1956）より改変しました。

部西側では諫早湾奥部方向にも海水が移流しますが、東側には諫早湾に相当する内湾が存在しないという地形的な要因などが挙げられます。

この有明海奥部における上げ潮表層の潮流速の特徴を、簡便な方法で観測した研究例があります。１９７７年７月30日（大潮）に、有明海奥部から湾央部の61地点で、下げ潮最強時と上げ潮最強時に紐を付けたビンを流して、表層の潮流速と方向を計測する一斉潮流調査が実施されました（図９）（井上 １９８０）。この調査の原データは入手できなかったので、図９をパソコンに読み取り、図中の潮流ベクトルの長さを画像解析ソフトで計測し、流速に数値化しました。図中の有明海奥部東側17地点と西側10地点の潮流速は、下げ潮最強流では東側60・0±15・8㎝/s（平均値±標準偏差）に対して西側50・2±12・0㎝/sと、有意な差は認められません。ところが、上げ潮最強流では、東側66・1±19・5㎝/sに対して、西側はその約半分の31・0±5・7㎝/sにとどまり、統計学的に有意な差が認められます（マンホイットニ検定、$p<0.01$）。また、諫早湾の湾口部では、有明海奥部西側の海域を大きく上回る50・7±11・5㎝/sの同湾湾奥方向へ移流する潮流が観測されています。

もし、有明海奥部で、西側の上げ潮流が何らかの原因で加速されれば、反時計回りの定常流（図８）が弱まり、表層は潮汐に伴って最奥部と湾央部間で東側も西側も同じような速度で南北方向に単純な往復運動を繰り返す傾向が強くなります。有明海最奥部東側には、筑後川をはじめとする四つの一級河川の河口が集中し、栄養塩を豊富に含む河川水が大量に流入しています。反時計回りの定常流の衰退は、これらの河川水を含む海水の有明海奥部における滞留時間を延長させて、栄養塩汚濁負荷量が増加しなくても、植物プランクトンが増殖し、赤潮が発生しやすくなります。

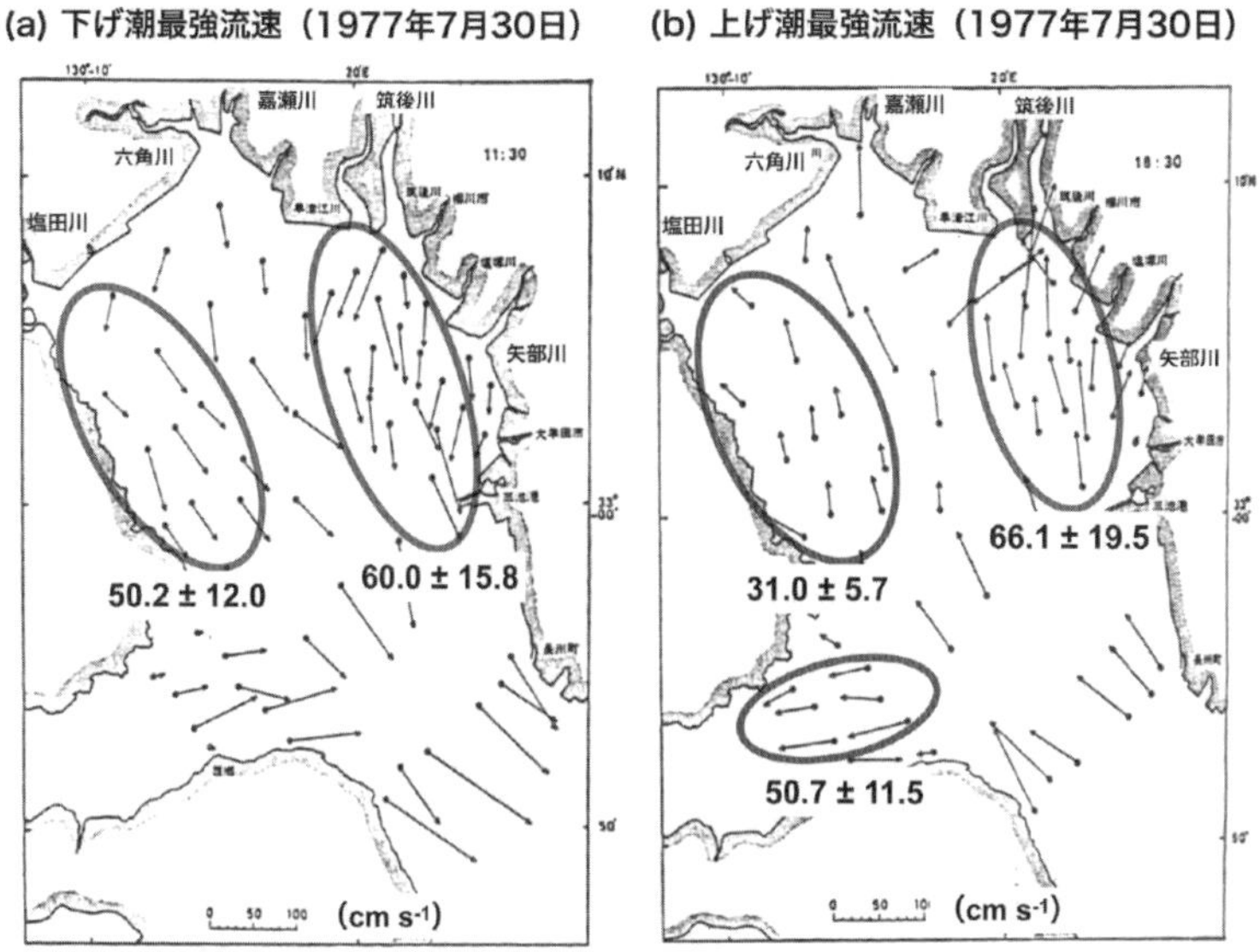

図9　1977年7月30日（大潮），有明海湾奥部および湾央部の61地点で，（a）下げ潮最強時と（b）上げ潮最強時に漂流版を流して表層の潮流速と方向を計測した一斉潮流調査の結果　井上（1980）第15図を改変しました。図中の潮流ベクトルの長さは，画像解析ソフト（ImageJ 1.48v）で計測し，流速に数値化しました。

5　有明海奥部表層における反時計回りの定常流衰退の可能性

赤潮頻発の謎を解く重要な鍵の一つは、有明海奥部に元来存在する反時計回りの表層の定常流が、赤潮が頻発する近年も、以前のように機能しているのか？という点にあります。このことは、有明海奥部において、図9に示すような、上げ潮時表層の流速を東側と西側で比較する調査を積み上げていくことで、評価することが可能になります。この視点から、次に示す2例の潮流調査の結果を再検討してみました。すると、これらの調査結果にも、諫早湾における潮受け堤防閉め切り後に、西側海域の上げ潮流が加速され、東側海域との流速差が大きく縮小している状態が見出されました。

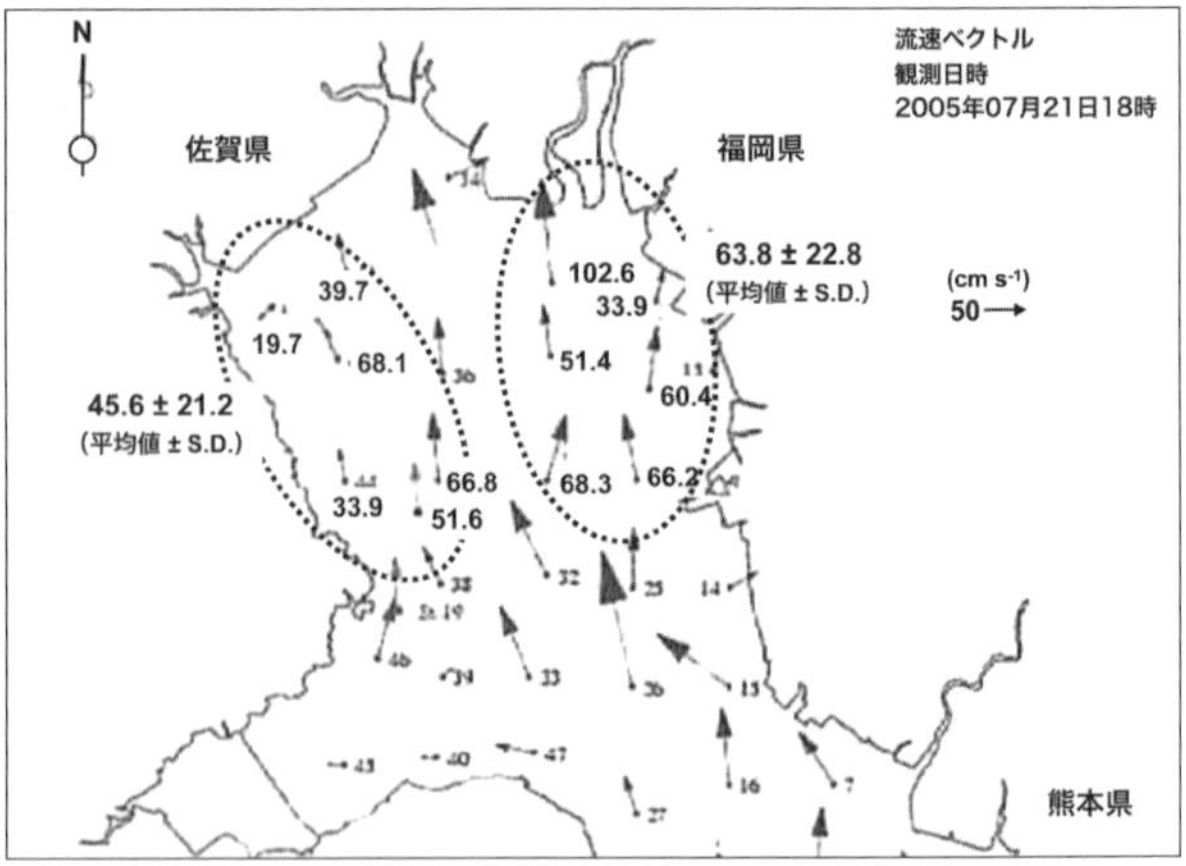

図10　2005年７月21日（大潮）に実施された有明海47地点における表層の一斉潮流調査の結果　上げ潮最強時（18：00）の潮流速分布を示しています。九州農政局（2008）図６－11を改変しました。図中の潮流速データは，農林水産省提供データに基づいています。

調査期間	西側 Stn 4, 10 (㎝/s)	東側 Stn 5, 9 (㎝/s)	東西比
[超音波ドップラー流向流速計を用いた潮流調査] *1			
2000.9.16～9.9	36.0(37.0, 34.9)	55.2(64.7, 45.6)	1.53
2005.2.19～3.6	54.4(61.9, 46.8)	66.8(81.1, 52.5)	1.23
2005.7.16～7.31	48.5(51.0, 45.9)	74.2(81.3, 67.1)	1.53
[多地点一斉潮流調査]	西側	東側	東西比
1977.7.30　18:00 *2	31.0±5.7	66.1±19.5	2.13
2005.7.21　18:00 *3	45.6±21.2	63.8±22.8	1.40

表１　有明海で実施された超音波ドップラー流向流速計を用いた潮流調査ならびに多地点一斉潮流調査における奥部西側と東側の海域の上げ潮最強流の流速　＊１：九州農政局(2012)，＊２：井上(1980)，＊３：九州農政局(2008)

【例1】２００５年７月21日（大潮）、有明海47地点における表層の一斉潮流調査（九州農政局　２００８）

１９７７年７月30日に実施された潮流調査（井上　１９８０）と同様に、各地点で紐を付けたペットボトルを流し、表層の潮流速と方向が計測されました。図10に上げ潮最強時（18：00）の表層の潮流速の分布を示します。東側海域の６地点では63・８±22・８㎝/s（平均値±標準偏差）、西側海域の６地点では45・６±21・２㎝/sの潮流速が観測されました。東側海域では井上（１９８０）の観測例にほぼ匹敵する潮流速でしたが、西側海域では約１・５倍速い上げ潮流が観測されました。その結果、東側と西側の上げ潮最強流の流速比は１・40でした（表１）。

【例2】超音波ドップラー流向流速計を用いた潮流調査（九州農政局　２０１２）

海底に超音波ドップラー流速計を設置し、１潮汐周期分の潮流速が層別に観測されました。図11に、有明海奥部東側のＳｔｎ５およびＳｔｎ９、ならびに西側のＳｔｎ４およびＳｔｎ10における平均大潮期（２０００年９月16～19

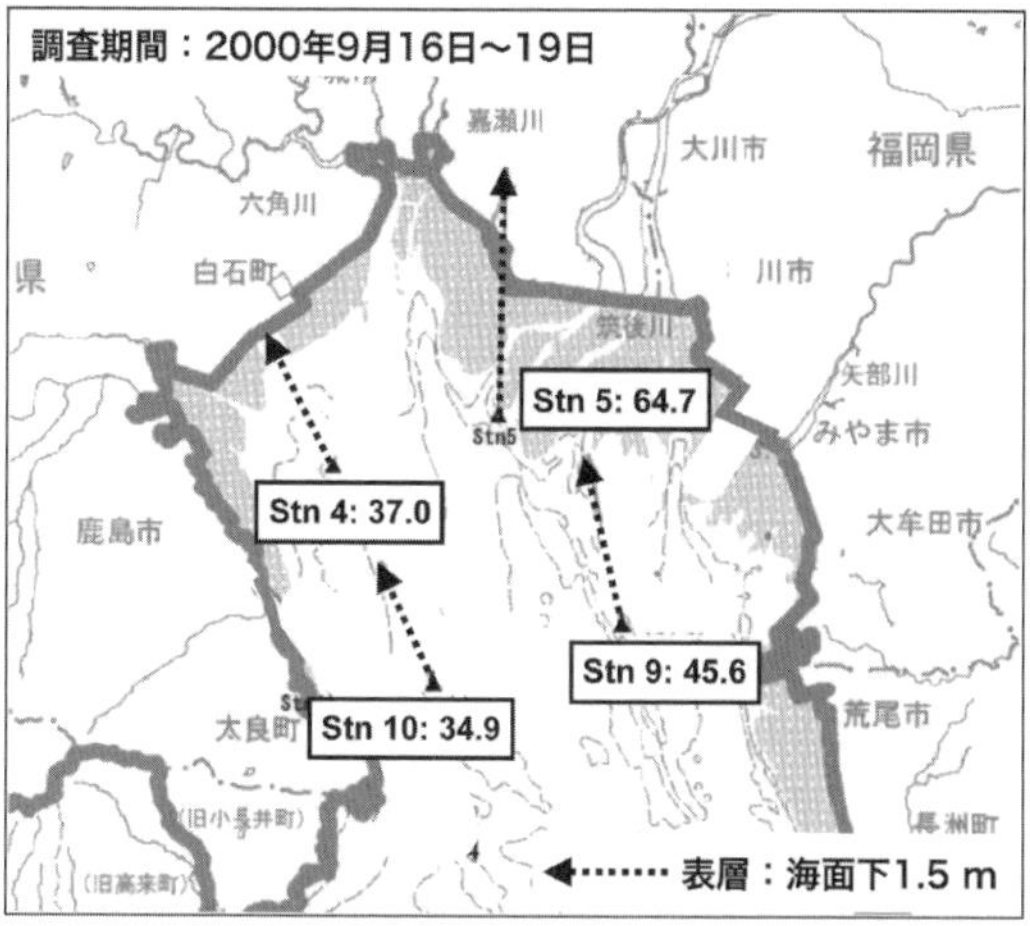

図11　有明海奥部の東側（Stn 5，9）および西側（Stn 4，10）で，超音波ドップラー流向流速計を用いて測定された平均大潮期の最干潮から3時間後（上げ潮最強流）の表層の潮流速　九州農政局（2012）の6.1.1－32の図を改変しました。平均大潮期：潮汐の主要な4分潮（半日周期のM_2分潮とS_2分潮，日周潮のK_1分潮とO_1分潮）の調和定数（振幅Hiと遅角Ki）を求め，M_2分潮とS_2分潮を合成して潮流を再現した値。

日）の上げ潮最強流（最干潮から3時間後）の表層の潮流速を示します。いずれも潮受け堤防閉め切り後の潮流調査の結果です。それぞれの海域の2地点における測定結果であることに留意する必要がありますが、2地点の平均値としてそれぞれ東側では55・2㎝/s、西側では36・0㎝/sの潮流速が観測され、その潮流速の東西比は1・53でした（表1）。2005年2月および7月にもこれらの地点で同様な潮流調査が実施されましたが、平均大潮期上げ潮最強流（表層）の潮流速の東西比は1・23および1・53でした（表1）。

以上のように、調査方法は異なっても、諫早湾潮受け堤防締め切り前の1977年7月には、有明海奥部海域の上げ潮最強流について東側と西側の潮流速比が2・13を記録したのに対して、締め切り後の2000年9月〜2005年7月の期間に実施された4回の潮流調査では、いずれも潮流速の東西比が約30〜40%縮小していたことを示しています。これは、西側の海域で上げ潮時表層の潮流速が大幅に加速されたことによるものです。

6　有明海異変の起点となる諫早湾潮受け堤防の閉め切りについての認識

最後に、まとめとして有明海異変に関わる事象を列挙し、それらの因果関係を矢印で結んだ概念図を示します（図12）。この図の中央に「調整池からの排水」と「赤潮の頻発」による「生物活性のない粒状有機物の大量発生」を配置しています。この有機物は海底に堆積し、堆積物の有機汚濁を進行させ、夏季の水

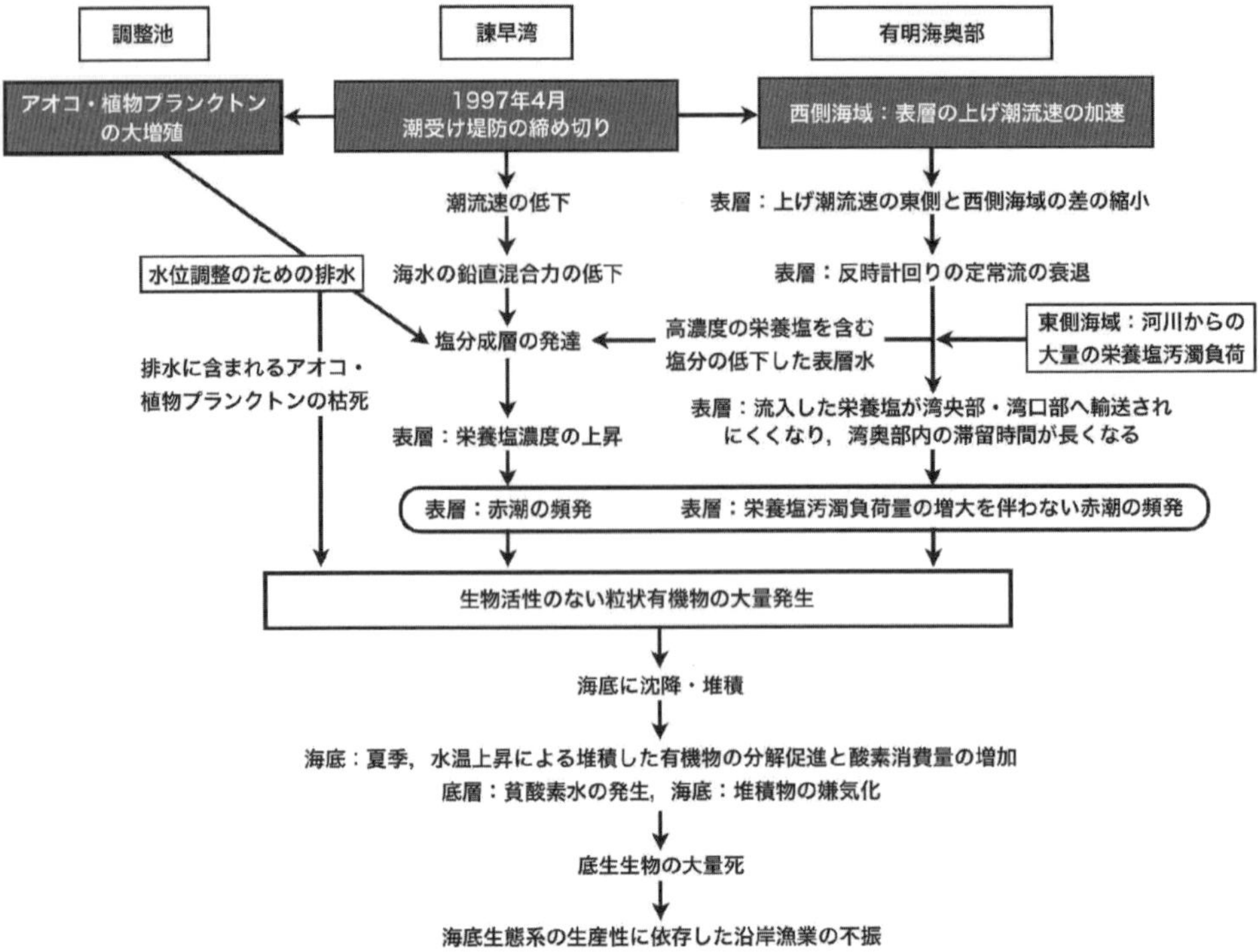

図12　有明海異変に係わる事象を列挙し，それらの因果関係を矢印で結んだ概念図

温上昇期にはバクテリアによる分解によって酸素消費量を大幅に増加させて底質は嫌気化し、底層水は貧酸素状態となり、多くの底生生物の死滅を招きます。このシナリオは、世界各地の沿岸閉鎖性海域で赤潮が頻発する海域に共通する現象です（Karlson et al. ２００２、堤 ２００３、Diaz & Rosenberg ２００８）。

ただし、諫早湾を含む有明海奥部では、この一連の環境攪乱が起きる背景が根本的に異なっています。「大量の生物活性のない粒状有機物の発生」を引き起こす原因は、「干拓事業で造成された調整池からの増殖したアオコや植物プランクトンを含む排水」と「陸域からの栄養塩汚濁負荷量の増加を伴わない赤潮の頻発」にあります。後者については、農林水産省や環境省で委員会が組織され、様々な情報を収集するとともに、独自の調査も数多く実施し、それらの結果が検討されてきました（環境省 ２００６、２０１７）。また、同時に多くの研究者によって調査・研究が進められてきました。しかしながら、この過去に例を見ない赤潮の頻発について、沿岸海洋科学や海洋生態学の知見（常識）の枠を超えた説明は行われず、明快な回答が示されていないのが現状です。

筆者はこれまでの独自の調査・研究の成果を基礎として、一連の有明海異変の発端が、１９９７年4月14日の諫早湾の「潮受け堤防の閉め切り」にあることを指摘してきました（堤 ２０１１、堤・小松 ２０１６）。残念なことに、有明海異変の解明と有明海再生にもっとも深く関わってきた環境省の有明海・八代海総合調査評価委員会や研究者の多くは、この閉め切りとの関係について正面から論じることを避けてきたと感じることが少なくありません。この問題に関する論議は、本来は自然現象のメカニズムの解明を目的とするはずのものですが、国の干拓事業という政治的な色合いの強い事柄に対して、研究者側には様々な忖度が働いていると言わざるを得ません。ここに、日本の研究者を取り巻く社会の縮図の一つが垣間見える思いがします。確かに、このような環境問題に関する研究は、自然科学の研究に純粋に取り組む研究者には扱いづらい事情が含まれると筆者自身も感じています。しかしながら、生態学や環境学を大学で講義し、学生達と共に地域の環境問題を研究し、指導する立場にある者は、取り巻く状況に囚われることなく、真実を論理的に追究する姿勢を一貫して示す必要があります。

有明海で赤潮が頻発する現象が起きた当初、沿岸海洋学の研究者の多くは、潮受け堤防の閉め切りによる諫早湾の地形変化が、有明海で潮汐振幅の減少をもたらし、潮流速を減少させ、海水の鉛直混合力を弱め、湾奥部からその外側への物質輸送を滞らせて、赤潮頻発や貧酸素水の発生原因となりうるか？という点に着目しました（灘岡・花田 ２００２、塚本・柳 ２００２、宇野木 ２００３、藤原ら ２００４）。下げ潮流の流速は、有明海湾央部西側の島原半島の沖合いで20～30％程度減速したことが観測されましたが（西ノ首ら ２００４）、赤潮が頻発する湾奥部との明確な関連性は見出されませんでした。潮汐振幅の成分でもっとも強い影響力を持つM_2分潮振幅（月の引力による半日周潮で、月昇交点変化の影響を含まない）は、有明海奥部に面する佐賀県藤津郡太良町大浦の検潮所の記録で、潮受け堤防閉め切りから20年間に約6㎝減少していました。これが潮受け堤防閉め切りによる有明海の海水面積の減少によるものか、平均潮位の上昇や外洋の潮汐振幅の減少などの外部効果によるものなのか、見解は定まっていません

（環境省 2017）。さらに、潮受け堤防が閉め切られた1997〜2000年の4年間に限ると、観測されたM_2分潮振幅の減少はわずか1㎝にすぎませんが、2000年冬季にはリゾソレニアによる大規模な赤潮が有明海で発生しました。このことは、潮汐振幅の減少と赤潮発生を結びつけることが論理的に難しいことを示しています（堤ら 2005）。

一方、潮受け堤防の閉め切りによる諫早湾内の潮流の大幅な減速が、湾外には影響しないという解釈には大きな疑問を感じます。潮汐の度に、諫早湾の海水は湾口部北側で有明海奥部西側の海域と、湾口部南側では有明海湾央部西側の海域と交流しています（田井ら 2012）。そこで、潮流に関しては、小松利光・九州大学名誉教授の研究グループと共同研究を進めながら、次に焦点を当てたのが、「有明海奥部における上げ潮時表層の潮流速の東側と西側の海域における違い」であり（図9）、それが主要な発生要因の一つとなる「反時計回りの定常流」の存在です。これが有明海で赤潮の発生を抑制し、海底への適度な有機物負荷をかけて、豊富な底生生物の生息を可能にしてきたメカニズムであるという結論を得ました。諫早湾潮受け堤防の閉め切りは、この有明海の潮流特性を大きく変化させてしまったのです。図12の上半分に示すように、連鎖的な環境変動を引き起こして、「赤潮の頻発」と「生物活性のない粒状有機物の大量発生」を招き、豊饒の海を象徴する海底生態系を著しく衰退させてしまったと言えます。

潮受け堤防は、現状で南北水門を常時開放しても、合計約200ｍの幅でしか潮流は回復できませんが、限定的ながら諫早湾内の潮流も、それに関連した有明海奥部西側の表層の上げ潮流や反時計回りの表層の定常流も回復させることは可能です。有明海の生態系を再生し、元来の自然の恵みを享受する生活を再び手に入れるためには、一歩一歩ではありますが、対策の進展と社会的合意形成を積み上げていくしかありません。そのためにもっとも重要なことは、この現象の因果関係に対して、正面から向き合うことであると考えます。

【引用文献】

荒牧軍治（２０１５）　有明海再生機構主催、有明海市民講座「第9回　ノリ養殖の現状」（平成27年6月24日）。（http://www.npo-ariake.jp/files/uploads/H27%20shiminnkouzashiryou9.pdf）

Diaz RJ, Rosenberg R (1995)　Marine benthic hypoxia : a review of its ecological effects and behavioral responses of benthic macrofauna. Oceanography and Marine Biology. An Annual Review 33, pp.245-303.

Diaz RJ, Rosenberg R (2008)　Spreading dead zones and consequences for marine ecosystems. Science 321, pp.926-929.

国立研究開発法人農業・食品産業技術総合研究機構・ホームページ　平成24年度東北農業研究成果情報「海水により上昇した塩分濃度が野菜類の生育に及ぼす影響」。（http://www.naro.affrc.go.jp/org/tarc/seika/jyouhou/H24/yasaikaki/H24yasaikaki002.html）

藤原孝道・経塚雄策・濱田考治（２００４）「有明海における潮汐・潮流減少の原因について」『海の研究』13、４０３－４１１ページ。

井上尚文（１９８０）「有明海の物理環境」『沿岸海洋研究ノート』17、１５３－１６５ページ。

Karlson K, Rosenberg R, Bonsdorff E (2002)　Temporal and spatial large-scale effects of eutrophication and oxygen deficiency on benthic fauna in Scandinavian and Baltic waters - a review. Oceanography and Marine Biology. An Annual Review 40, pp.427-489.

環境省（２００３）「有明海・八代海総合調査評価委員会報告書」平成18年12月21日より、「第3章　有明海・八代海の環境変化」５－40ページ。（https://www.env.go.jp/council/20ari-yatsu/rep061221/chap_3.pdf）

環境省（２００６）「有明海・八代海総合調査評価委員会報告」85ページ、別添資料80ページ。（http://www.env.go.jp/council/20ari-yatsu/rep061221/all.pdf）

環境省（２０１７）「有明海・八代海総合調査評価委員会報告」５８４ページ。（http://www.env.go.jp/council/20ari-yatsu/report20170331/report20170331_all.pdf）

環境省ホームページ「水質汚濁に係る環境基準」より、「別表2　生活環境の保全に関する環境基準（湖沼）」1　河川。
(https://www.env.go.jp/kijun/wt2-1-2.html)。

気象庁編（１９９９）『海洋観測指針』気象庁、２５２ページ。

九州農政局ホームページａ「諫早湾干拓事業の概要」。
(http://www.maff.go.jp/kyusyu/seibibu/isahaya/outline/outline.html)

九州農政局ホームページｂ「諫早湾干拓事業環境モニタリングデータ等の公表について」より、「1　環境モニタリング水質調査結果」。(http://www.maff.go.jp/kyusyu/seibibu/info/20060823.html)

九州農政局（２００８）「有明海の再生に向けた新たな取組」より、「環境変化の仕組みの更なる解明のための調査―調査結果のまとめ―」６　潮流調査、6-1～6－50ページ。

九州農政局（２０１２）「諫早湾干拓事業の潮受堤防の排水門の開門調査に係る環境影響評価書」より、「第６編　調査の結果の概要並びに予測及び評価の結果」潮流、6・1・1-21－6・1・1-53。

鯉渕幸生・佐々木淳・有田正光・磯部雅彦（２００３）「有明海における水質変動の支配要因」『海岸工学論文集』50、９７１－９７５ページ。

小松利光（２００２）「有明海の潮流・潮汐メカニズム」『有明海再生機構　活動のあゆみ』有明海再生機構、20ページ。
(http://www.npo-ariake.jp/files/uploads/200209ariakekaikouza.pdf)

小松利光・矢野真一郎・齋田倫範・松永信博・鵜崎賢一・徳永貴久・押川英夫・濱田孝治・橋本彰博・武田誠・朝位孝二・大串浩一郎・多田彰秀・西田修三・千葉賢・中村武弘・堤裕昭・西ノ首英之（２００４）「北部有明海における流動・成層構造の大規模観測」『海岸工学論文集』51、３４１－３４５ページ。

農林水産省農村振興局（２０１２）環境省ホームページ「有明海・八代海総合調査評価委員会」（第30回議事次第・資料、平成24年６月19日）より、「資料２－１　農林水産省の取組み」。
(http://www.env.go.jp/council/20ari-yatsu/y200-30/mat02_1.pdf)

濱田孝治・速水祐・山本浩一・大串浩一郎・吉野健児・平川隆一・山田裕（２００８）「２００６年夏季の有明海奥部にお

ける大規模貧酸素化」『海の研究』17、371－377ページ。

灘岡和夫・花田岳（2002）「有明海における潮汐振幅減少要因の解明と諫早堤防締め切りの影響」『海岸工学論文集』49、401－405ページ。

長崎県水産試験場（1956）「有明海の開発（のり漁場）調査」『有明海調査』6、1－46ページ。

中野拓治・富田友幸・長谷川明宏・細田昌広（2005）「諫早湾干拓事業による有明海の潮汐・潮流への影響について―三次元数値解析と観測値による検討―」『農業土木学会論文集』238、123－132ページ。

西ノ首英之・小松利光・矢野真一郎・齋田倫節（2004）「諫早湾干拓事業が有明海の流動構造へ及ぼす影響の評価」『海岸工学論文集』51、336－340。

水産庁九州漁業調整事務所（2002）「平成13年度九州海域の赤潮」より、「別表－4　平成13年赤潮発生状況」26－33ページ。

田井明・扇塚修平・齋田倫範・多田彰秀・堤裕昭・小松利光（2012）「諫早湾口北部周辺の流動性について」『土木学会論文集』B1（水工学）68、I_1687－I_1692。

高橋徹・梅原亮（2016）『諫早湾の水門開放から有明海の再生へ』諫早湾開門研究者会議編、有明海漁民・市民ネットワークより、「第3章　諫早湾調整池の有毒アオコ」61－76ページ。

塚本秀史・柳哲雄（2002）「有明海の潮汐・潮流」『海と空』78、31－38ページ。

堤英輔・松野健（2014）「有明海諫早湾湾口付近における外部、内部潮汐流およびそれに伴う乱流混合の観測」『海の研究』23、45－72ページ。

堤裕昭（2003）『海洋ベントスの生態学』和田恵次・日本ベントス学会編、東海大学出版会より、「第9章　富栄養化による環境攪乱」407－444ページ。

堤裕昭（2005）『有明海の生態系再生をめざして』日本海洋学会編、恒星社厚生閣より、「4・1　赤潮の大規模化とその要因」136－146ページ。

堤裕昭（2011）「有明海奥部で赤潮が発生し貧酸素化が進む理由」『科学』81、0450－0457。

堤裕昭・岡村絵美子・小川満代・高橋徹・山口一岩・門谷茂・小橋乃子・安達貴浩・小松利光（２００３）「有明海奥部海域における近年の貧酸素水塊および赤潮発生と海洋構造の関係」『海の研究』12、２９１－３０５ページ。

堤裕昭・木村千寿子・永田紗矢香・佃政則・山口一岩・高橋徹・木村成延・立花正生・小松利光・門谷茂（２００５）「陸域からの栄養塩負荷量の増加に起因しない有明海奥部における大規模赤潮の発生メカニズム」『海の研究』15、１６５－１８９ページ。

堤裕昭・堤彩・高松篤志・木村千寿子・永田紗矢香・佃政則・小森田智大・高橋徹・門谷茂（２００７）「有明海奥部における夏季の貧酸素水発生域の拡大とそのメカニズム」『海の研究』16、１８３－２０２ページ。

堤裕昭・小松利夫（２０１６）『諫早湾の水門開放から有明海の再生へ』諫早湾開門研究者会議編、諫早湾開門研究者会議より、「5章　有明海奥部海域の海底堆積物と潮流速の関係」89－１０３ページ。

Umehara A, Takahashi T, Komorita T, Orita R, Choi J-W, Takenaka R, Mabuchi R, Park H-D, Tsutsumi H (2017) Widespread dispersal and bio-accumulation of toxic microcystins in benthic marine ecosystems. Chemosphere 167: 492-500.

宇野木早苗（２００３）「有明海の潮汐減少の原因に関する観測データの再解析結果」『海の研究』12、３０７－３１２ページ。

安井善一・赤松英雄・中村勲（１９５４）「有明海の潮汐と潮流について」『有明海の総合開発に関連した海洋学的研究』長崎海洋気象台、３－40ページ。

諫早湾調整池がもたらす負のインパクト

熊本保健科学大学共通教育センター
髙橋　徹

はじめに

本書の堤論文に報告されているように、潮受け堤防による潮流の低下が赤潮の大規模化や貧酸素の拡大、底質と底生生物相の変化として現れている。これに加え、現場の漁民からは、調整池からの汚濁排水による被害を訴える声が絶えない。これに対し農水省は、「排水の影響は諫早湾内に限られる」と主張し続けている。その科学的根拠はほとんど示されておらず、毎日漁場に出ている漁民の実感と乖離しているが、排水と海水の明確な線引きが困難であることから、否定も肯定もされないままの状態が続いてきた。

そこで、我々は、調整池内で発生する有毒シアノバクテリアが産生するミクロシスチンをトレーサー（追跡子）として利用することで、排水の拡散範囲を推定するとともに、ベントスを含む水生生物への蓄積を確認してきた。その結果、ミクロシスチンは夏期だけでなく、年間を通じて有明海全域の底質中に残留し、特に分解が進まない冬期に多くの生物に残留していることが判明した。

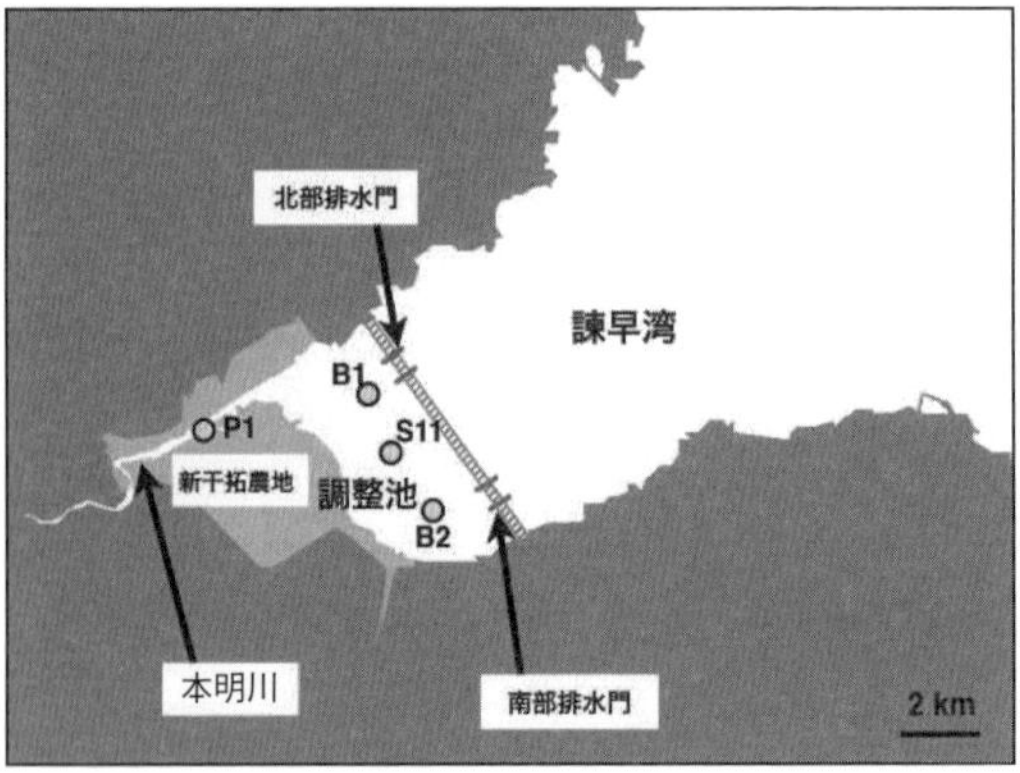

図1　諫早湾と調整池　四つのポイント（P1, B1, S11, B2）は，九州農政局が設定した観測定点。

1　複式干拓

国営諫早湾干拓事業では、二重堤防の間に調整池を設ける複式干拓が採用された。1997年4月14日、293枚の鋼板の連続落下によって諫早湾奥部は有明海と分断され、調整池が誕生した。その時の映像は世界に配信され、〝ギロチン〟と呼ばれた。調整池の水深は平均1・4mと浅いが、池とはいうものの、面積は2600haと、摩周《ましゅう》湖（1922ha）よりも広く、容積は約3600万㎥ある（図1）。調整池は7㎞の潮受け堤防で諫早湾と仕切られていて、防災上の理由で水位を平均潮位マイナス1mに維持することとなっている。そのため、幅200mの北部排水門、50mの南部排水門、および、日排水量10万㎥の中央排水ポンプから日常的に排水されており、年排水量は4億㎥を超える。

実は、「開門をめぐる争い」が報道されることも多いため、水門が閉じたままにされていると思っている人は少なくない。しかし、排水は恒常的なイベントで、漁民たちが求めている「開門」とは、排水ではなく、海水の導入なのである。この一方的排水のため、平均滞留時間は年平均で一カ月弱となるが、実際には6－7月の梅雨時の排水が約4割を占めている。晴天が続く8月や降水量が少ない冬期は相対的に滞留時間が長い。調整池に流入している複数の小河川の中で最も大きな本明川の年間総流量は6655万㎥（国土交通省九州地方整備局）である。これは、調整池からの全排水量の15％程度にすぎないため、残りの流入量は、他の小河川と流域全体からの直接流入分と考えられる。さらに、梅雨時に下がった塩分が約3カ月で1以上にまで上昇することから、湖底からの海水の湧出も一定量加わっているはずである。そして、この微量の塩分によって諫早湾調整池の特殊な環境が形成されている。

2 調整池は何のためにあるのか？

大型調整池を造った理由の一つは農業用水確保のためということになっているが、実際に採水されている場所は本明川河口のＰ１地点付近であり、調整池本体の水はほとんど使用されていない（図1）。なぜなら、調整池本体の水は、海水の浸潤により、塩分[1]が1を上回っており、畑地の灌漑には不適であるからである。しかも、使用されている水量は約40万トン／年程度であり、排水門から排出される水量（4億トン以上）の0・1％にもみたない。渇水に備えるにしても３６００万㎥の使えない水を常時蓄えておく理由にはならない。そもそも諫早地方の年間降水量は、約２１４０㎜で[2]、全国平均（１６９０㎜[3]）より2割以上多い。年変動、季節変動はあるにしても、渇水対策に特に力を入れるべき地域ではない。露地栽培で灌水を必要としない作物も多く栽培されており、水需要を理由とした調整池の維持には根拠がない。もちろん、海水を導入すれば、Ｐ１地点の水も塩分が上昇する。その場合は、Ｐ１地点の外側に堰を設けるだけでよい。こうした堰は佐賀平野などで普通にみられるものである。

ただし、例外として、森山地区などの旧干拓地では調整池本体の水を利用して水稲栽培がおこなわれている。これは、梅雨時に大量流入した淡水によって０・２程度まで低下した塩分が秋に1以上まで上昇する間隙を縫って、野菜類より塩分耐性が強い水稲を栽培しているものである（図2）。この場合、水稲は大発生した有毒アオコを含む水に晒されることになり、実際に旧干拓地のある場所のコメからミクロ

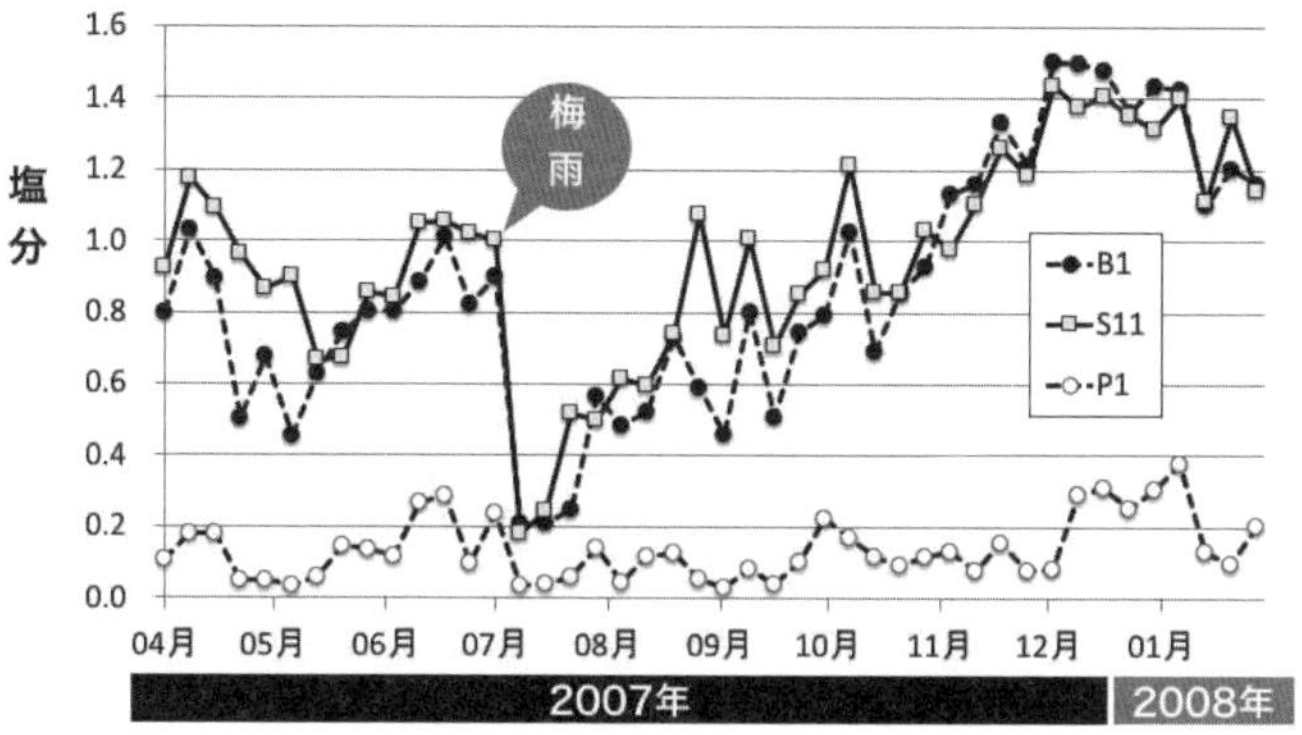

図2　調整池における塩分の変動

シスチンが検出されている。その値は０・０００２７μg／g（２０１２）、０・００３５μg／g（２０１３）であった。WHOが定めた耐容一日摂取量(4)（ＴＤＩ）は０・０４μg／kg・ｄａｙなので、体重50kgの人なら０・04×50＝２μgとなる。２０１３年の濃度のコメだと、これは約３・８合となり、コメの消費量が一日平均１合を切ると言われている現代日本人にとっては一応安全圏内と言える。しかし、本来であれば、全く検出されなくて当然のものである。

干拓地農業の売上高は10年間で20億円から38億円になったとのことである（永尾、２０１８）。一方、調整池の水質改善のために投入された公金は04－15年度の12年分だけでも、３５２億円とされる（「朝日新聞」２０１７年４月６日付）。年平均にすると29・３億円である。この水質改善費用が何に使われ、何の効果があったか不明だが、この期間中もＣＯＤは目標値を一度もクリアできず、有毒アオコが繰り返し発生していたことは事実である（Umeharaほか、２０１２：Takahashiほか、２０１４：Umeharaほか、２０１７）。売上（利益ではない）が38億円として、水質改善費用に29億円投入し続ける産業となれば、「業」として成立していないことは明らかである。しかも、上記の計算には干拓地の減価償却費も維持管理費も含まれていない。長崎県知事は「海水を導入すれば甚大な被害が生じる」と、ことあるごとに発言している。しかし、海水を導入すれば、水質改善費用の29億円は不要となる（５年間の調査期間で１４５億円）。その費用を前述したような堰の建設に当てれば塩害は回避できるし、有り得ない「壊滅的被害」を想定したとしても、その上限は「水質改善費用」を超えることはないと考えられる。

３　防災効果

そもそも畑作に農地の数倍の溜め池が必須なら、どこでも農地周辺は池だらけになっている必要があるだろう。では、このような広大な池を伴う複式干拓が採用された理由はどこにあるのだろうか。九州農政局のホームページ「諫早湾干拓事業の概要」には、「優良農地の造成」とともに、「防災機能の強化」が謳われている。諫早地方は全国平均より降水量が多いと述べたが、それだけ、水害に悩まされてきた歴史がある。特に1957年の諫早大水害は死者・行方不明者586名に達する大惨事であり、諫早市民の記憶に深く刻まれている。潮受け堤防中央展望所の掲示版には当時の写真の横に、調整池の水位が平均潮位マイナス1mに保たれることによる防災効果が図解説明されている。また、大水害のみならず、旧干拓地などの低平地の農地は、大雨のたびに湛水《たんすい》被害に遭遇してきた。掲示では、こうした長年の地元の苦難に対する切り札としての複式干拓の効果が解説されている。たしかに、台風接近時に大雨が降って、大潮満潮時と一致するような場合、事前に十分な排水によって水位をマイナスに維持できていれば、潮受け堤防は高潮による湛水被害を有効に食い止めるかもしれない。しかし、干潮時を考えると、当然、海の前に何もない方が速やかに排水される。

また、諫早大水害は海水が遡上できないエリアで起きた山からの出水による災害であり、潮受け堤防と調整池に同様の災害への防止効果を期待することはできない（片寄、2001：宇野木ほか、2008）。言うまでもなく、防災は他のあらゆる事項に優先する。それだけに、不正確な情報は、かえって防災上有害な情報となる。私は2011年3月の東日本大震災から約10日後に岩手県のある海岸を訪れた。そこは一つの集落が津波に洗われた後で、無残な平地となっていて、前面には既に穏やかとなった海面が広がっていた。ところが、地元の方に聞いた話はさらに驚かされるものであった。海がそこにあるという認識が薄らいでいたというのである。10m超のスーパー堤防で視界は遮断されていたためである。そのため、地震後の津波を知識として知ってはいても、直接に海の異変を見ることができず、気がついたときには、盤石と信頼していた大堤防は打ち砕かれ、巨大なコンクリート塊となって集落の中を転げ回ったという。防災は最重要課題であるからこそ、その情報は科学的に正確でなければならないことを思い知らされた。

4　調整池の実態

(1) 塩分1の世界

図2は2007年の調整池S11地点(中央部)、B1地点(北部排水門付近)とP1地点(本明川河口部)の塩分の推移である。年による多少の違いはあるものの、基本的変動パターンは変わらない。P1地点は淡水の供給が続いているため、塩分は通年で0・4を超えることはなく、この近傍から汲み上げられた水が新干拓地に供給されている。その他の調整池本体エリアでは、梅雨の大量の淡水流入で低下した塩分も、秋にかけて徐々に上昇していき、やがて1を超える。一方、旧干拓地では、調整池本体の水を使用して水稲栽培が行われている。水稲は野菜一般より塩分耐性が強めであり、梅雨で塩分が低下した直後から、秋に上昇するまでの間を利用して収穫することができる。実質的には本明川河口の水を少量使っている新干拓地と異なり、旧干拓地は調整池の水で農業をしていると言える。そのかわり、前述したように、水稲はアオコ毒素を含んだ水に晒されることになる。

魚類や多くの無脊椎動物にとって、川と海が交わる汽水域は、凝集沈殿反応によって栄養が集中する場所である反面、浸透圧の調節能力を必要とする場所でもあり、そうした能力を備えた動物だけが生き残っている。しかし、恒常的に1前後の塩分が継続している環境は珍しく、ベントス(底生動物)相がきわめて貧弱である。

(2) 極単に低い透明度

約7kmの潮受け堤防中央部にある駐車場の歩道橋に上ると、諫早湾と調整池のコントラストを肉眼で確認することができる(図3)。調整池側は、夏のアオコ発生期には特殊な明るいグリーンに輝いているが、それ以外の時期は白濁している。透明度は常に15–20cm程度しかない。有明海に注ぐ河川には微小な粘土粒子が含まれているが、それらは帯電しているために互いに反発、分散していて透明に見える。しかし、海水と交わると電荷が中和され、凝集して沈殿する。有明海ではこうして沈殿した「有明粘土」が潟を形成し、深く堆積している。しかし、調整池の1という塩分は、30以上の海水に比べると薄い。そのため、河川から運ばれたり、浅い水深のため波浪で巻き上げられた有明粘土粒子はある程度凝集はするものの、沈降速度が遅い小さな粒子のまま浮遊し、濁った状態が続いているのであろう。

図3　干拓道路中央展望所の歩道橋から北部排水門方面を望む　左手が調整池，右手が諫早湾。

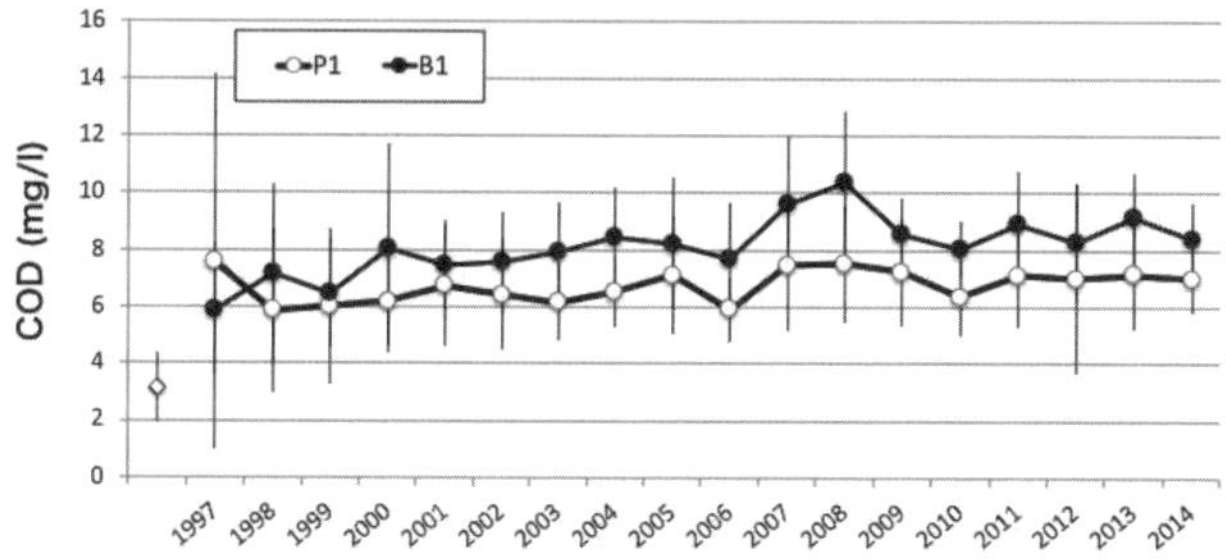

図4　調整池B1地点とP1地点のCOD（75%値）の推移　九州農政局の測定データにより作図。

（3）水質汚濁は止まらない

図4は有機物汚濁の指標であるCODの推移である。多額の水質改善費用投入にも拘わらず、目標値（5mg／L）は一度も達成されたことはなく、長期的にみれば上昇傾向にある。本明川の水質は改善されてきているが、排水量全体の1／5未満に過ぎず、農地に囲まれた流域からの栄養塩流入による内部生産と有機物の流入が止まらないためCOD上昇は当然である。表1に調整池の水質と農業用水基準（水稲）(5)との比較を示す。すでに述べたように、実際には、調整池の水は新干拓地の農業には使われていない。

表1　農業用水（水稲）の要望水質*と調整池水質（2013年 B 1 地点，平均値 ±SD）の比較

項目	要望水質	調整池
pH	6.0-7.5	8.5±0.4
COD	< 6.0 mg/ℓ	9.2±1.7
SS	< 100mg/ℓ	88.3±41.6
塩分	< 0.9	1.25±0.25
T-N	< 1 mg/ℓ	1.3±0.3

*農林省公害研究会, 1970

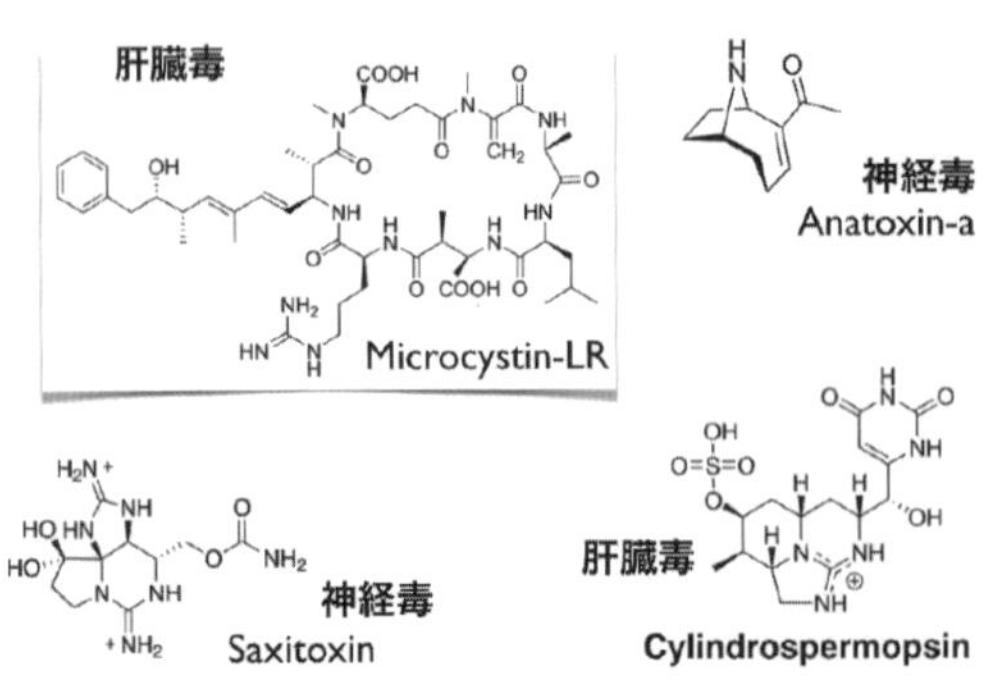

図6　代表的なシアノトキシン（アオコ毒）

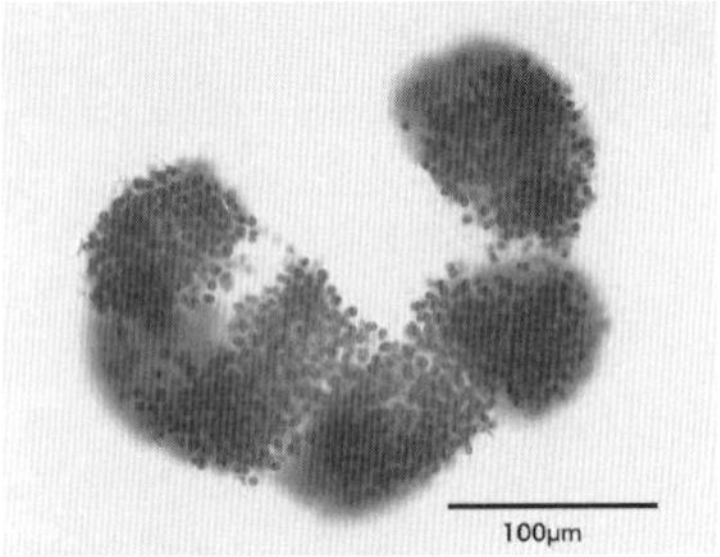

図5　8月以降の調整池で最もポピュラーな種, *Microcystis aeruginosa*

（4）繰り返される有毒アオコの発生

調整池では初夏〜晩秋にかけてアオコ（シアノバクテリア）の大発生が繰り返されている（髙橋ほか、２０１０：Umeharaほか、２０１２）。シアノバクテリアはラン藻とも呼ばれ、他の植物プランクトン（我々と同じ真核生物）と混同されることがあるが、地球上に真核生物が登場した20億年前より遥か昔、遅くとも27億年前から存在していた原核生物である。ラン藻は地球大気に酸素をもたらし、共生を通して植物の葉緑体になったとされる生物で、我々の存在そのものを決定づけた生物とも言える。しかし、中には、後発で現れた動物にとって有毒な物質を出す種がある。

その毒素は主に神経毒と肝臓毒に分けられ、初夏の調整池では多様な種の発生が認められるが、梅雨が明け本格的な夏が訪れる頃には肝臓毒ミクロシスチン類を産生するミクロキスティス属が優占する場合が多い（図５）。ミクロシスチンは分子量１０００程度の環状ペプチドで、１００を超える同族体がある。化学的には比較的安定であり、魚介類に取り込まれた場合、加熱調理しても毒性は低下しない。その急性毒性は、代表的なミクロシスチン－ＬＲの場合、青酸カリの１００倍以上と言われ、肝臓癌を導く慢性毒性も知られている（図６）。我々は２００７年に有毒アオコの大発生を確認して以来、その危険性を指摘してきたが、農水省や長崎県は「アオコはどこにでもある」「国内では健康被害の前例はない」として、問題に向き合うことを回避してきた。「調整池水質等委員会」の議事録を見ても「アオコ」「シアノバ

クテリア」の文言は見当たらない。その一方で、北部排水門にはアオコ処理機械を設置し、かなりの費用を投じて処理を続けている。しかし、広大な面積で一斉に発生するアオコを相手に機械的に処理することは不可能で、根本的な発生原因を除かない限り解決できない。

（5）なぜ調整池でシアノバクテリアが優占するのか？

一般的にシアノバクテリア（アオコ）が発生している池や川は富栄養状態である。しかし、真核植物プランクトンも、光合成する葉緑体はシアノバクテリアの子孫で、同じように窒素やリンを要求する。水の中では、様々な種類のシアノバクテリアや植物プランクトンが、光、窒素、リン、微量元素などの資源をめぐって競合しており、どこかの場所でどの種が多いかをシンプルに説明することは容易ではない。

しかし、諫早湾調整池の場合、夏期にはほぼ例外なくシアノバクテリアの大発生がみられ、水温が下がってシアノバクテリアが姿を消したあとでも、真核植物プランクトンの量は少ない。それには調整池特有の理由があるはずである。それは、図7に示すように塩分1という特殊な環境が関係しているのではないだろうか。前述したように、調整池の透明度は15－20㎝と極端に低く、それは低い塩分のためと考えられる。一般に植物プランクトンの光合成と呼吸が釣り合う補償深度は透明度の2・5－3倍程度とされている。したがって、調整池の補償深度はせいぜい50－60㎝で、それ以深は光合成の収支がマイナスとなるエリアで、光の届かない深海と変わらない。一方、表層付近は光量が多いものの、裸の単細胞で生きている植物プランクトンにとっては高エネルギーの紫外線の影響が強すぎ、DNAなどが損傷を受ける。結局、広大な調整池ではあるが、真核植物プランクトンに適したゾーンは薄い層に限定

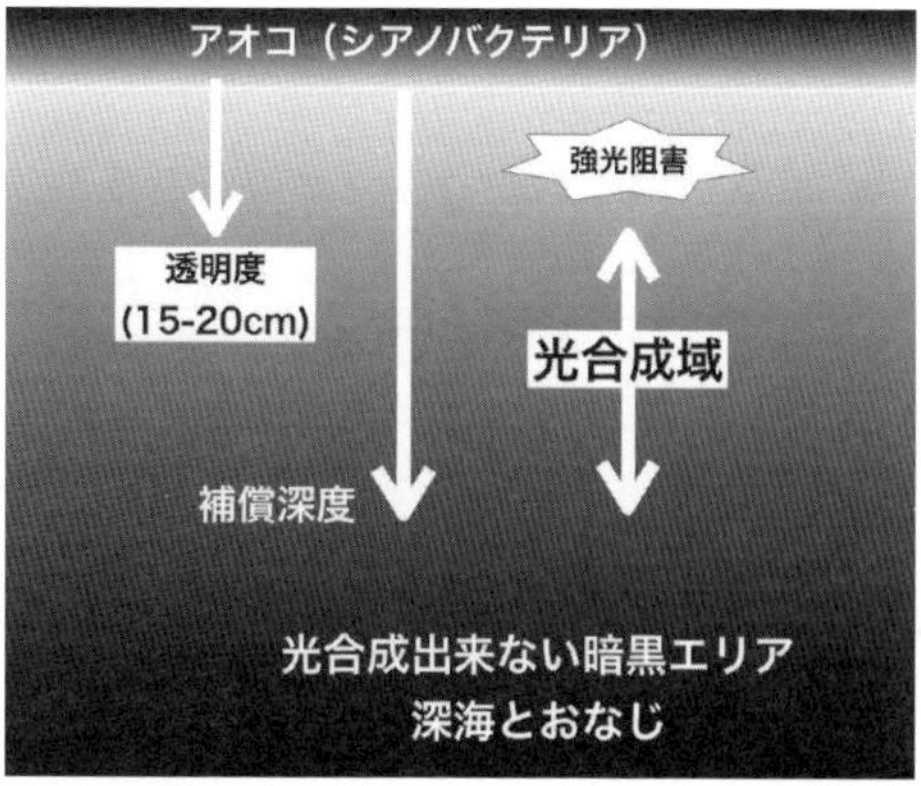

図7　極単に透明度が低い調整池の光合成環境

されている。その一方で、シアノバクテリアは最も紫外線が強い表層を拡散し、光エネルギーを独占することができるのである。なぜなら、シアノバクテリアは、今のようなオゾン層がなく強烈な紫外線が降り注いでいた時代から存在しており、紫外線エネルギーを吸収する特殊な色素を備えているからである。そもそもオゾン層の元となる酸素を作り出したのがシアノバクテリアだったのだから、現在の湖面表層の紫外線程度は問題にならない。表層で光を独占されては植物プランクトンには勝ち目はない。

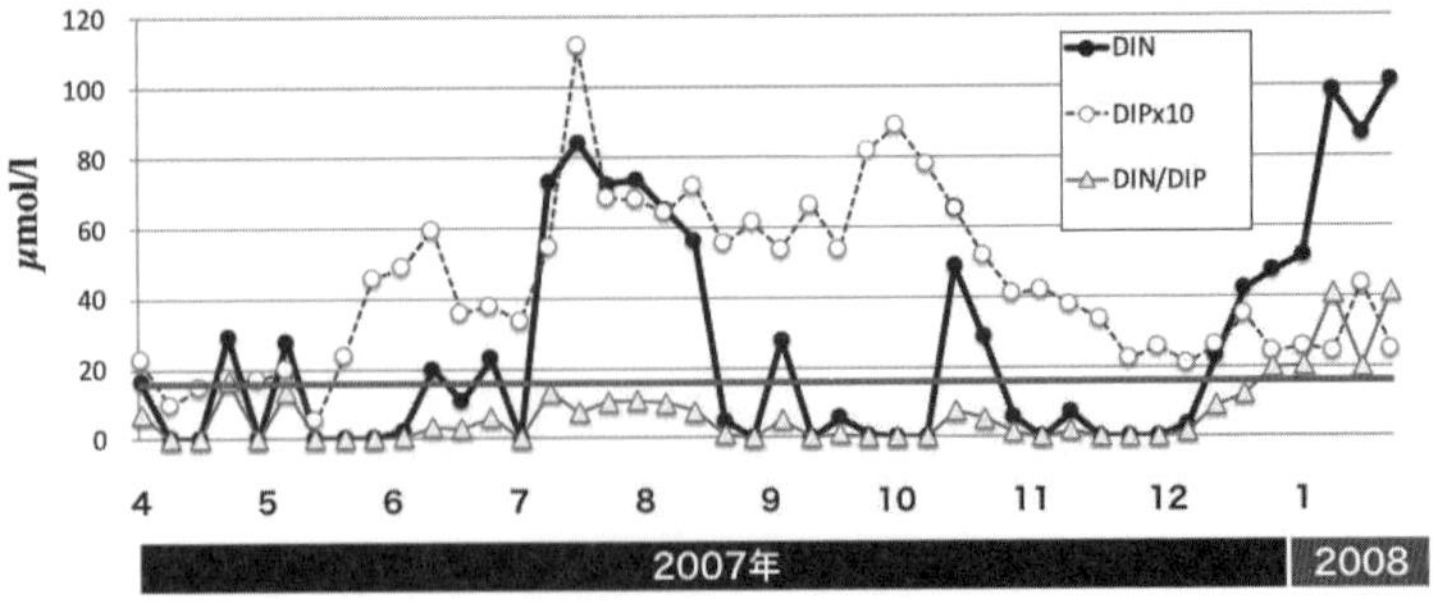

図8　調整池S11地点の表層水の
DIN, DIP, FIN／DIP比の季節変動

（6）調整池の水と泥に含まれるミクロシスチン

図8に、光合成に必要な溶存態の無機窒素とリン（DIN、DIP）の典型的な年変動パターンを示す。梅雨に大量の水が流入すると、DINとDIPは一気に上昇する。しかし、これによってアオコが大発生するとDINは一気に低下し、アオコ発生期間中は、降水によって一時的に河川水が流入した時以外は窒素不足の状態が続く。水平の実線はレッドフィールド比[6]16を示し、DIN／DIP比がこれを下回ると窒素不足、上回ると窒素過剰となる。冬期になって、アオコが発生しなくなると、DINは一気に上昇して窒素過剰になる。アオコが優占しなくなっても、低い透明度が障害となって、他の真核植物プランクトンが十分に光合成することができないためと思われる。

浮遊しているアオコのコロニーは4月中旬から見られるが、5月に入ると穏やかな晴天日には表層に広がるコロニーが目につくようになる。この頃の水中には様々な種類のシアノバクテリアが出現することが多い。無毒でドラッグストアの健康食品コーナーでも売られているスピルリナは時々出現するが、２００８年夏は全面的に広がった。

自ら窒素固定できる細胞をもつアナベナ類もこの時期に出現することが多い。アナベナは強力な神経毒であるアナトキシン－a、アナトキシン－a（s）を産生する場合があり、拡大を心配しているが、現在まで、大規模に優占したことはない。強力なカビ臭の元となるジオスミンを産生するプランクトトリコイデスもこの時期によく見られ、2012年には夏以降も全面的に優占した。この時は小長井の町中でも強いカビ臭が感じられた。しかし、それ以外の年では、これらの種は梅雨時の大量排水とともに姿を消し、梅雨明けの晴天続きの頃にミクロキスティス属（特に *Microcystis aeruginosa*）が出現して、そのまま晩秋まで優占することが多い。調整池P1とS11地点における表層水と堆積物表層のミクロシスチン濃度を図9に示す。グレーで示す期間が、目視でわかるほどのアオコの大発生（ブルーミング）が起こっている期間である。ミクロキスティスが増えるにつれ、表層水からはミクロシスチン類（MCs）が検出されるようになる。ただし、湖底堆積物には表層水より高い濃度で通年にわたってMCsが認められた（図9下段）。

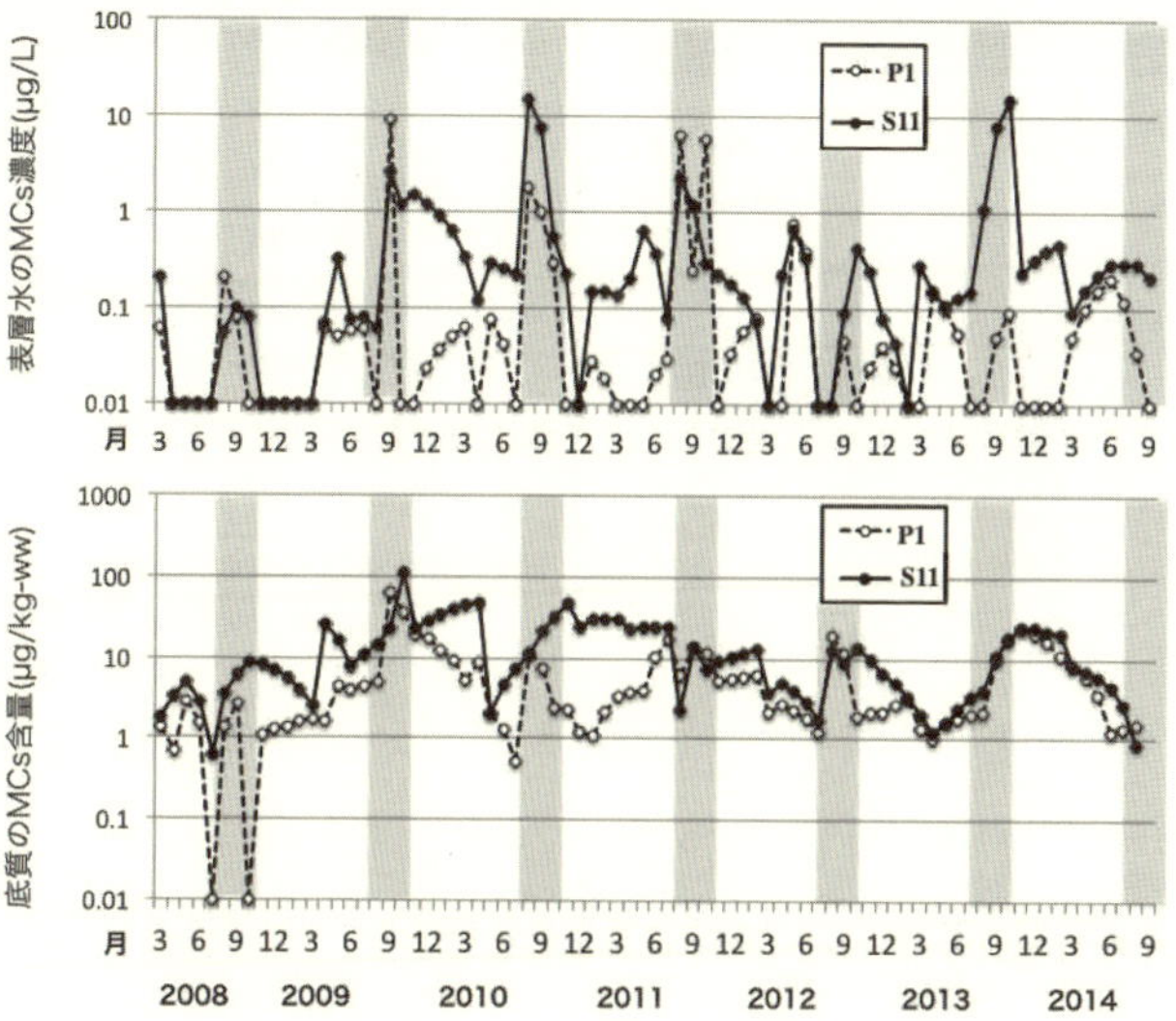

図9　貯制池Ｐ１およびＳ11地点における表層水と堆積物表層（０－１cm）のミクロシスチン濃度

（7）生物の体からも検出されるミクロシスチン

ミクロキスティス属のアオコ体内で産生されたミクロシスチンは水中や底泥から検出されただけでなく、周辺の水生生物からも検出された（Umehara ほか、2012：Takahashi ほか、2014）。例えば調整池のボラの肝臓からは、体重60kgの成人でも1gの摂取でWHOが定めたTDI（耐容一日摂取量）リミットに達する2・4μg／gのミクロシスチンが検出され（図10）、ほとんどのボラ

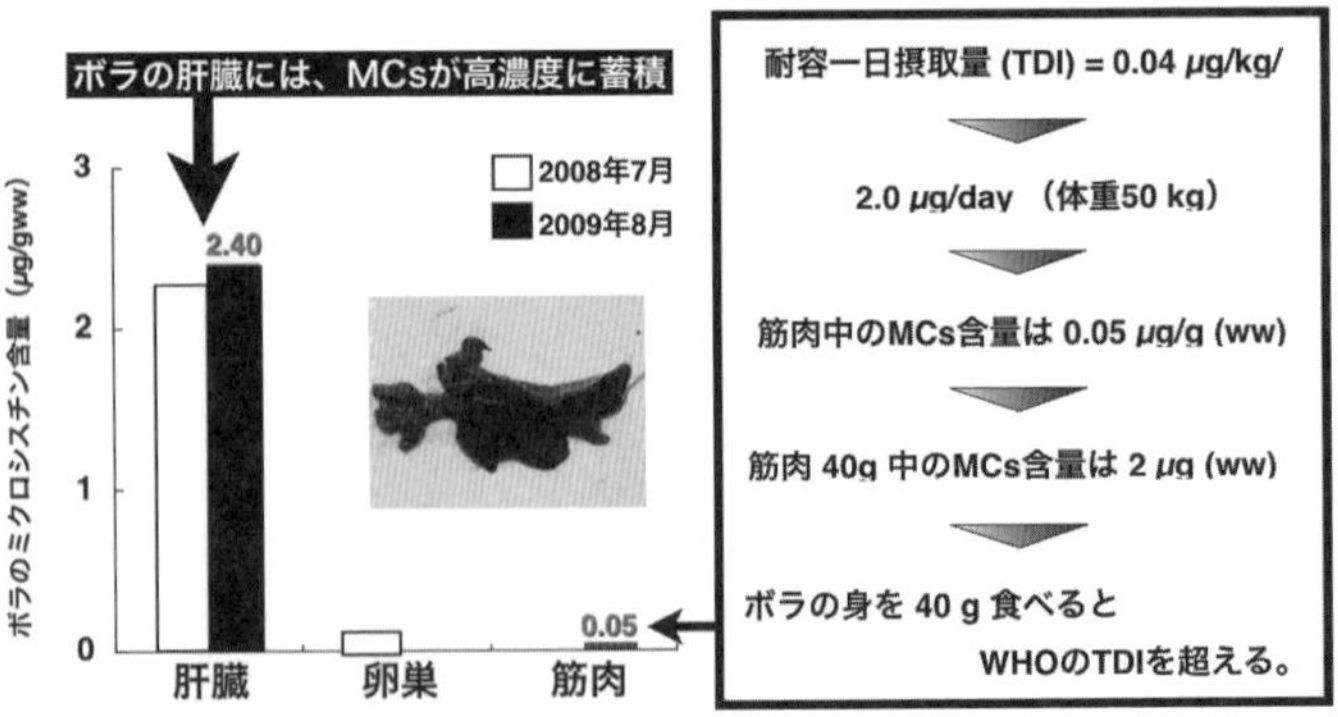

図10　調整池のボラから検出されたミクロシスチン

表2　ユスリカとその捕食者に含まれるミクロシスチン

和　名	採集日	ミクロシスチン含量		濃縮倍率
		(μg/g-ww)	(μg/g dw)	[wet (dry)]
タバルユスリカ（一部オオユスリカ）	2011年８月13日	0.00050	0.0025	
アシナガグモ	2011年９月９日	0.0043	0.013	8.6 (5.2)
ウスバキトンボ	2011年９月10日	0.0061	0.019	12.2 (7.6)

肝臓の病理切片像は脂肪肝の症状を示した。その他、天然牡蠣、ガザミ（特に中腸腺）、ウミニナ、様々な魚類からも検出された。また、調整池底泥中で幼虫時代を過ごして羽化したユスリカもミクロシスチンを含んでおり、陸上捕食者のクモやトンボにはおよそ10倍程度濃縮されていることもわかった（表2、Takahashi ほか、2014）。また、旧干拓地で汲み上げられた農業用水やコメからもミクロシスチンは検出されている。

5　調整池の海域への影響

(1) ミクロシスチンが海域に

調整池由来のミクロシスチンは恒常的に行われている排水とともに海域に広がっている。図11は、調整池のミクロシスチン濃度と排水量データから推定されたミクロシスチンの排出量である。これによると、年間、数十〜数百kgものミクロシスチン類が海域に排出されていることになる。青酸カリの100倍以上というミクロシスチンの急性毒性を考えるとかなりの量であると言える。これについて、環境省に聞くと「ミクロシスチンには分解菌がいるので問題ない」との回答であった。私も当初その回答に納得していたのだが、後に、それが実証に裏付けられたものでないことを知ることになる。熊本県立大学、堤研究室が採取した有明海湾奥部の海底堆積物サンプルからミクロシスチンが検出されたのである（図12）。低濃度とはいえ、本来海域には存在しない物質が検出されたことも由々しき事態と言えるが、2点不思議な事がある。右上の図は3月という、海では最も水温が低い時期のものである。当然、調整池にアオコは発生していない。それにも拘わらず、夏よりも高い値を示しており、しかも、熊本県側で濃度が高い。実は、熊本県側で高いのは、排水の比重が軽く表層を拡散することと、島原側から熊本三池方面への表層残差流があることから説明できる（髙橋ほか、2006）。では、なぜアオコが発生していない冬期にミクロシスチン濃度が高いのか。それを解明するため、S11地点で採取された堆積物を四つの温度に設定したインキュベータに入れて、分解速度を比較した。その結果、20℃以下ではミクロシスチンの分解速度が極単に遅くなることがわかった。別途、ミクロシスチン合成酵素と分解菌の分解酵素をコードする遺伝子量も測定したところ、分解酵素のDNA量も低下していた

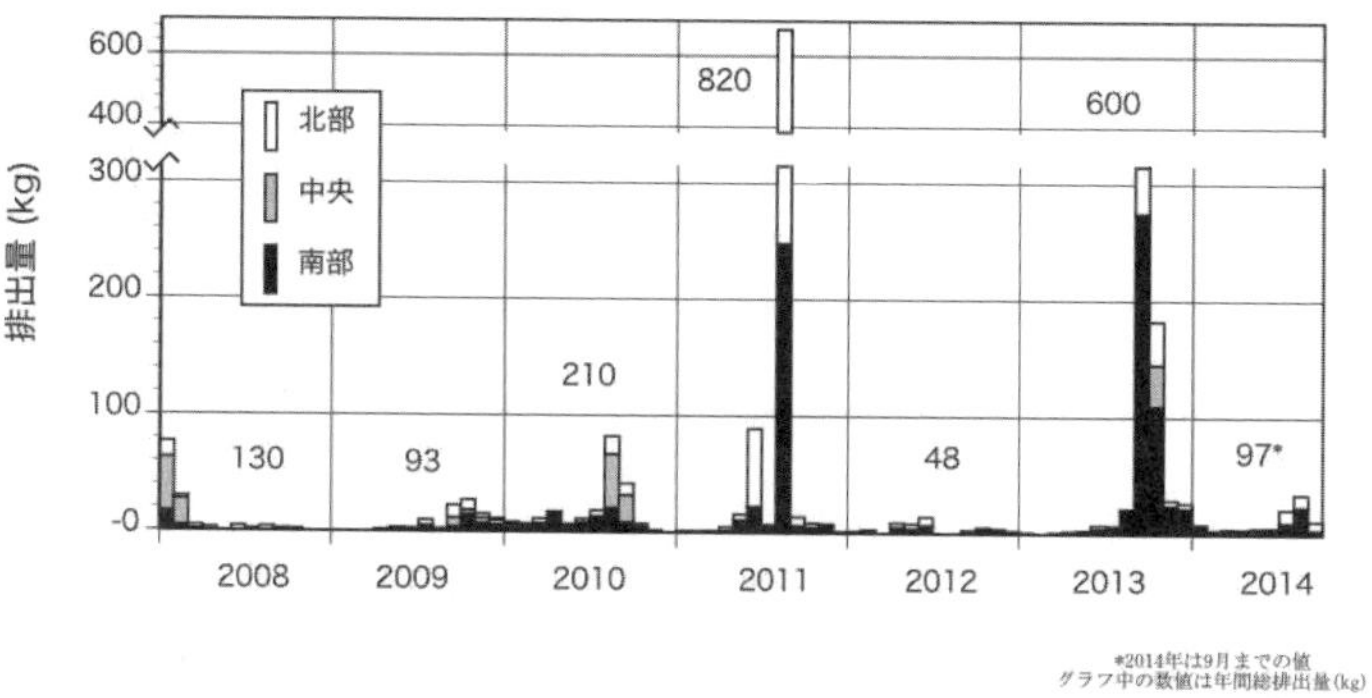

図11　濃度と排水量から計算した，ミクロシスチンの海域への排出量　2014年は９月までの値。

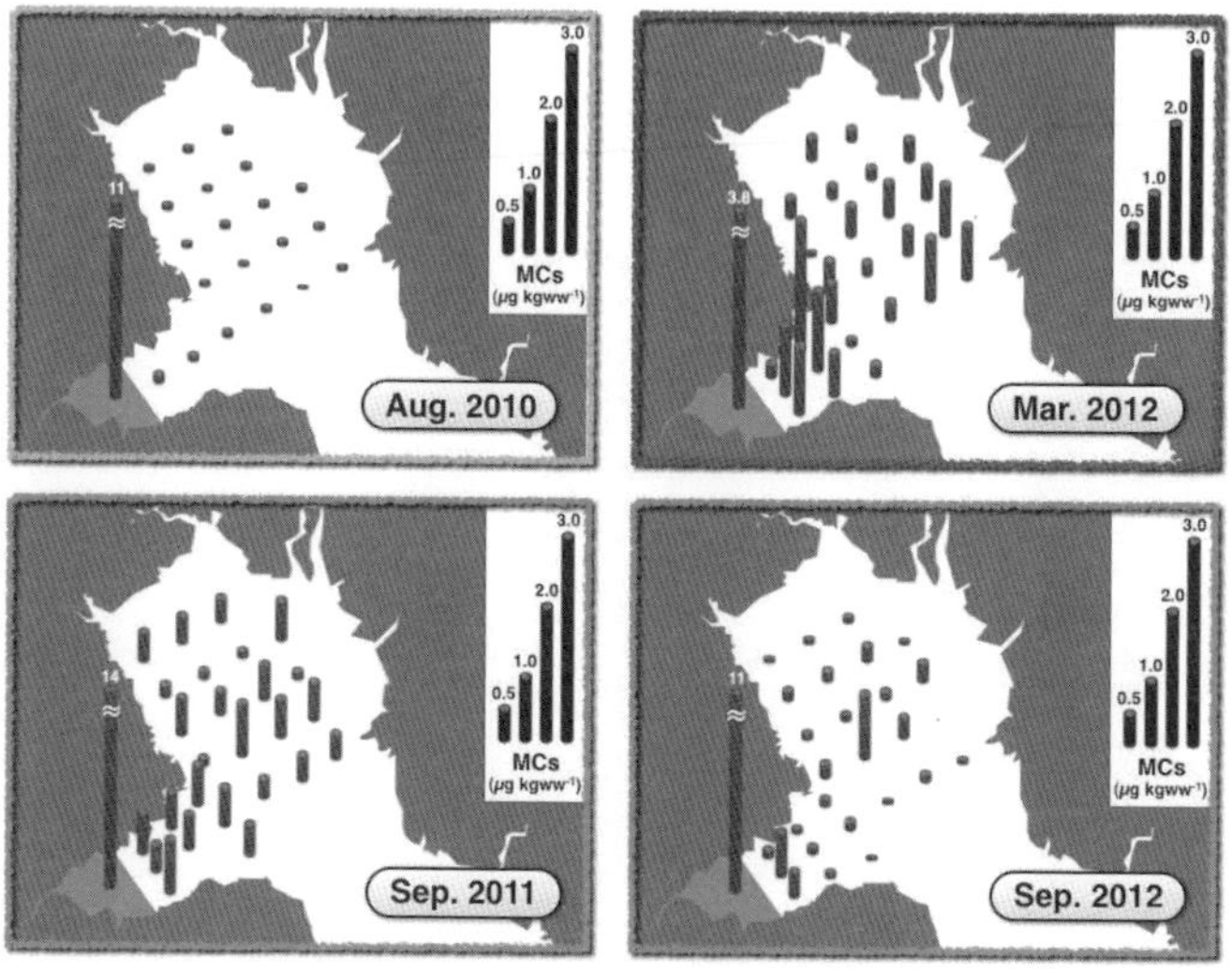

図 12　有明海の海底堆積物（表層 1 cm）から検出されたミクロシスチン

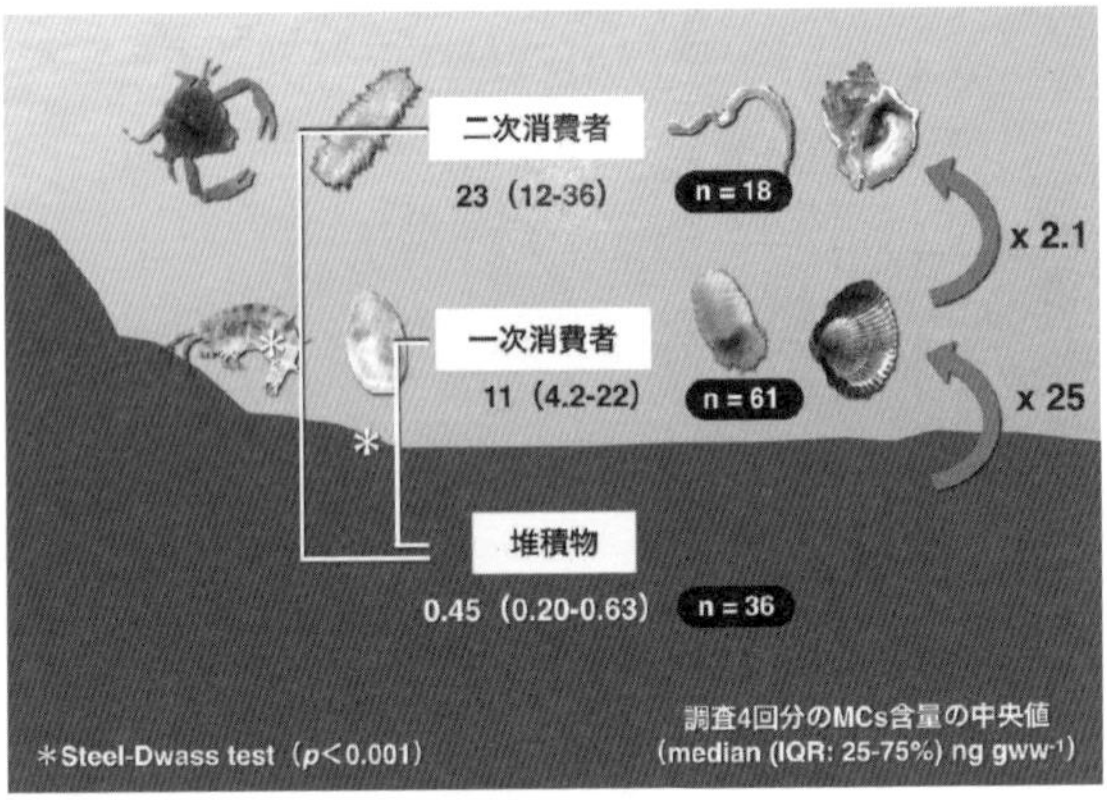

図13　諫早湾内の底生動物から検出されたミクロシスチン

ことから、夏場に発生したミクロシスチンは水温の低い間に残留し蓄積してゆくと考えられる（髙橋・梅原、未発表データ）。なお、私たちは別途に排水直後に諫早湾口で連続観測を行い、ミクロシスチンが海底に堆積するとともに湾外に出ていくことも確認している（Umeharaほか、２０１５）。

（2）生物濃縮

今のところ、海底堆積物中のミクロシスチン濃度は高いものではない。しかし、食物連鎖を通じ、諫早湾内の底生動物中に50倍程度まで蓄積・濃縮されていることがわかった（図13）。しかも、この食物連鎖はここで終わりではない。

（3）調整池排水が諫早湾内の冬期赤潮の要因になっている可能性

冬期の排水はＤＩＮ濃度が高い。夏期は大量降雨直後の排水ではＤＩＮが高いが、それ以外の時期の排水では、アオコ（シアノバクテリア）によってＤＩＮが消費され、大枯渇状態になっている場合もある。低水温によってアオコが姿を消すとＤＩＮは上昇する。一部は真核植物プランクトンによって消費されるものの、透明度が極単に低い調整池では真核植物プランクトンの光合成に適する深度ゾーンが限定的であるため、消費しきれないＤＩＮが蓄積する。この水が弱風で平穏な海に排水されると、比重が軽いため表層を拡散する。低塩分高栄養の表層水による成層構造が形成されれば、表層に赤潮が発生するのは当然の成り行きである。

さらに、風が弱い日が続くと、赤潮プランクトンはＤＩＮを消費して増殖し、表層水のＤＩＮは一気に下がる。この水が海苔漁場に到達すると色落ちを引き起こす。さらに攪拌されない状況が続くと、低塩分海水中には赤潮プランクトンを捕食する動物プランクトンはほとんどいないため、赤潮プランクトンはそのまま死んで沈殿する。それをバクテリアが分解する際に大量の酸素を消費すれば貧酸素水塊が発生することとなる。

これ以外にも、排水後に海苔網に泥が詰まって芽流れが起こるなど、毎日海に出ている漁師が体験的に排水の影響と感じつつも、確かな証拠がないために事実上泣き寝入り状態になっていることは多数ある。ミクロシスチンをトレーサーとすることで、排水が諫早湾を通り越して有明海全域に到達していることが明らかとなり、「排水の影響は諫早湾内に限られる」としてきた農水省の発表は根拠を失った。農水省、長崎県は最も現場を知る漁民の声を聴き、完全実証されていないことを無視するのではなく、予防原則に基づいた対処をとるべきである。

表3　干潟の生態系サービスの経済価値試算結果（環境省, 2014）

生態系サービス		評価額(年)	原単位(ha/年)
供給サービス	食料	約907億円	約185万円
調整サービス	水質浄化	約2,963億円	約603万円
生息・生育地サービス	生息・生育環境の提供	約2,188億円	約445万円
文化的サービス	レクリエーションや環境教育	約45億円	約9.1万円
合　計		約6,103億円	

6　調整池の直接影響

干潟・浅海域の喪失

干拓事業による二次的、三次的影響については様々な議論がなされているが、干潟そのものが消失したことは議論の余地がない。失われた干潟面積は、環境省や農水省資料では１５５０haとされているが、鹿児島大学の佐藤正典教授（本書に執筆）は大潮時の干出面積２９００haが失われた干潟面積としており、筆者も同意見である。干拓事業によって失われた諫早湾奥部は「魚が涌く海」という意味の「泉水海」と呼ばれていた。そこは水質浄化の場であり、一次生産の場[7]であり、魚類の産卵場、稚魚の成育場でもあった。２０１４年、環境省は干潟の経済的価値の試算結果を公表した。それによると、日本の標準的干潟の経済的価値は１２４２万円／ha・年となる（表3）。これを諫早湾干拓事業で失われた１５５０ha（もしくは２９００ha）に適用すると、１９２・５億円／年（３６０・２億円／年）となる。しかもこれは過小評価であろう。例えば、これには、本章で堤裕昭氏が述べているような、有明海の潮流への貢献は計算に入っていない。農水省も掲げている「生物多様性戦略(8)」へのマイナス効果も同様である。それらを除外した、最低限の計算でも、これだけの価値が失われたことは紛れもない事実である。漁業被害となって現れているのはその一部であり、生態系サービスの上に成り立ってきた地域経済が疲弊する根本原因となっていると考えられる。

7 開門調査の必要性　サイエンス以前の常識的問題として

(1) 福岡高裁確定判決が命じたのは「開門調査」

2010年に確定した福岡高裁判決は「開門を命じた」と報じられることが多いが、実際には、「開門して有明海を再生せよ」とは命じていない。そうではなく、「開門調査」を命じた、きわめて控えめで常識的裁定である。「開門調査」はこの問題を科学的に把握するための入口にすぎない。私の大学では臨床検査技師を育成しているが、開門調査は、医療の世界で行う「臨床検査」に該当する。人体も自然環境も等しく複雑系であり、その実態を把握するにあたり、具体的手法は異なっても、科学的方法論は同じである。海の潮流を測定するには超音波を用いるが、血流も同様の原理で測定する。有明海の海水の構造を写すレントゲンやCTは存在しないが、堤氏らのグループは集中観測によって、有明海の海水の断面図を作成している。病院で血液や尿を分析するように、海の研究者は海水や海底の泥を分析する。臨床検査は、何万という医療機関でこの瞬間も恒常的に実施されている。検査抜きでいきなり治療行為を行うことは救命処置など、特定の場合に限られる。しかし、有明海問題においては、この初期検査の前で足踏み状態が延々と続いている。しかも、長崎県は、「開門調査を実施しても因果関係は明らかにならない」という趣旨の見解をたびたび表明してきた。これは病院で「体温や血圧を測っても原因はわからない」と述べていることと同等である。その一方で、有明海では事前調査抜きの海底耕耘、覆砂といった「治療行為」が続けられてきた。そこに投入された公金は数百億円に達し、要した時間は有明海再生特別措置法（平成14年11月）以降だけでも

16年を超える。その結果、明らかになったことがある。それは、開門を抜きにした対策の大部分の無効性である。

(2) 各学会による開門調査を求める要望は真摯に受け止められるべき

開門調査という入口の検査は、当然、専門家の中においても常識となっている。実際、専門家による組織の関連学会がこぞって開門調査を求める声明や意見書を出している[9]。農水省はたびたび「専門家の見解」を引き合いに出すが、学会こそ最先端の研究者集団である。その学会が出した要望書の重みは決して小さくない。学会は研究の発展のための団体であって、自然保護団体ではない。そのため、様々な視点をもつ研究者によって構成されており、このような声明が出てくるのはよほどの場合に限られる。それだけに、声明文は学会の委員会や役員によって一言一句検証されており、声明や要望の文言は決して軽いものではない。農水省は真摯に対応し、提言に従わないのであれば、その合理的理由を説明すべきである。

(3) 制限開門調査(3の2開門)でも期待出来ること

潮受け堤防が潮流に与える影響を知るためには、福岡高裁確定判決が示したように、少なくとも5年間にわたる十分な開門調査が必要かもしれない。しかし、農水省がいったん実施の意志を示した制限開門(通称3の2開門)でも、次のような効果が期待される。

① 透明度の上昇、アオコの消滅

まず、はっきりしているのは有明粘土が凝集することである。一時的にもっと濁るかもしれないが、やがて透明度は上がる。透明度と塩分の上昇でアオコ発生の心配はなくなり、COD等も、やがて外と同じ環境(1997年以前)になる。

② 諫早湾内の底質環境の変化と底生動物の増加

2002年の短期開門調査では開門の翌月には底生動物が激増した（東・佐藤、2015、2016）。それは底質環境が改善されたためと考えられる。再度機会があれば詳細な追跡調査が求められる。調整池内は現在ベントスがきわめて少ない状態だが、海水導入で激増が期待される。

おわりに　有明海は未来からの預かりもの

自然科学研究者の立場から、最近の基金案や漁業権に焦点が当たる議論には、有明海再生という本質的課題から遠ざかりつつあるのではないかという危惧を感じている。特に、2018年7月の福岡高裁判決は、「漁業権の期限」という形式論だけで同じ裁判所が出した開門調査を命じた確定判決を否定した。「干拓事業と漁業被害の因果関係における高度の蓋然性（確からしさ）」を認めた2010年の福岡高裁判決（確定判決）が、漁業被害や有明海再生に全く触れることなく否定されたのである。もちろん、「確定判決」は再審を経て否定されない限り消滅するものではないはずである。判決は、法令だけでない、何らかのあるべき姿に照らして目の前の現実に裁定を下すものであろう。しかし、漁業権を理由として原告の資格を否定した新しい判決は何をめざしたというのだろうか。多くの新聞の論説が指摘したように、この判決は問題の本質から目を逸らし、事態をさらに混乱させるだけの政治的なものであったと言えよう（本書、堀良一参照）。ただ、どのような権威ある裁定が下され、政治的決着に至ろうとも、海とそこに棲む生物は自然の法則に従うだけである。全ての関係者は、生態系サービスの復元以外に有明海を再生する道はないという厳然たる事実に正面から向き合う必要がある。近代文明社会は、たかだか目の前の数年数十年の利益のために、億千万年の時を超えて生き延びてきた多くの生きものたちを絶滅の淵に追い立ててきた。その象徴とも言える諫早湾干拓事業は、まず、人間の頭の中に浮かんだ構想によって実現された事業であった。そうであれば、今度は、疲弊して失われかかった生態系サービスを復活させた世界的事例を打ち立てる構想を抱こう。対立と混乱の文脈で語られてきたこの地に、それを実現できるのも人間である。

【注】

（1）塩分：千分率（‰）やpsuという単位で示されることもあるが、本来、単位はない。塩分1は1Lの水に1gの塩が溶けていると考えられる。

（2）1981～2010年の平均。気象庁ホームページより。

（3）1981～2010年の平均。国土交通省「日本の水資源」より。

（4）耐容一日摂取量（Tolerable Daily Intake）：ヒトがある飲食物を継続的に摂取した場合に健康に悪影響がないと推定される摂取量。

（5）農林省公害研究会、1970。http://www.maff.go.jp/j/seisan/kankyo/hozen_type/h_sehi_kizyun/pdf/05230112suisitu-dojou.pdf#search=%27%E8%BE%B2%E6%9E%97%E7%9C%81%E5%85%AC%E5%AE%B3%E7%A0%94%E7%A9%B6%E4%BC%9A%27（最終確認日2018年11月21日）

（6）一次生産者がバランスよく栄養塩を利用できるNとPの比率。

（7）干潟の純生産速度は熱帯雨林のそれと同等もしくはそれ以上とも言われる。その主役は干潟上の底生微細藻類で現存量は少ないように見えるが、栄養塩に富み光エネルギーに満ちた干潟上で盛んに細胞分裂を繰り返すため、生産速度は極めて高く、沖合に運ばれて沿岸域の生態系を支えている。

（8）農林水産省生物多様性戦略。http://www.maff.go.jp/j/press/kanbo/kankyo/120203.html（最終確認日2018年11月21日）

（9）日本生態学会、日本海洋学会、日本魚類学会、日本鳥学会、日本ベントス学会。

【引用文献】

東幹夫・佐藤慎一、２０１５。「有明海の底生動物の長期定点観測から見えてきたこと」『日本の科学者』50、65－59ページ。

東幹夫・佐藤慎一、２０１６。「諫早湾閉め切り以降の有明海底生動物の消長」『諫早湾の水門開放から有明海の再生へ』諫早湾開門研究者会議編、81－92ページ。

片寄俊英、２００１。「防災計画とその虚実」『市民による諫早干拓「時のアセス」』18－29ページ。

環境省、２０１４。「湿地が有する経済的な価値の評価結果について」
http://www.env.go.jp/press/press.php?serial=18162（最終確認日２０１８年11月21日）

九州農政局ホームページ。「諫早湾干拓事業の概要」
http://www.maff.go.jp/kyusyu/seibibu/isahaya/outline/outline.html（最終確認日２０１８年11月21日）

九州農政局ホームページ。「新たな生態系の創造」
http://www.maff.go.jp/kyusyu/seibibu/isahaya/outline/seitaikei.html（最終確認日２０１８年11月21日）

永尾俊彦、２０１８。「続・諫早湾干拓で漁民とともに反旗を翻す農民たち」『WEBRONZA』２０１８年４月20日。
https://webronza.asahi.com/politics/articles/2018042000001.html（最終確認日２０１９年1月15日）

高橋徹・堤裕昭・杉山聖彦、２００６。「ＧＰＳ搭載漂流ブイを用いた有明海の表層流調査」『財団法人自然保護助成基金創立10周年記念助成研究論文集　有明海異変と諫早湾干拓の関連解明に向けて』53－88ページ。

高橋徹・堤裕昭・羽生洋三、２０１０。『諫早湾調整池の真実』かもがわ出版。

Takahashi T, Umehara A, Tsutsumi H. 2014. Diffusion of microcystins (cyanobacteria hepatotoxins) from the reservoir of Isahaya Bay. Mar. Poll. Bull. 89(1-2) : 250-258.

高橋徹、２０１５。「諫早湾調整池における有毒アオコの恒常的大発生と猛毒ミクロシスチン汚染の拡散」『日本の科学者』50（２）、19－23ページ。

Umehara A, Tsutsumi H, Takahashi, T. 2012. Blooming of *Microcystis aeruginosa* in the reservoir of the reclaimed land and discharge of microcystins to Isahaya Bay (Japan). Environ. Sci. Poll. Res. 19(8) : 3257-3267.

Umehara A, Komorita, T, Tai A, Takahashi T, Orita R, Tsutsumi H. 2015. Short-term dynamics of cyanobacterial toxins (Microcystins) in seawater following discharge from a reservoir created by the reclamation project of the tidal flats in Isahaya Bay, Japan. Mar. Poll. Bull. 93(1-2) : 73-79.

Umehara A, Takahashi T, Komorita T, Orita R, Choi JW, Takenaka R,Mabuchi R, Park HD, Tsutsumi H. 2017. Widespread dispersal and bio-accumulation of toxic microcystins in benthic marine ecosystems. Chemosphere. 167 : 492-500.

宇野木早苗・菅波完・羽生洋三、２００８。「複式干拓方式の沿岸防災機能」『海の研究』17（6）、３８９－４０３ページ。

第4章
有明海再生を経済学・社会学から見据える

諫早湾干拓事業の公共事業としての失敗と有明海地域の再生

長崎大学名誉教授
宮入興一

はじめに

諫早湾干拓事業の潮受堤防が、1997年4月、〝ギロチン〟と呼ばれた293枚の鋼板によって閉め切られてから22年が過ぎた。しかし、干拓工事が進むにつれ、赤潮が頻発し名産のノリ収穫が激減するなど、海に異変が生じてきた。この「有明海異変」に対して、沿岸4県の漁業者が開門を求めて訴訟を起こした。一方、その後干拓地に入植した営農者が開門差止めを求めて提訴するなど、複雑な「訴訟合戦」が続いている。しかし、その間にも、有明海の環境悪化は進み、漁民は追い詰められ、地域は疲弊の度を深めている。

本稿の課題は、このように深刻な問題を生みだしている諫早湾干拓事業を、現在の時点で「公共事業」の視点から問い直し、事業の失敗とその原因を解明するとともに、地域再生の途を探ることである。そのために、次の4点を解明したい。

第1に、公共事業とはそもそも何か、それと対比して、日本型公共事業の特徴と問題点は何かを解明することである。なぜなら、諫早湾干拓事業は、この日本型公共事業の典型的事例であると考えられるからに他ならない。

第2に、諫早湾干拓事業をめぐる利害集団の癒着構造とそれに巻きこまれた地域の利権構造を究明することである。諫早湾干拓事業は、事業当初から、本来の「公共事業」としての資格を欠く「欠陥事業」であった。しかし、それだけではなく、欠陥事業であることを覆い隠すために、次々と問題点を糊塗し、課題の解決を先送りしてきたことが、「有明海異変」などの弊害を生みだし、その傷を一層拡大させる元凶となった。この病弊の根因には、諫早湾干拓事業をめぐる「政・官・業」の利害集団の癒着構造（いわゆる「鉄の三角形」）の存在があったのである。

第3に、有明海の環境悪化と地域の疲弊が進み「有明海異変」が深刻化するもとで、有明海の環境再生を根本から実現するのではなく、「有明海再生」を名分に、新たな日本型公共事業の再現が図られてきている。今日、その実態を暴き出すことが重要である。

最後に、諫早湾干拓事業を本来の公共事業のあるべき姿に戻すためには、上記の検証と教訓を踏まえて、漁民・農民・一般住民・市民が主権者であることを改めて自覚し、共に手を携えていくことが不可欠となる。環有明海地域を環境の世紀である21世紀に相応しい維持可能な地域社会へと根本的に転換することが喫緊の課題となっているのである。

1　「公共事業」と「日本型公共事業」の特徴と問題点

(1)「公共事業」とは本来何か？

「公共事業」とはそもそも何であろうか。「公共事業」とは、一般に「社会資本」を生産、維持、補修するための、公共部門を主体とする建設事業を指している。では、「社会資本」とは何か。「社会資本」とは、①道路・橋梁・港湾・空港・埋立造成・干拓・農林水産施設など（「社会的一般労働手段」）、②都市計画・宅地造成・上下水道・環境衛生・文教施設・福祉施設など（「社会的共同消費手段」）、③官庁営繕施設、防災施設など、主として国や都道府県・市町村などの公共部門が主体となって供給する、社会的に共同利用するハードな建造物や土木施設などのことである（宮本、１９７６）。

「社会資本」は、一般に、個人や私企業など、直接その社会の個別主体による使用に供されるのではなく、社会全般の使用、すなわち社会的再生産や共同社会的生活の存続のために必要とされるハードな公共施設であって、「社会的間接資本」とも呼ばれる。しかし、社会資本は、一般的に巨大な初期投資を必要とし、かつ、懐妊期間が長く、投資の回収に長期間を要し、リスクも大きい。また、低所得者をも対象とする場合には、低料金のため採算が取りにくく、投資効率も悪い。その結果、一般的に社会資本の多くは民間部門や私企業の投資対象とはなり難く、主として公共部門（国や自治体）が供給主体となる。このため、社会資本の供給事業である「公共事業」は、個人や私企業などの個別主体の利益追求を目的に供されるのではなく、本来的に「公共性」（publicness）が強く求められるのである。

「公共事業」が有する「公共性」の要素は、主として、①社会的必要性、②公平性、③公正性、④正統性、⑤妥当性、⑥社会的効率性、からなっている（宮入、１９９９）。

①「社会的必要性」とは、特定の私人や私企業の私的利益の追求のために直接必要とされるのではなく、広くその社会の公共の利益のために必要とされること。

②「公平性」とは、特定の私人や私企業ではなく、その社会の構成員が全体として、公平にその施設やサービスの提供を受け、利用することが可能であり、利益を享受できること。

③「公正性」とは、その事業の建設や運用をとおして、公害・環境問題などの社会的損失を発生させ、安全性を阻害するなど、社会的な持続可能性の障害とならないこと。

④「正当性」とは、その事業の建設や運用について、すべての情報が公開され、民主主義的な手続きによる合意

形成が保障され、政治的な正当性が貫徹されていること。

⑤「妥当性」とは、その事業の目的にかなうあらゆる選択肢が公正に比較検討され、その中で、事業を実施しない場合も含めて、最も妥当な事業方法が選択されること。

⑥「社会的効率性」とは、その事業を行うとして、事業による最大の「効果」を最小の「費用」で実施する、経済的効率性が追求されていること（費用対効果評価）。ただし、「効果」を実態より大きく、「費用」を実態より小さく評価して、事業実行を推進するような恣意的な事業評価は絶対に否定されなければならない。

（2）「日本型公共事業」の特徴と問題点

以上のような「公共事業」の「公共性」原則からみて、日本の公共事業はどのような特徴と問題点を有しているであろうか。

戦後の日本経済は、特に高度成長期以来、重厚長大型産業と巨大企業の成長が一体的に結びついて推進されてきた。その後のグローバル経済の進展の下でも、「規模の利益」を求める大企業の圧力はやまず、それに対応して、社会資本の整備も、大規模な都市圏環状道路や巨大都市再開発事業、整備新幹線、リニア新幹線、新国際空港の整備、東京オリンピック関連施設、東日本大震災など多発する災害関連の大規模災害復旧事業など、次々と巨大な社会資本の建設が続いた。こうした公共事業には、「日本型公共事業」とも呼ばれるべき特徴と問題点が付随していたのであり、諫早湾干拓事業はその典型事例といってよかった。

そこで、「日本型公共事業」の特徴と問題点について簡潔に指摘しておこう（宮入、２０１１）。

第1は、国による成長戦略の主柱として、高度成長期には道路を中心とする「社会資本充実政策」が採用され、その後も、グローバル段階での新成長戦略の柱として多様なインフラ整備が推進されてきたことである。そこでは、「最初に公共事業ありき」とする公共事業最優先主義の政策がとられ、たとえ、事業の「社会的必要性」が失われても、事業の完成に向かって遮二無二まい進する事態が横行してきた。大規模ダム建設はその典型である。

第2は、日本の公共事業には事業の開始はあるが、たとえ途中で不都合な事態が発覚しても、中止したり、根本的に変更する装置が制度的についていないことである。要するにブレーキのついていない自動車と同様、「走り出したら止まらない公共事業」を特徴としている。

第3に、そうであるとすれば、最初に予算さえ取れれば、後は予算を増額していくことが可能となる。そのためには、最初は情報公開も極めて不完全で、目立たないように少額で予算計上し、予算さえ獲得できれば、それからは後年度で増額すればよい。すなわち、目立たなく「小さく生んで、大きく育てろ」が日本の公共事業の合言葉となる。

第4に、事業の出発点だけではなく、しばしば、事業の継続中にもさまざまな優遇策が追加されることが多い。要するに、「おんぶに抱っこ」の公共事業である。

第5に、公共事業には当然目的がある。その目的を達成する方法は、通例一つだけではなく、いくつかの選択肢が存在する。例えば、豪雨による水害を防止したり減少させる方法は、ダム建設によるだけではなく、河川の堤防強化や河道拡幅・河道障害物の除去、さらには総合治水など多様な方法が存在する。しかし、ダム建設の場合には、通常、他の選択肢との綿密で科学的な比較検討は行われない。また、多くの事業はプラス面だけ喧伝し、マイナス面は無視ないし軽視されてきた。とりわけ、公共事業にともなう環境破壊や安全性の軽視は甚だしい。「我が亡き後に、洪水よ来たれ」の公共事業である。

以上を踏まえて、「日本型公共事業」の典型としての諫早湾干拓事業について検証しよう。

2　典型的な「日本型公共事業」としての諫早湾干拓事業とその失敗

(1) 事業の実施が自己目的化した諫早湾干拓事業(「最初に公共事業ありき」)

諫早湾干拓事業は、今から66年も前の1952年に初めて長崎県がうち出した「長崎大干拓構想」に由来する。その際には、当時の米不足を反映して「水田開発」が「目的」であった。しかし、その後、米の過剰によって水田開発が時代遅れとなるや、表看板だけを差し替え、1970年には水資源と土地開発を目的とする「長崎南部地域総合開発計画」(「南総計画」)へ転換した。時はあたかも、高度成長期であった。しかしその後、石油危機と有明海漁民の粘り強い抵抗によって、南総計画は1982年に一時頓挫した。干拓事業は、もはや時代遅れの大規模公共事業であることが、誰の目にも明白となったからである。ところが、干拓事業に固執する農水省と長崎県は、1986年、今度は「防災」と「優良農地」の造成を口実に干拓事業の蘇生を図ったのである。これが現行の「諫早湾干拓事業」(正式名は「国営諫早湾土地改良事業」)に他ならない。このように「諫早湾干拓事業」は、その時々の状況に合わせて、事業の名目上の「目的」だけをコロコロと変えてきた。しかし、農林水産省が所管する「巨大複式干拓事業」という公共工事の本質だけは何ら変わることなく、ゾンビのように生き延びてきたのである(宮入、2006)。

しかも、諫早湾干拓事業は、目的とする「防災」も「優良農地」も、ほとんど口実に過ぎず、誇大宣伝であったことが判明している。「防災」は、せいぜい雨量が少ない時だけ、背後地の湛水軽減効果がある程度であって、これは全国どこでもやっているように排水ポンプと水路拡幅で対策が十分可能であって、本明川の河口に巨大な調整池を有する複式干拓を建設する理由はない。一方、「優良農地」は、広大で平坦であることをセールスポイントにしてきた。しかし、この農地は、今や重粘土質のため排水不良が恒常化し、乾燥すれば土壌硬化、雨が降れば軟弱化が深刻化して農作業を妨げている。また、調整池の水質悪化で清浄な農業用水が確保できず、野鳥による食害や、夏

表１　諫早湾干拓事業計画の変遷（単位：ha，億円）

		当初計画 (1986)	1次変更計画 (1999)	2次変更計画 (2002)
閉切面積 (ha)		3,550	3,550	3,542
調整池面積		1,710	1,710	2,600
造成面積		1,840	1,840	942
内訳	堤防面積	205	186	126
	干陸面積	1,635	1,654	816
	農業用・宅地等用地	1,428	1,415	693
	道水路等用地	207	239	123
総事業費(億円)		1,350	2,490	2,460

（注）総事業費は，2006年の再評価時には2,533億円に変更された。
（資料）会計検査院（2003）『平成14年度特定検査対象に関する検査状況，諫早湾干拓事業』より作成。

の熱害・冬の冷害によって農作物の被害も甚大で、今では「欠陥農地」であることが露呈され、営農の先行きも明るくない（本書、松尾公春参照）。

今や、諫早湾干拓事業は、「社会的必要性」を失ってしまったにも関わらず、いつまでも生き延びて問題を垂れ流している「事業のための事業」に脱している（宮入、２０１７）。

（2）事業の中止・転換の制度装置を欠く諫早湾干拓事業

諫早湾干拓事業には、事業の中止や転換の装置がほとんどついてない。例えば、曲がりなりにも行われた「環境アセスメント」は、農水省によって環境への影響は「許容しうる範囲内」と書き換えられ、事業はそのまま推進されてしまった。また、２００１年の事業再評価（「時のアセス」）では、当時のノリ不作問題への批判を受け、「環境への真摯、かつ一層の配慮を条件に事業を見直されたい」としたが、その一方、「事業遂行に時間がかかり過ぎるのは好ましくない」として事業の推進を後押し、結局、事業の大枠はそのままに、干拓面積だけ半減して糊塗してしまったのである（「第2次変更計画」２００２、表1）。

さらに、ノリ不作を契機として農水省に設置された「ノリ第三者委員会」の答申（２００１・12）は、短期・中期・長期の開門調査を求めた（農水省、２００１）。これに対して、農水省は別にＯＢ中心の委員会を立ち上げ、中長期開門に消極的な答申を出させ、短期だけの開門で事業を強行してしまったのである。

要するに、諫早湾干拓事業は、ブレーキのついていない自動車のようなもので、制度的に有効な中止・転換装置が存在していない。そのため、「走り出したら止まらない」公共事業となる。しかも、環境アセスや、時のアセス（事業再評価）、事業検討委員会にしても、それらは農水省内部の官僚機構の中で本質的に処理され、事業の中止、転換の権限を持った外部の厳正な第三者独立機関の評価がないことが根本的な失敗の原因となっているのである（宮入、２０１７）。

（3）公共事業費の際限ない膨張（「小さく生んで大きく育てる」）

日本の公共事業では、予算を通しやすくするため、最初は予算額を小規模に計上し、事業の進行につれ予算額を膨張させていく方式が常態化している。事業費は当初の2～3倍に膨張するのは通例であって、八ッ場ダムの場合には、予算額が当初の６・５倍にも膨らんだ。

諫早湾干拓事業計画の場合には、表1のように、総事業費は、当初計画（１９８６）の１３５０億円から第1次変更計画（１９９９）では２４９０億円と13年間で1・84倍に膨張した。その後、環境への配慮を名目に干陸地の面積が１６５４haから８１６haへ半減したにもかかわらず、総事業費は、第2次変更計画でも２４６０億円とほとんど変わらなかった。その後の事業再評価（２００６）では、総事業費はさらに２５３０億円に増加し、結局、１・９倍に膨張したのである（農水省、２００６）。

（4）公金（税金）が次々と追加投入される公共事業（「おんぶに抱っこの公共事業」）

公共事業には多様な優遇措置が施され、それが事業の非効率性と寄生性の根底にある。

諫早湾干拓事業では、総事業費は２５３０億円、うち潮受堤防１５２７億円（60％）、内部堤防・農地１００４億円（40％）に区分されている。

① 潮受堤防・内部堤防・農地事業費の県費・農家負担から国費への負担転嫁

このうち潮受堤防の事業費の負担配分は、事業開始期の１９８６〜92年度までは、国：県＝75：25であった。この負担配分は、潮受堤防は主として高潮対策などの防災に資するので、主に国と、補完的には県が公金（税金）で負担すべきものとされているからである。国と県の負担割合は全国的な基準割合であった。この国：県の負担割合は、１９９３年度からは、国の財政逼迫を理由に、国負担が県負担に少し付け替えられ、国：県＝70：30の比率となった。

問題は、諫早湾干拓事業の場合には、この全国基準の国：県の負担割合が、次のように劇的に変化して、県負担が国負担へ大きく肩代わりされたことである。

国：長崎県＝75：25（１９８６）→90：10（１９８９）→84：16（１９９３）→82・6：17・4（１９９５〜２０００）

これはなぜだろうか。それは、「後進地域開発特例法」（１９６１）による特例的優遇措置が、１９８９年度から長崎県に適用され、県負担が国負担に付け替えられて15ポイントも軽くなったからである。１９９３年度には、上述のように全国基準の負担割合が変更されたので、国の負担が少し軽くなった。１９９５年度からは、長崎県条例を改定して県負担の一部を農家負担の軽減に充てたため、県負担が多少重くなったのである。このように、潮受堤防については、県の負担や農家の負担を軽減して、干拓事業を推進する方策がとられた。しかし、その軽減分はすべて国費に、すなわち国民の税金に転嫁されたのである。

しかも、国費への負担転嫁は潮受堤防だけではなかった。内部堤防と農地の負担でも実行されたからである。内部堤防の負担配分は、１９９６年に後進地域開発特例法が適用され、98年に県条例を改定して、国の負担引上げと県負担の軽減及び農家負担の軽減が次のように実施された。

国：長崎県：農家＝70：12：18（1986）→72：10：18（1996）→82・6：10：7・4（1998〜2007）

一方、農地造成の負担配分も、同様にして、以下のように実施された。

国：長崎県：農家＝70：12：18（1986）→72：10：18（1996）→78・67：10：11・33（1998〜2007）

以上の結果、長崎県と農家の負担軽減分は、すべて国費（一般国民の税金）に肩代わりされたのである。それでも、総事業費2530億円に対する長崎県の負担分は約448億円（元金約359億円、利子分約89億円）が残っている。ここでの問題は、以上の結果、農家負担額が、本来の負担額181億円から51億円へ、約72％もの大幅値引きとなったことである。そのため、農家が負担すべき農地造成費は、10ａ当り約1450万円の農地コストが74万円へ大きく値引きされ、約95％もの引き下げという、大バーゲンセールが行われたのである（宮入、2002）。

② 長崎県による安値の農地リース方式の採用と超長期の県債務負担

しかも、実は、話はこれで終わりではなかった。

この超安値でも全農地の売却が困難と見た農水省と長崎県は、県農業振興公社に干拓農地を国から一括購入させ、これを安値で農民にリースする方式を採用したからである。すなわち、農家負担分51億円のうち5／6は、長崎県農業振興公社が全国農地改良資金協会から無利子で借入れ、これを25年間で償還する。償還金は原則としてリース料をもって充てるが、不足分は県から借入れる。残り１／６は、県公社が農林漁業金融公庫から有利子で借入れる。県からの借入金は27年目から98年目までの超長期の返済とするとした。

要するに、破格の値引きによる干拓農地を、さらに超安値のリース方式に切換えるために、長崎県は、県農業振興公社に対し最長70年もの超長期ローンを付与する仕組みをひねり出したのである。ただし、実際には、当面２０１８年４月〜２０３３年４月まで、毎年２億４７００万円を償還するとしているが、リース料の９８００万円では不足することから、長崎県より毎年１億４９００万円を借入れて償還財源とする。長崎県からの借入れ分は、２０３４年２月〜２０７４年２月の45年間ローンとし、毎年９６００万円ずつリース料から県に返済する予定である。

国民と県民に「おんぶに抱っこ」で大部分の費用負担を押しつけながら、今度は、欠陥農地の非効率性を、安値での農民へのリース方式で糊塗しようとしたわけである。血税を負担している国民から見て、このように巨大な寄生虫と化した公共事業が許されるであろうか（宮入、２０１１）。

しかも、入植農民のリース料の支払いが滞れば、公社の県への元利返済はさらに遅れる。その結果、入植農民へのリース料の厳しい取り立てが強行され、農民の経営破綻をさえ生み出している。実際、最初に入植した41経営体のうち、２０１７年度までに、実に11経営体が経営上の理由で営農を止めているのである（長崎県諫早干拓室資料）。

（5）自然環境や周辺地域に甚大な被害を与える公共事業（「我が亡き後に、洪水よ来たれ」）

諫早湾干拓事業は、広大な諫早湾の干潟を破壊し、潮流を減速させた。その結果、有明海の赤潮の頻発と貧酸素水塊の発生、深刻な漁業被害を生み、さらに周辺地域の破壊と衰退をもたらした。「有明海異変」がそれである（諫早湾開門研究者会議、２０１６）。

問題は、諫早湾干拓事業が与えたそうした有明海への環境破壊や周辺地域への甚大な被害が、公共事業としての

表2　費用対効果の農水省と筆者との推計比較（単位：百万円）

	区　分	A農水省推計	B筆者推計
効果	①年総効果額	13,389	13,389
	②妥当投資額	212,456	212,456
	③災害防止効果過大分	−	24,516
	④国土造成効果過大分	−	38,231
	⑤純計(②−③−④)	212,456	149,619
費用	⑥総事業費	246,000	246,000
	⑦換算総事業費	255,740	255,740
	⑧干潟浄化力喪失・水質悪化費用	−	138,424
	⑨漁業被害相当費用	−	394,960
	⑩純計(⑦＋⑧＋⑨)	255,740	789,124
	⑪効果−費用(⑤−⑩)	−44,284	−639,505
	⑫投資効率(⑤÷⑩)	0.83	0.19

（出所）宮入（2006），p.55.（詳細な計算は同論文参照）

諫早湾干拓事業においてどう評価されてきたかである。

諫早湾干拓事業は、正式には「国営諫早湾土地改良事業」という名の「土地改良事業」であって、「土地改良法」によって規定されている。同法によれば、干拓事業を含む土地改良事業は、事前にその事業の「費用対効果」を評価して、効果（B）が費用（C）を上回る必要がある（B／C≧1）。しかしながら、諫早湾干拓事業は、1986年の当初計画でさえB／C＝1・03に過ぎなかった。1999年の第1次変更計画の際にはこれがさらに1・01と限りなく1に近づき、2002年の第2次変更計画（縮小計画）ではついにB／C＝0・83と、農水省の推計でさえ1を下回ってしまった（表2）。2006年の事業再評価時にはB／Cはさらに悪化して0・81になった。だが、農水省は、この要件は当初計画の時だけだと強弁し、事業を続行してきたのである（宮入、2006）。しかし、こんなことが許されるのであれば、当初計画の時だけB／Cが1を上回るように設計し、「後は野となれ山となれ」で、制度の主旨を不当に骨抜きにすることは容易となる。

しかも、農水省の「費用対効果」にはさらに重大な欠陥がある。「効果」は実際より過大に評価し、他方「費用」は過少に見積もっているからである。特に環境の価値や漁業被害などについては完全に度外視されている。これらを算入して再計算すると、B／C＝0・19となる。諫早湾干拓事業が大欠陥事業であることは、もはや誰の目にも明白であろう（表2）。

3　諫早湾干拓事業の政治経済学的構造

(1) 巨大公共事業の推進力となっている「政官業利権構造」

日本の公共事業には、前述のように多数の重大な問題点が付着している。にもかかわらず、なぜそれが是正されないのか。その根底にある最も重要な要因の一つは、公共事業をめぐる「政官業利権構造」いわゆる「鉄の三角形」の存在である。「政官業利権構造」は、霞が関や永田町に象徴される中央集権機構だけではなく、そこを頂点として、全国津々浦々に「鉄の三角形」のネットワークを張り巡らしてきたのである。以下、諫早湾干拓事業をめぐる「政・官・業」の利権構造についてみてみよう（宮入、2002）。

①　諫早湾干拓事業における「政」

諫早湾干拓事業の「政」については、農水族議員や地元議員らが予算獲得と事業推進に奔走する一方、関係議員らは、受注企業から多額の政治献金と選挙の票を受け取る。

例えば、諫早湾干拓事業が開始した1986〜2000年の間（事業進捗率約80%）、諫早湾干拓事業を受注した五洋建設、若築建設、熊谷組、西松建設、東洋建設、大林組、鹿島建設、間組、奥村組、清水建設、大成建設、三井不動産建設などゼネコン大手元請49社からは、自民党長崎県連への企業献金13・8億円のうち、その約半分6・8億円が支払われた。同じ期間中、九州の各県連への同種の企業献金は、自民党熊本県連への2・6億円をのぞけば福岡県、佐賀県ともほとんど皆無であったから、このゼネコン元請会社からの企業献金が諫早湾干拓事業の受注をターゲットとして実施されたことは明白である。

また、諫早湾干拓事業の地元である自民党第2選挙区支部（諫早・島原地区、代表・久間章夫衆院議員）へも、干拓事業が佳境に入っていた1996~2000年の間に諫早湾干拓事業関連16社から730万円の企業献金が行われた。また、久間議員の政治資金管理団体である「長崎政経調査会」へは、32社から2215万円の企業献金がなされた。同様の企業献金は久間議員にだけではなく、当時の長崎県選出の松谷蒼一郎参議院議員へ2054万円、虎島和夫・長崎3区衆議院議員へも1783万円の企業献金があった。これらの企業献金は、諫早湾干拓事業の予算獲得のために、長崎県選出の有力国会議員を中心として、他の農水議員や農水官僚らとタッグを組んで当たってきたことを示す証左であるといってよい。

また、県・市の議員らへも、自民党県連を通じて献金の再分配が行われていた。さらに、当時の金子長崎県知事や吉次諫早市長らへも同様の企業献金が行われた。これらの企業献金は、工事受注への間接的な謝礼金であると同時に、工事を推進させるための潤滑油として「地元対策費」の支柱ともなっていたのである。諫早湾干拓事業の受注企業によるこうした企業献金の自民党組織や地元有力政治家へのばらまきが、諫早湾干拓事業に対する地域住民と地元有力者との間の、意識と態度のズレやネジレの根因ともなっていたのである。

② 諫早湾干拓事業における「官」

他方、「官」については、「政」と「官」が一体となって予算を獲得し、事業を推進する一方で、官僚の関連企業への「天下り」が常態化していた。農水省から諫早湾干拓事業受注企業への「天下り」は、判明した取締役以上だけでも2002年時点で33名、その多くが技官で、うち6名は最終役職が諫早湾干拓工事を直接管轄する九州農政局長や諫早湾干拓事務所長など九州農政局関係者であった。また、1996年時点で、諫早湾干拓事業受注企業31社に農水省から256人もの技官が、さらにコンサルタント会社25社に152人が天下っていた。こうして、判明しているだけでも、400名を超える農水省OBが、諫早湾干拓事業の受注企業に天下り、その企業のために官・業の巨大な利益集団の橋渡し役となり、その要となって働いていたのである。

なお、コンサルタント会社への官僚の天下りはこれまでさほど注目されてこなかった。しかし、もっと重視されてよい。というのも、コンサルタント会社への業務委託は、環境アセスメントやその検証（レビュー）、干拓地の整備計画、営農計画、費用対効果分析などに至るまで非常に広範囲にわたっており、かつ、農水省と建設会社との橋渡し役や調整役として機能しているからである。なお、逆に、建設会社やコンサルタント会社から農水省への「天上り」と人材の相互交流も頻繁に行われ、「官」・「民」の一体化が進んでいる。

③ 諫早湾干拓事業における「業」

さらに、「業」については、受注企業が政治家への献金や官僚への天下り先を準備する一方、受注企業に対しては、有利な取引条件が恒常的に与え続けられてきた。1986～2000年の諫早湾干拓事業の工事業務契約合計1275件のうち、一般競争入札はわずか9件（0・7％）に過ぎなかった。その一方、指名競争入札は552件（43・4％）、随意契約に至っては714件（56・0％）もあった。金額でみると、一般競争入札が101億円（6・1％）、指名競争入札が771億円（46・6％）、随意契約は784億円（47・3％）であった。その結果、落札率（予定価格に対する落札価格の比率）は、指名競争入札では99％にも達し、常に「官制談合」の温床とさえなっていたのである。まして、1対1の相対取引である「随意契約」に至っては「談合」の余地さえ存在せず、これらはまさに「官業癒着装置」そのものといってよい。

その後、「官制談合」への批判が強まり、表向きには一般競争入札が増加している。しかし、指名競争や随意契約も根強く残っている。例えば、事業費総額の6割以上を占める潮受堤防の場合には、9工区に分け、最初だけ指名競争で入札、以後は毎年度、最初の落札企業との随意契約というパターンが常態化していた。99年度から一般競争入札が導入されたが、最初の落札者が次年度以降も毎年度随意契約を結ぶというパターンは変わらなかった。

以上のように、「政官業利権構造」（「鉄の三角形」）は諫早湾干拓事業の内部に幅広く、かつ根深く食い込み、干拓事業への「政・官・業」の癒着と寄生が構造化し、他方では、一般住民による批判と意見を封じ込めるテコとなってきたのである。

なお、御用学者や御用学識経験者らによる、各種審議会や委員会での役割も極めて重大かつ犯罪的である。彼らの多くは「官」や「業」から研究資金・資材・人材などを提供され、公正な第三者のような顔をして事業推進のお先棒を担いできた。また、一部マスコミも、この利権構造に取り込まれており、「政・官・業・学・報」の「鉄の五角形」を形成している。

(2) 草の根での公共事業依存体質の形成と地域の維持可能な発展の阻害

諫早湾干拓事業が地域に受容される一方、一般住民の意識や態度とのネジレやズレを拡大する理由は、前述した「政官業利権構造」だけにあるのではない。むしろ、それを基礎として生じる地域経済社会の変容や歪みの要因も大きいのである（宮入、2002）。

第1に、巨大公共事業である諫早湾干拓事業は、地域の「公共事業依存体質」を格段に強めた。工事の7割が実施された1990～99年度間の地区別公共事業の伸び率を比較すると、長崎県内の公共事業の平均伸び率が53％であるのに対して、諫早地区は144％、島原地区は228％と、諫早湾周辺地区での公共事業の伸び率がとび抜けて高い。県全体に占めるシェアも、この間、両地区合計で17％から31％へと飛躍的に増大した。諫早湾干拓事業の工事への依存度の増大は、地域経済社会に諫早湾干拓事業の受容度を増進させる大きな要因となった。

第2に、諫早湾干拓事業のような外来型特需への地域経済の依存度の増大は、地域の持続的発展の芽を摘み取り、公共事業依存体質をいっそう深める悪循環をもたらした。干拓工事が進み、漁業被害が拡大するにつれて、漁業や水産業関連での廃業や転業が相次ぎ、こうした人びとが干拓工事の下請け労働者や一時雇用者として吸収されてきた。諫早湾周辺の地域や漁協で干拓中止や開門調査の声が上がりにくい背景の一つには、こうした事情もある。

第3に、諫早湾干拓事業にかかわる国・県からの関係市町や漁協への多様な名目での調査費や委託金のバラマキは、地元有力者を中心に事業への賛同や取り込みの資金源となる。

特に、かつて諫早湾干拓事業反対の急先鋒に立っていた小長井町漁協などが、今や事業推進の最右翼に転じた理由は、調査費や委託金などさまざまな名目で国だけでなく県からもバラまかれる公金散布にある。公共事業・公金依存体質が深まるにつれ、地域の有力者らの事業推進のかけ声は増し、逆に漁民や住民の生活は破綻され、海は荒れていく。こうした無駄で有害な、20世紀に特有な日本型大規模公共事業の悪循環から脱却することこそが、今や地域経済社会の最大の課題となっているのである。

4　大規模公共事業の失敗がもたらした弊害と歪みの連鎖

(1)「有明海異変」の拡大・深化と環境破壊

21世紀は環境の世紀である。地球環境の危機は、現代の世界的な問題となっている。しかし、地球環境の危機は宙に浮いた存在ではない。私たちの足元の環境破壊の集積の結果である。20世紀の社会と経済が破壊してきた自然環境の再生と地域の再生こそが、21世紀の公共政策が最優先すべき課題でなければならない。

しかし、日本では、古い20世紀型の公共事業がいまだにはびこっている。環境アセスメントも、事業再評価も、また繰り返し設置される各種委員会も、それらが官僚機構の掌中にある限り、一度走りだした事業は、ブレーキのついていない自動車同様、止めることは至難の業といってよい。日本の公共事業関係の法制度には、スタートキイとアクセルはついていても、ブレーキ装置は装着されていず、予算というガソリンさえ獲得すれば、後は最後まで走り続けることができる仕組みとなっているからである。

だが、そうであればこそ、諫早湾干拓事業の「大成功」は、他方では「有明海異変」といわれる大規模な環境破壊を、諫早湾から周辺海域、さらには有明海全体へと、拡大し深化させる根因となったのである。「有明海異変」は、まさに旧来の20世紀の日本型公共事業に基因する人為的な「ストック災害」であり、負の遺産に他ならない。「有明海異変」の最大の元凶として疑われるのが諫早湾干拓事業であることは、今や司法の２０１０年の確定判決もが認めている。昨２０１８年7月、福岡高裁は、国に開門を命じたこの２０１０年確定判決を事実上無効とする判決を出し、現在最高裁で係争中であるが、確定判決が示した排水門の開放による中長期調査こそは、「環境再生」の一見小さいとはいえ、巨大な一歩に他ならない。

「有明海異変」は「環境災害」を生んだだけではない。漁業の破綻と漁民の生活崩壊、20名を超す自殺者、家族と地域コミュニティの破壊、地域経済と地域社会の疲弊を拡大してきた。漁業に後継者は望めず、それは将来世代にとってのかけがえのない宝の海・有明海を破壊してきたツケでもある。今必要なことは、有明海の「環境再生」を根本的に実現し、これをとおして地域再生をも図る総合的な再生政策の立案と実施である。

（2）「有明海再生事業」の詭弁性と腐朽性

しかし、農水省は、この事態を逆手にとり、公共事業の有明海全域への拡張を画策してきた。その代表格が、「有明海・八代海再生特別措置法」（２００２）である。同法は、九州6県の有明海・八代海の指定海域の環境保全と水産資源回復を目的に、主として補助事業の補助率嵩上げを図った。事業費は、農水省分だけで２００５〜18年度までに約９３０億円に達し、毎年約１２０億円以上が予算額として計上されている（農水省農村振興局資料）。これに２００４〜17年度までの「調整池浄化事業費」の約３９０億円が加わる（長崎県地域環境課資料、２０１８）。ちなみに、人造湖である岡山県・児島湖は20年間で約５５００億円かけても、依然水質改善ができないでいる。

今、「有明海再生事業費」と「調整池浄化事業費」とを合計すると、少なくとも、約９３０億円＋約３９０億円＝約１３００億円を超える事業費が、すでに有明海再生を口実に投入されてきたことになる。この再生事業費分だけで、ハードな諫干事業費２５３０億円の実に51・４％にも匹敵する。しかも、これらの再生事業費は、現状が打破できない限り、今後も必然的に膨張していくコストである。諫早湾干拓事業は、それ自体がムダで浪費的な公共事業であるだけでなく、このように社会的費用を不断に垂れ流していく事業だったのである。

にもかかわらず、有明海・八代海再生特別措置法は、有明海異変の原因として最も疑わしい諫早湾干拓事業については一言も言及していない。むしろ、諫早湾干拓問題を棚上げにしたまま、再生事業の大半を漁場整備や下水道などの公共土木事業に集中している。漁場改善策も、覆砂や海底耕耘、浚渫など一時的な対症療法に事業費の８割近くが投入されている。これらの事業はミティゲーションなどと呼ばれているが、その効果は一時的、部分的な対症療法で、実態は、有明海全域に旧来型公共事業の新規拡張を画策するものに他ならない。

現在、農水省は開門調査を否認したまま、有明海再生のためと称して、１回限りの１００億円の基金案を提案している。しかし、この基金案は、従来の農水省型公共事業の延長線上にあり、たんなる手切れ金に過ぎない。根本的解決策を欠いた「再生」事業は、環境改善に役立つどころか、逆に事態を長引かせ、深刻化させる。有明海の真の再生のためには、開門調査をはじめとする諫早湾干拓事業の大転換こそが不可欠なのである。

おわりに　21世紀型公共政策への展望

我が国では20世紀型の公共事業が依然はびこり、諫早湾干拓事業はその典型であった。これを克服するには、①環境アセスメントを、自然環境だけではなく、社会経済への影響評価をも含めた「総合的環境アセスメント」とし、かつ公共事業の中止も可能な「戦略的アセスメント」に転換すること、②事業開始後の「事業再評価」を、外部の厳正な独立した権限を持ち、情報公開を徹底した、事業中止の権限をも有する第三者評価組織に委ねること、③企業・団体献金と天下りの全面禁止、公正な入札制度を含む公共事業の民主的なシステム改革を断行すること、④公共事業の中止や既設施設の撤去などに対する新しい行財政ルールと制度を確立することが不可欠となっている。

これまで考察してきたように、「有明海異変」は、まさにこうした旧来の20世紀の日本型公共事業に基因するストック災害であり、負の遺産である。その最大の元凶として疑われるのが諫早湾干拓事業であることは、今や司法の確定判決も認めている。確定判決がいう排水門の開放による中長期調査は、「環境再生」の一見小さいとはいえ巨大な一歩に他ならない。そのためには、これまで行政が常套手段としてきた漁民と農民、一般住民・市民と地元住民・有力者、また長崎県と他の関係県とのわずかな利害の隙間に楔を打ち込み、拡大させ、たがいに反目させるような姑息な手法の意図を見破り、千葉県の三番瀬で行われているような円卓会議方式による「環境再生」に学ぶべきであろう。また、熊本県の川辺川ダム反対の住民運動や島根県の中海干拓事業の住民反対運動も、行政によるそのような理不尽な利害関係拡張戦術を見抜き、自ら学習し、巧みに住民相互の理解と団結を深めながら地域で多数派を形成した結果が、欠陥事業の公共事業を中止に追い込み、それを契機に地域の再生へと向かう原動力となったのである（永尾、２００７、宮入、２００５）。

有明海地域の地域社会にとって今必要なことは、有明海の「環境再生」を実現し、これをとおして「地域再生」をも図る総合的な再生政策の立案と実施である。破壊されてきた自然環境と人間社会との物質代謝を健全な関係に回復する公共政策への転換である。それは、環有明海地域において、将来にわたる維持可能な社会の再生への展望をも意味している。

その際最も重要なことは、そうした環境再生の公共政策を担う主体の形成、人材育成の大切さである。地域における課題は、地域の主権者である住民が主体的に考え、行動し、自治体や行政を動かし、やがて国政をも動かしていく以外にはない。民主主義は抽象的に存在しているのではない。地域における民主主義の確立は地方自治であり、その核心は住民自治である。地域の住民が主権者として責任をもって地域の課題に取り組み、その課題解決のために自ら積極的に参加する。それは何のためかといえば、将来世代を含めて、地域の環境や生活、生産、文化、歴史、福祉を保全し、育てていくためである。

「有明海異変」とその解決策としての環境再生は、漁民、農民、住民を含む市民らがわずかな利害の差を乗り越えて共に協働し、そうした住民の主権、参加、福祉を目指して多数派を形成し、多数住民による強固な意識的取り組みによってしか果たせないであろう。その最初の手がかりこそ、諫早湾干拓事業の開門調査に他ならない。

【参考文献】

有明海漁民・市民ネットワーク、諫早干潟緊急救済東京事務所編（２００６）『市民による諫早干拓「時のアセス」２００６――水門開放を求めて』、同、１－２０１ページ。

諫早湾開門研究者会議編（２０１６）『諫早湾の水門開放から有明海の再生へ――最新の研究が示す開門の意義』有明海漁民・市民ネットワーク、１－１１９ページ。

佐々木克之（２０１７）「１９９０年以降の有明海漁業生産額について」『有明海の環境と漁業』２、16－19ページ。

高橋徹（２０１６）「海を再生させた世界的事例をつくろう」『有明海の環境と漁業』１、24－26ページ。

永尾俊彦（２００７）『公共事業は変われるか――千葉県三番瀬円卓・再生会議を追って』岩波書店、２－71ページ。

長崎県地域環境課（２０１８）「『諫早湾干拓調整池水辺環境の保全と創造のための行動計画』に基づく事業実績総括表」。

農水省有明海ノリ不作等対策関係調査検討委員会（２００１）「諫早湾干拓地排水門の開門調査に関する見解」３ページ。

農水省九州農政局（２００６）「国営干拓事業諫早湾地区再評価」３ページ。

農水省農村振興局資料（２００５－14年度）、同局・水産庁「予算概算決定について（有明海・八代海等のみを対象とする事業）」（２０１５－18年度）。

宮入興一（１９９９）「公共事業の『公共性』と諫早湾干拓事業」（蔦川正義・久野国夫・阿部誠編『ちょっとまて　公共事業――環境・福祉の視点から見直す』大月書店）、49－69ページ。

宮入興一（２００２）「大規模公共事業の破綻と地域経済・地方財政――諫早湾干拓事業を素材として」『愛知大学経済論集』１５９、１－35ページ。

宮入興一（２００５）「環境破壊の広域化と多角的ネットワーク」（仲村政文・蔦川正義・伊藤維年編著『地域ルネッサンスとネットワーク』ミネルヴァ書房）、１３０－１４２ページ。

宮入興一（２００６）「国営諫早湾干拓事業と費用対効果評価――第２次変更計画を中心に」『愛知大学経済論集』１７２、１－66ページ。

宮入興一（２０１１）「破綻した公共事業としての諫早湾干拓事業と政治経済学的問題」『日本の科学者』46－5、25－31ページ。

宮入興一（２０１７）「諫早湾干拓事業の公共事業としての破綻と環境再生」『ＡＣＡＤＥＭＩＡ』１６２、45－62ページ。

宮本憲一（１９７６）『社会資本論（改訂版）』有斐閣、11－46、２２１－２７１ページ。

地域社会に置かれた技術

潮受堤防の内側と外側で

東京大学特任助教
開田奈穂美

はじめに

諫早湾干拓事業をめぐる問題は一般に諫干問題とも呼ばれていますが、これは、一つの公共事業によって引き起こされた社会問題です。ここで「社会問題」であるとわざわざ断る意味は、この干拓事業が実施されたことによって、諫早湾や有明海などの自然環境に変化が起こっただけでなく、漁業者や農業者、それ以外の様々な利害関係者を含む、地域社会全体を巻き込んだ問題へと広がったことを意味しています。つまり、諫早湾干拓事業によって、海洋生物や潮流・潮汐などがどのような影響を受けたのかを明らかにする自然科学的な問題と同時に、そうした自然環境に根差してきた地域社会がどう変化してしまったかという社会科学的な問題と見なせるのです。自然環境と人間の社会は実は不可分に結びついていて、自然環境に問題が起これば、必然的に人間の生き方や社会のあり方にも問題が起こります。

自然環境と地域社会とは不可分に結びついており、変動する自然環境をなんとか制御し、人間社会をより安全で豊かなものにするために、人間は技術を発達させて用いてきました。特に河川整備やダムなどの土木技術は、人間を災害から守ることを目的として用いられてきたものです。

本稿では、諫早湾干拓事業をめぐって様々な場所で用いられている技術に着目して、この問題を論じます。なぜなら、技術は単に人間が作ったモノとしてそこにあるのではなく、それがあることによる効果が社会的に意味づけられ、時に政治的に利用されることによって、地域社会に大きな影響を及ぼすものだからです。特に、諫早湾干拓事業では、巨大な技術を駆使して潮受堤防が設置され、それが運用されると、時間の経過を経るごとに、利害関係が顕在化し、複雑化し、社会問題として全体像を把握することがますます難しくなっています。諫早湾干拓事業が地域にもたらした影響は、どのように意味づけられているでしょうか。ここでは、大・中・小技術という考え方をヒントにして、諫早市街地や諫早平野を含む背後地と、諫早湾内の漁業協同組合の事例をもとに考えてみます。

1　大中小技術

本稿では、治水・利水や防災効果をもたらすとされる技術を分節化するために、大熊孝（２００４）が定めた技術の担い手による防災技術の三段階の分類を参照します。ある技術が地域に設置された時、そのメリットはそれ単独で働くわけではなく、その技術と関係のある既存の技術の効果との組み合わせにより効果を発揮します。例えば新幹線ができたことによって、まず早く安価に移動できるというメリットが生じると考えられますが、この新幹線のメリットは、在来線やバスなどの既存の交通システム、徒歩や自家用車、自転車といった個人の移動手段との組み合わせによって効果を発揮することになります。

大熊（２００４）によると、技術の三段階の一つめは私的段階、つまり個人が用いる小技術 individual action。二つめは共同体的段階として地域住民の協力による管理運営の下に用いられる中技術 community action。最後に公

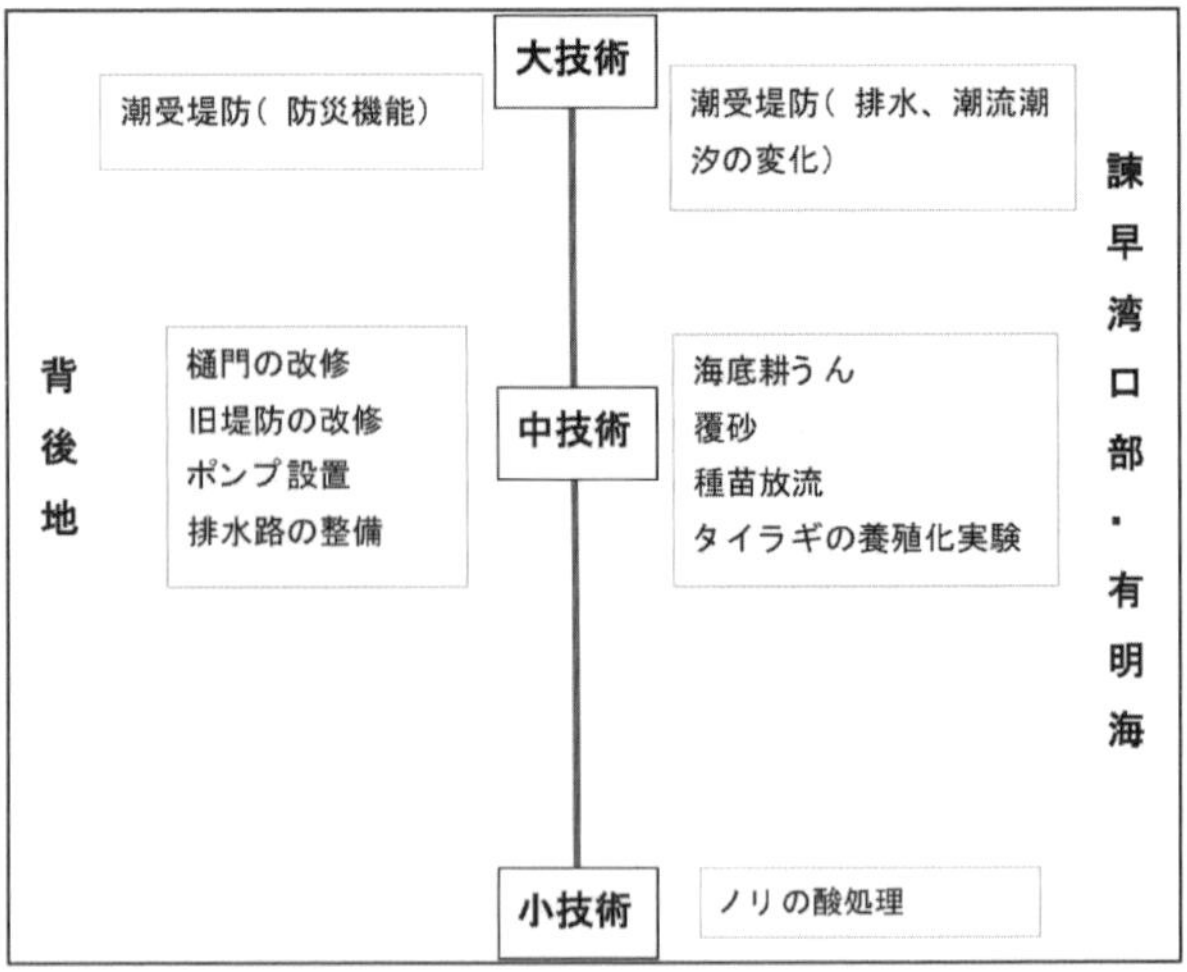

図１　諫早湾干拓事業における大技術・中技術・小技術

共的段階として用いられる大技術 public action です。この三段階の技術が適切に組み合わされることによって、最適な防災機能が実現されるのです。大技術、中技術、小技術といった時、それぞれの技術の規模が重要なのではなく、誰がその技術を担うのかという点に主眼が置かれていることに注意しなければなりません。

この大中小技術の考え方を、諫早湾干拓事業に即して考えてみましょう。まず、大技術は国営で造成され、行政によって維持管理される潮受堤防の運営だと言えます。中技術は、市町村や県レベルで設置され、地域の農業者の自治によって維持管理されてきた樋門や排水機場などの農業用排水関連技術や、長崎県から漁業協同組合等を通じて漁業者に委託される補助事業などがあげられます。最後に、小技術は漁業者や農業者が自分の田畑や漁場で行っている環境改善のための策や、潮受堤防の背後地の住民が水害等から身を守るために取っている防災対策などがあげられます（図1）。これら大・中・小の技術がそれぞれ補いあって、農業用水環境や漁場環境に防災効果を発揮すれば、最適な防災機能が実現されたと言えます。しかし、現状を見るとそうなっていません。どうしてでしょうか。

筆者が諫早湾干拓事業をめぐる問題で重要だと考えるのは、求められている防災機能と、それに対して実施される技術の間に齟齬が生じているという点です。２０１３年に潮受堤防の内側、つまり諫早市側で実施される予定であった開門準備工事の例と、潮受堤防のすぐ外側に位置する小長井漁業協同組合の例を示しながら論じてみます。

2　なぜ開門準備工事ができなかったのか

農水省の定義によれば、諫早湾干拓事業によって影響を受けるとされる地域は「背後地」と呼ばれ、その範囲は「諫早市及び雲仙市のうち調整池に流入する河川の流域」と定義されています。これは、諫早市と隣の雲仙市の一部までを含めた約２５０㎢に及びます（農林水産省九州農政局、２００８）。

図2は、潮受堤防を中心として、堤防の内側となる背後地の一部と、堤防の外側となる諫早湾口部をあらわした地図です。背後地の中で線で囲まれている部分は、諫早湾干拓事業によって新たに造成された干拓地です。諫早湾干拓事業は、諫早湾の奥部3分の1の面積を閉め切って内側に淡水の調整池と、新たな農地を造成する事業です。また、農地を造成するだけではなく、潮受堤防で調整池の水位をマイナス1mに保つことによって背後地の防災機能を持つとされています。この調整池の水位を調整するため、潮受堤防には南北に排水門が設置され、堤防の内側に貯められた淡水が定期的にこの排水門から排水されています。

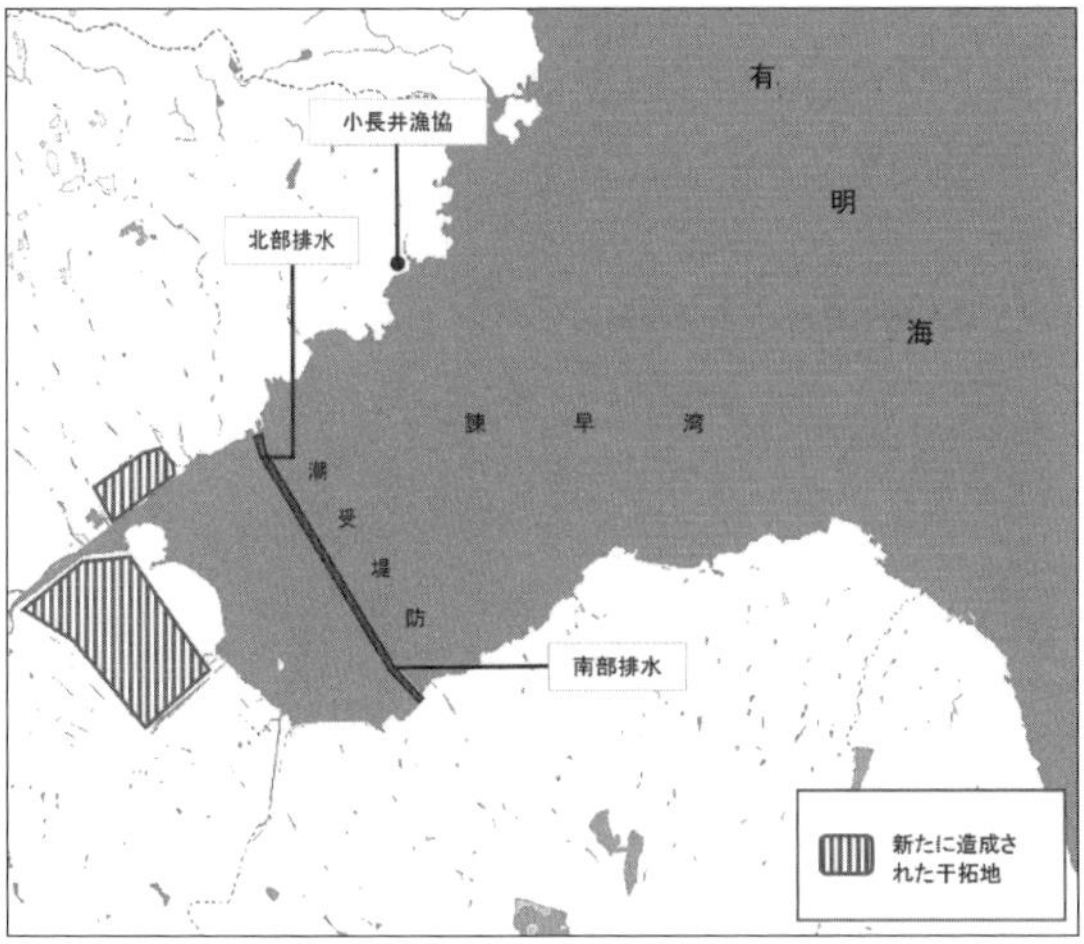

©2017 Google, SK telecom, Zenrin をもとに筆者作成

図２　潮受堤防の背後地と諫早湾口部

２０１０年に確定した「よみがえれ！有明訴訟」本訴の判決において、3年の猶予の後に5年間の開門を実施することが定められています。２０１３年、この開門の期限である12月20日を前に、農水省は背後地に塩害や湛水被害などを出すことなく開門するための開門準備工事に着手しようとしていました。その内容には、調整池に面している老朽化した既存の樋門や、老朽化した農地を囲む古い堤防の補修などが含まれて

いました。開門準備工事の着工は、２０１３年の9月9日、27日、10月28日の3回にわたって試みられましたが、その都度地元住民や農業者が集まった反対集会が開かれ、着工できないまま農水省が撤退しています。開門準備工事は、実施する内容だけを見れば背後地の農地にとってはメリットになると言えます。なぜなら、防災効果を高めるための中技術を国の負担で設置することになるからです。ではなぜ開門準備工事は実施できなかったのでしょうか。以下にその理由を考察してみましょう。

(1) 反対していたのは誰なのか

開門準備工事を実施しようとする農水省に抗議したのはどのような人たちだったのでしょうか。以下に示すのは、最初に農水省が準備工事の着工を試みた２０１３年9月9日の様子を報道した新聞記事からの抜粋です。

> 9日は開門後に海水が農地に浸入するのを防ぐため、老朽化した堤防を補修する工事を予定していた。現場周辺には地元住民団体や干拓地の営農者ら約３５０人が集結。農水省職員や建設業者の行く手を阻んだ。同省職員は国が開門義務を負っていると説明したが、「諫早湾防災干拓事業推進連絡本部」のA本部長(79)は「対策工事は小手先にすぎず、開門すれば被害が出る」と中止を要請。のぼりや横断幕を手にした住民らが「帰れ」「工事を中止しろ」とシュプレヒコールを繰り返した。
> 約30分間の押し問答の末、職員らは立ち去った。九州農政局は取材に「物理的に作業ができる状況にはないと判断した。今後の対応は省内で検討したい」としている。
> 抗議活動に参加した「諫早湾干拓事業及び地域住民を守る会」のB会長(74)は「諫早市民を洪水被害から守るためにも、着工をこれからも阻止する」と強調した。(1)

ここにおいてみられる準備工事反対の理由は二つのコメントに要約されます。一つは「対策工事は小手先にすぎず、開門すれば被害が出る」、二つは「諫早市民を洪水被害から守るためにも、着工をこれからも阻止する」です。一つめのコメントで対策工事と呼ばれているのは、開門準備工事のことであり、たとえ開門準備工事を行ったとしても開門することによる被害が出るということが主張されています。二つめのコメントは、諫早湾干拓事業は諫早市民を洪水被害から守る効果があり、開門した場合には洪水被害が出るため、開門のための準備工事を阻止していくとの主張です。つまり、地元住民団体の主張は、開門準備工事を実施したとしても、開門すれば市街地や諫早市民に洪水被害が及ぶため、開門するための準備工事に反対するのだと主張していたことを意味しています。

ここで注目すべきなのは、地元代表として発言している人物二人が誰かということです。A本部長は諫早市の商工会議所の元会頭であり、B会長は諫早市街地の元町内会長で、諫早市自治会連合会の会長を務めた人物です。両者とも、農業者ではありません。一方、この時着手されようとしていた開門準備工事の内容は記事の冒頭でも書かれているとおり、「海水が農地に浸入するのを防ぐため、老朽化した堤防を補修する工事」のことです。開門した場合に海水が入って被害がでると想定されているのは農地であったので、農地のまわりにある堤防を補修するための工事がここで行われようとしていたのを、市街地の住民が代表となって阻止しているということになります。

本来、開門によって一番リスクを負っているはずの農業者の主張は表には出てこず、「開門すれば被害が出る」「諫早市民を洪水被害から守るため」という諫早市街地地域の代表者の主張によって、開門準備のための農地の改修工事が妨げられていたことがわかります。

（2）拡大解釈される潮受堤防の防災効果

記事に登場する住民団体の代表が言うように、潮受堤防の防災効果の範囲は、多くの諫早市民が住む市街地にまで及んでいたのでしょうか。そうではないのです。

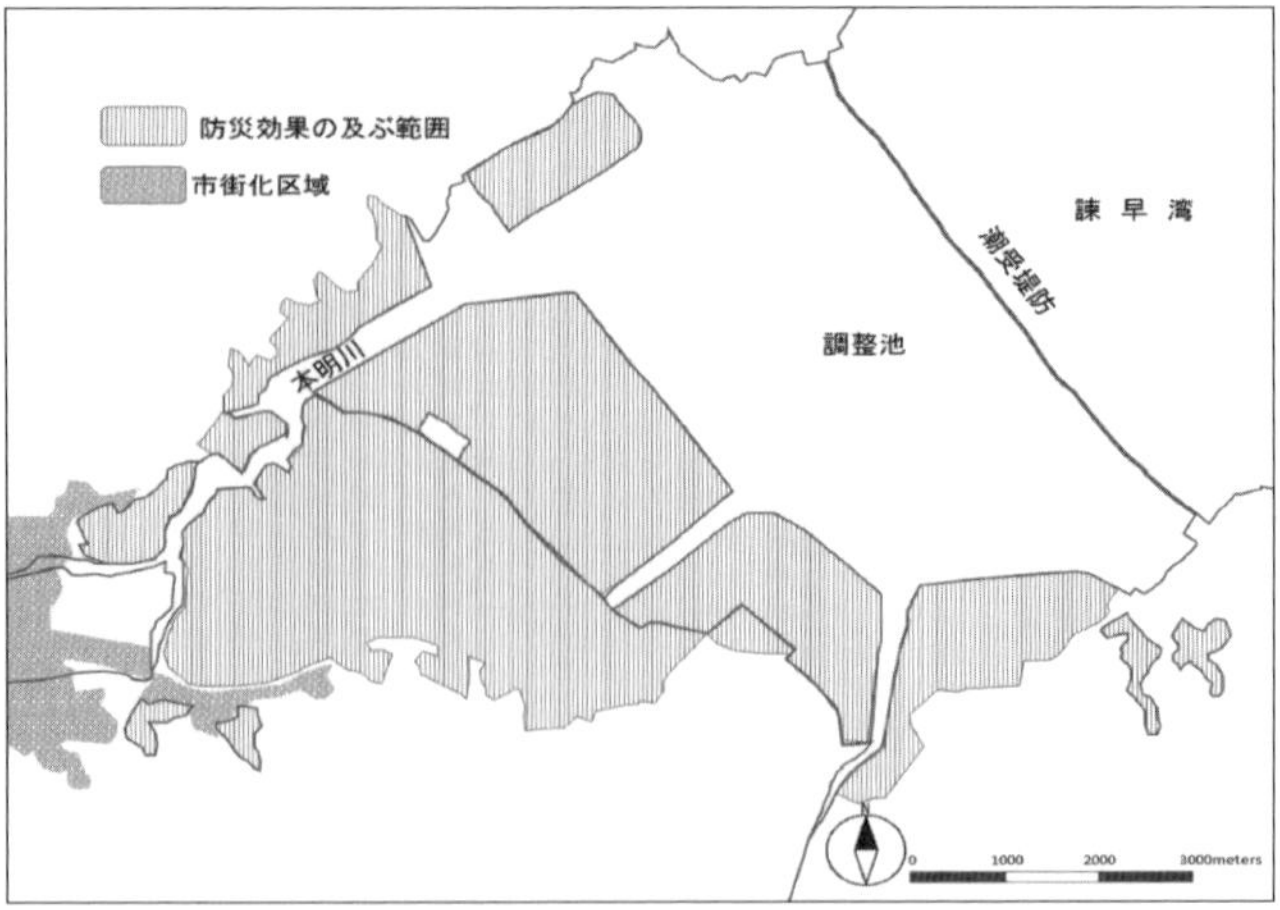

図３　防災効果の及ぶ範囲と諫早市の市街化区域

例えば、開門準備工事の阻止行動が行われている期間中、開門への理解を求めるために農林水産省が作成したパンフレットにおいて、洪水被害のリスクへの言及がなされているのは農地のみで、市街地に関して何らかのリスクがあるとは触れられていないのです。[2] また、開門してはならないとする仮処分命令に対して国が不服を申し立てた保全異議審の決定（２０１５年11月）の中で、弁護団の求める方法で常時開門した場合の認定被害が示されましたが、この中で潮風害や湛水被害が起こることが認定されたのは農業者だけであり、市街地の住民が洪水被害を受けるという認定はなされていません。市街地においては、常時の排水不良や洪水被害が起こることは、開門のリスクとして勘案しなくとも済む程度のものであることがわかります。

さらに、２０１５年８月、九州農政局のウェブサイト内に、諫早湾干拓事業の防災効果に関する資料があげられました。図３で示したのは、この資料によって示された、干拓事業によって排水不良が軽減された範囲および、諫早市の市街化区域の範囲です。[3] 排水不良が軽減されたとされるほぼすべての区域は諫早平野の農地部分であり、諫早市の市街化区域とは重なっていないことがわかります。

さらに注意しなければいけないのは、この排水不良が軽減された範囲は、干拓事業単独、つまり潮受堤防という大技術の防災効果が及ぶ範囲とは必ずしも一致しないことです。上記ウェブサイトには、諫早湾干拓背後地における防災機能の説明として、「潮受堤防による調整池のマイナス１・０ｍでの水位管理と潮汐（潮の干満）の影響の排除と併せて、ポンプ設置や排水路の整備による、湛水範囲及び湛水時間の縮小により被害額の軽減を図ります。」と書かれています。[4] また、注として、「農業関係排水等事業の受益範囲は当事業の被害軽減区域以外を含む」と記されているのです。つまり、潮受堤防を設置し、調整池をマイナス１ｍの水位に管理することに加え、市町村からの要望に従って県営で設置し、主に地域の土地改良区[5]によって管理運営されている農業関係排水等事業の防災効果をあわせて諫早湾干拓事業の防災効果の範囲を示していることを意味します。それまで喧伝されてきた干拓事業の防災効果の中には、干拓事業による潮受堤防設置という大技術とは独立に実施された、中技術による防災効果が含まれていたということになります。

前述の新聞記事においては、あたかも諫早市や諫早市民全体が影響を受けるかのように言われてきた開門をめぐる問題ですが、干拓事業の防災効果が実際に及ぶ範囲を見てみれば、それは農地に限定されており、しかもその範囲には国営の干拓事業に加えて、県営で設置された農業排水等事業の成果が反映されているのです。潮受堤防が単独で諫早地域に及ぼす効果はこの範囲よりもさらに狭いものと考えられます。市街地にまで洪水被害を受けるかのような印象を与えることは必ずしも正確ではありません。

しかし現実には、開門すれば、農地と市街地も含めた諫早地域全体に影響があることを想定したような反対の論理が立てられています。さらに開門義務を負っている農水省がそうした論理に対抗して、防災効果が及ぶ範囲を限定し、市街地に洪水被害が起こる危険性はないとするような言動も見られないのです。開門準備工事の着工をめぐる攻防においては、拡大解釈された防災効果が、否定されないまま温存されてしまったのです。

（3）開門準備工事は必要がないのか

さらに、この開門準備工事の阻止は、「諫早市民を洪水被害から守るため」という名目のもとに集まった市街地の住民という、ある意味では部外者によってなされ、老朽化した農地の設備が整備される機会が阻まれたことを意味するという事実も見逃してはなりません。開門しない場合でも、老朽化した樋門や堤防の工事が必要ないかと言えば決してそうではないからです。どういうことかみてみましょう。

開門準備工事よりも後の2013年12月の諫早市議会において、一人の市議から一般質疑がなされました。その内容は、「諫早湾干拓事業の防災効果をさらに発揮させるために、背後地の排水対策を実施せよ」というものでした(6)。そしてその排水対策の中には、調整池に面する樋門の改修が含まれていました。これに対して、諫早市の農林水産部長は、樋門の改修が必要である旨認識しているという答弁を行っています。問題となっている樋門は、諫早湾干拓事業より前に実施された干拓事業で造成した干拓地に接する場所にあるものであり、この樋門が改修されないために、雨水の排水が滞り、周辺一帯の農地が湛水することが報告されています。つまり、樋門の改修など中技術による農業用水の環境改善は、現状でも必要なことと認識されているのです。

開門準備工事は、こうした中技術レベルの細かな防災対策を背後地の各所に施すことによって、開門した際に農地に生じる被害をなるべく軽減しようとするものでした。さらに市議会において改修の必要が訴えられていた樋門は、開門準備工事による改修の対象にも含まれていました。開門準備工事を阻止するということは、一方で大技術による防災効果を市街地にまで及ぶものとして過大評価し、他方で現に生じている農地の湛水被害を軽減するために必要な中技術による防災対策を実施させないことを意味していたのです。

(4) 拡大解釈された大技術のメリット

開門準備工事への抗議行動では、潮受堤防の常時開門によって、諫早市街地にまで洪水や排水不良といった危険性があるかのように喧伝されていましたが、実際には市街地までそうしたリスクが及ぶ可能性があるとは裁判などの過程では認められていません。また、事業を実施した農水省もそのような効果は認めていないのです。そもそも開門準備工事は、常時開門による海水導入によって被害をうける可能性のある背後地の農地に、防災効果のある中技術を施すことが目的でしたが、これが諫早市民を洪水被害から守るためという名目のもとに妨げられたことを意味しています。さらに言えば、開門準備工事が実施されなかったということは、潮受堤防を常時開門した場合に、農地が排水不良を起こし、あるいは塩害を被る可能性を残したままにしてしまったことを意味するのです。潮受堤防という大技術がもたらすメリットを拡大解釈して、諫早市街地への洪水被害をなくす効果があるかのように喧伝し、そのことによって、現実に農地に必要とされている樋門の改修などの中技術の必要性は無視されることになります。そして、それによってリスクを負うのは背後地の農業者なのです。開門するかしないかという問題の中で、干拓事業の受益者であるはずの農業者は、実際には開門した場合のリスクを背負ったままで放置されている存在であったことを指摘しなければなりません(7)。

潮受堤防の内側、つまり背後地の側では、潮受堤防という大技術のメリットやその必要性が強調され、農地の排水不良などを改善するために必要な樋門の改修や排水路の整備といった中技術の効果が無視されてきました。一方、潮受堤防の外側、諫早湾側に目を向けるとどうなるでしょうか。潮受堤防の外側に位置する諫早湾口部では、潮受堤防が漁業に与える影響や、潮受堤防からの淡水の排水が漁業に影響しているにもかかわらず、その影響が語られないという時期が続きました。現在でも、国が標榜する諫早湾および有明海の漁業再生の方策をみると、潮受堤防の設置が潮流潮汐に与えた影響や、潮受堤防からの定期的な排水が周辺の漁業環境に与える影響については勘案されていません。

本稿の後半では、湾口部に現存する小長井漁協を例に、潮受堤防の外側では、内側とは全く異なり、大技術の影響が無視され、中技術の効果がクローズアップされていることを明らかにしてみます。

3 なぜ潮受堤防の外側では排水の影響について語られないのか

前項では潮受堤防の内側、つまり陸地側を舞台にして、市街地では潮受堤防の持つ防災効果が実際よりも大きく扱われる一方、背後地の農地では本来整備すべき中技術の必要性が見逃されていることを述べました。本項では、潮受堤防の外側である諫早湾口部において、潮受堤防が漁業に与える影響、つまりデメリットが語られず、中技術である漁業振興策の重要性ばかりが取りざたされる状況にあることを明らかにしてみましょう。「よみがえれ！有明訴訟」の本訴において、諫早湾外、つまり有明海沿岸の漁業者たちは、潮受堤防が漁場環境に悪影響を与えると一貫して訴えてきましたが、諫早湾内では少し事情が異なります。諫早湾内に現存する三つの漁協の中で、諫早湾北部に位置する小長井漁協は、干拓事業の推進を主張してきたのです。

(1) 小長井漁協について

諫早湾内には、かつて12の漁協が存在しましたが、諫早湾干拓事業によって湾奥部が閉め切られ、八つの漁協はすでに消滅しています。小長井漁協は、湾口部（潮受堤防の外側）に残った4漁協のうちの一つです。図2に示したとおり、小長井町漁協は北部排水門の近傍に位置しており、そこからの排水の影響を直接受ける場所に位置しています。かつて諫早湾口部では高級二枚貝であるタイラギ漁が盛んであり、このタイラギは小長井漁協にとっての主力商品でしたが、干拓事業工事が始まった後の1993年ごろから不漁が続き、現在まで20年以上にわたりタイラギは育たず、ほぼ休漁状態が続いています。現在の小長井漁協の水揚げは、ほぼ養殖のアサリとカキのみとなっています。

(2) なぜ排水による被害を話題にしないのか

小長井漁協の特徴的な点は、北部排水門の近くに位置し、調整池からの排水を直接受ける場所に位置するにもかかわらず、工事期間中から干拓事業の推進を唱えていたことです。ただし、小長井漁協もその組合員である漁業者たちも、当初から進んで干拓事業を推進してきたわけではありません。特に事業計画段階では、小長井漁協は干拓事業に反対をしてきた事実があることも確かです。ではなぜ、小長井漁協は、干拓事業に反対するのを止め、潮受堤防の漁業への影響について語らなくなったのでしょうか。以下にその経緯を、干拓事業の計画段階にまでさかのぼってみてみましょう。

諫早湾干拓事業の事業計画段階において、潮受堤防の建設によって消滅する諫早湾奥部に共同漁業権を持つ12漁協に対する漁業補償交渉が行われました。1986年9月8日に湾内12漁協に対して計243億5000万円の補償金が支払われることで漁業補償協定に調印がなされましたが[8]、この交渉の中で干拓事業に最後まで抵抗していたのは、他でもない小長井漁協の漁民たちでした。このころはタイラギ漁が比較的好調であったこともあり、干拓事業の実施に対する小長井の漁民たちの抵抗が強かったためです。漁業補償協定の調印がなされたのち、各12漁協がそれぞれ臨時総会を開き、その場で共同漁業権の放棄に同意するかどうかの採決が行われました。出席者の3分の2以上の賛成によって漁協の総意として共同漁業権の放棄が承認されたことになるこの場で、小長井漁協だけが共同漁業権放棄を否決したのです。全ての漁協の同意がなければ補償金が支払われません。そこで、他の漁協の説得によって再度臨時総会が開かれ、採決の方式も記名投票から起立採決に変更して、ようやく漁業権放棄への承認が得られたのです[9]。

1989年に干拓事業が着工した後も、小長井漁協の漁民による事業への抵抗は続きました。1991年には小長井沖でタイラギが大量にへい死しているのが見つかり、干拓事業の工事が原因ではないかと疑われました[10]。1993年には小長井漁協の青年部によって、干拓事業の工事中止を求める海上デモが行われています[11]。小長井漁協の態度に変化が見られたのは、2001年のことです。2000年冬から2001年にかけてのノリのシーズン、有明海全域のノリがこれまで経験したことのない大不作に見舞われたことをきっかけに、諫早湾の外側に位置する有明海の漁業被害が顕在化し、「有明海異変」と呼ばれるようになりました。諫早湾干拓事業がこの「有明海異変」の原因であると、有明海漁民たちは、海上デモや工事現場の封鎖を強行して大きな騒ぎとなりました。この時、小長井漁協の漁民たちがは有明海漁民たちと協力して事業に反対したかと言えば、そうではなかったのです。逆に小長

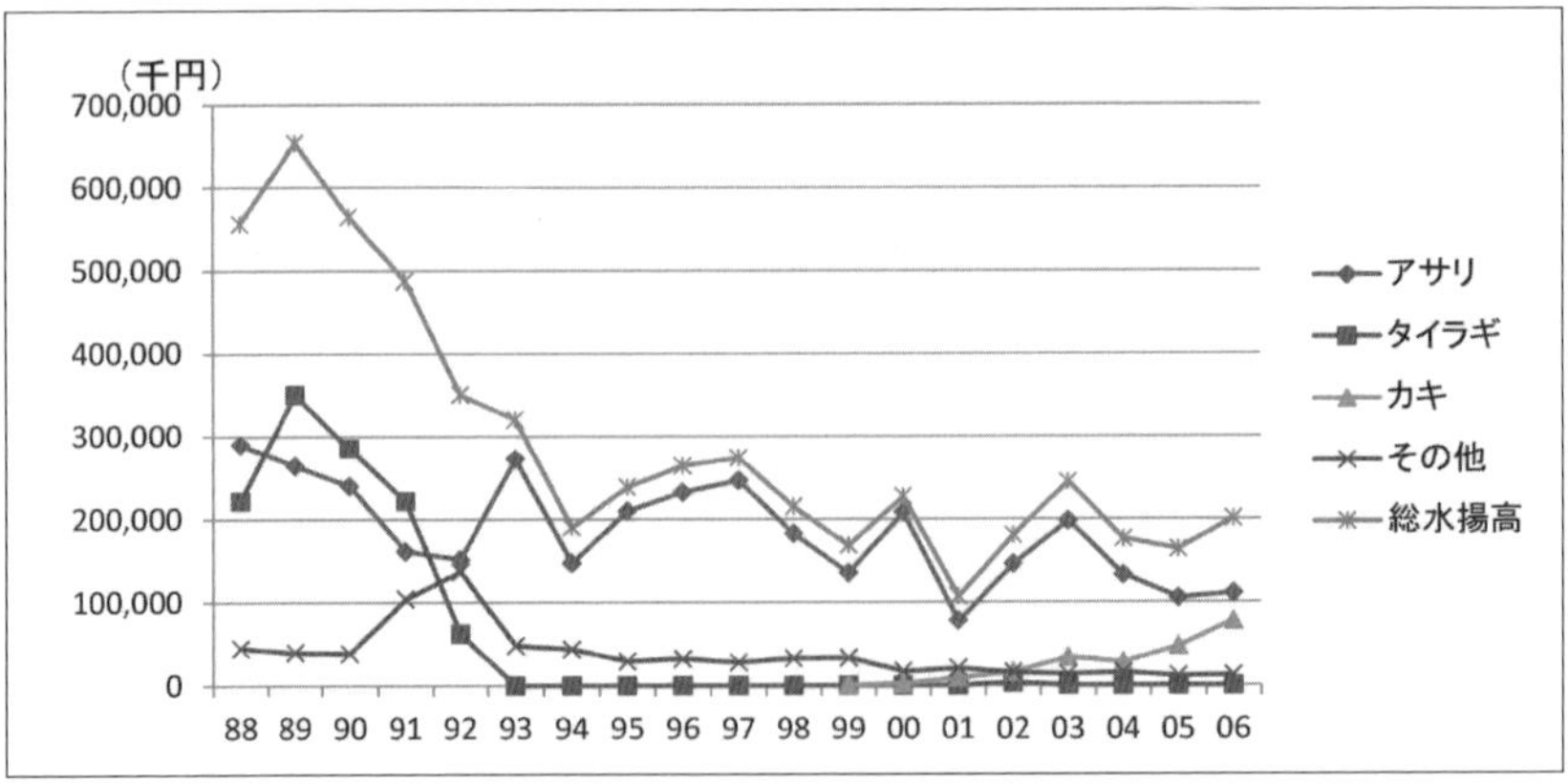

諫早市議会 2007 年 9 月 13 日定例会　一般質問資料より作成

図４　小長井漁協における水揚げ高の推移

井漁協は、工事の再開と早期完成を望む立場を示したのです。ノリの大不作を受けて、農林水産省が２００１年2月に設置した第三者委員会「ノリ不作等対策関係調査検討委員会」（以下ノリ第三者委員会と略記）に参考人として出席した小長井漁協の組合長S氏は、以下のように述べたのです。

我々漁民は、諫早大水害をはじめとして、多くの被災の歴史を持つ諫早湾沿岸地域の防災機能の強化、また、子孫に戦後のような飢えの苦しみを味わわせないためという2つの大義を示され、先祖には申しわけないと思いつつも、これを容認し、8漁協は廃業、残る4漁協は漁業経営が継続可能と聞いて、漁場縮小という苦渋の決断をいたしました。工事の中断、中止や排水門の開放には、さきに述べた2つの大義を無にするものであり、また、我々が漁業権を放棄したのは一体何だったのかということになります。（略）さらに中断により工期が延長されることになれば、もう我々の限界を超えています。湾内漁業者約１００名が干拓工事で働いております[12]。しかし、他県の漁業者の実力行使による工事阻止行動に端を発し、もう20日以上も雇用がストップしており、今でも工事再開の時期すら示されることがないような状況になっています。工事の一日も早い再開を強く要請します[13]。

ここには、小長井漁協が事業の推進を唱える理由として、干拓工事によって雇用されている漁業者がいること、そして漁業補償交渉過程で漁業権の放棄という負担を無にすることはできないということが表現されています。小長井漁協では、89年の着工以降、主力のタイラギをはじめとした水揚げ高の落ち込みを経験しています（図4参照）。2001年に「有明海異変」が顕在化するよりも前から漁獲高の減少に直面していた漁業者は、干拓事業の工事を請け負うことで収入の減少を補っていたのです。

さらに、2002年4月、ノリ第三者委員会の提言を受けて農林水産省が短期開門調査を行うことを決めた際、小長井漁協は農水省および長崎県との交渉の結果、2006年度の事業完成や水産振興策を実施することなどを条件に短期開門調査を容認することを決めました。そして、これ以降工事が完了するまで、小長井漁協では、漁場環境の悪化や長年続くタイラギ不漁の原因が諫早湾干拓事業の工事や排水門からの排水にあるという発言は、組合長レベルでも、個々の漁業者のレベルでも公にはなされなくなったのです。

（3）水産振興策という中技術への依存

それでは2007年に工事が完了し、反対運動の争点が工事中止から常時開門実施へと変化した後はどうなったでしょうか？　干拓事業の工事を請け負うこともなくなり、北部排水門からの定期的な排水の影響を受け続けることになった小長井漁協ですが、現在でも漁場回復のための手段である常時開門を拒んでいます。工事完了後に小長井漁協が陥っている状況についてさらに立ち入って分析してみましょう。

2007年の工事完了後も、小長井漁協はいまだに常時開門を拒む立場は崩していません。[14]　その理由の一つに、工事完了から現在に至るまで、諫早湾内の漁協に対して補助事業が支出され続けている事実を指摘することができます。一例をあげれば、財団法人諫早湾地域振興基金の存在です。この財団法人は、漁業補償交渉過程においては漁業権が消滅する諫早湾奥部の泉水海漁民を対象とした就労支援などを目的として設置されたものです。本来は1

991年に主目的であった泉水海漁民への転業対策を完了し、役目を終えるはずだったこの財団は、現在も存続し、諫早湾内で行われる水産業振興対策事業に対して助成金を支出しています。この水産業振興対策事業とは、カキ・アサリの種苗放流や養殖場に砂をまく覆砂事業などに対してなされるものです。これらの事業は漁協を通じて各漁業者に委託されるという意味では中技術に分類されます。しかし、この中技術は一時的な効果しかもたらさず、漁場環境の抜本的な回復に役に立つとは言えません。それでも農水省が掲げる「有明海の再生」計画の中では、種苗放流や覆砂事業による漁場環境の改善がうたわれています。大技術である潮受堤防が漁場環境に与えたデメリットは全く無視して、ここでは中技術によって「有明海の再生」が可能であるかのような計画が立てられているのです。

もちろん小長井漁協においても、組合員の全てがこうした方針に賛成しているわけではありません。漁協を通じた常時開門の取り組みが望めなくなっている中で、2008年には、小長井漁協の方針に反するような動きが出ています。長崎地方裁判所に、常時開門を求めて小長井漁協組合員9名を含む諫早湾近傍の漁民たち41名が訴えを起こしたのです。原告の中心となった漁業者は、訴えを起こした経緯について次のように述べています。

(長崎県から、干拓事業について)漁業への影響はほとんど無いと言われたけれど、でも結局は、工事中も漁業へのいろんな対策や配慮をしながら来たんですよね、その配慮をしながらでも漁業の落ち込みが激しかった。工事が終わるまでは何も言わんやったとですけど、工事が終わっても漁業を回復するような策が取られなかったから、私たちは海を戻す方に変わったんですよ。[16]

この「海を戻す方に変わった」というのは、工事期間中に潮受堤防のもたらした漁業への悪影響に口をつぐんでいた状況から、潮受堤防の漁業への影響を認め、そこからの回復を目指して常時開門を求める立場に変わったということを意味しています。漁業者が、損なわれてしまった漁場の回復を求めることに何ら問題はないはずです。しかし、こうした裁判の動きに関して、前述した小長井漁協組合長S氏は、2012年6月の長崎県議会農水経済委員会に参考人として出席した際、以下のように述べています。

（裁判を起こした漁民は、排水門を）開ければ何とかなるんだと、補償金がもらえるんだというようなのがちらちら、ちらちらするものだから、そっちに揺られてるから、話はおかしくなってしまってきている。（略）やっぱり国に言っても、県にお願いするにも、（略）長い歴史の中でこういうことをやって、こうなりましたと。だから、こういうことが必要ですから、こういうふうにしてもらえませんかということを言って、何とか予算をいただいてやっているんだけど、それを無駄にするようなことをやっているから、私もがりがりきているのがそうなんです。[17]

この発言からは、S氏が組合長として国や県との間に築き上げた関係の中で「何とか予算をいただいて」いること、そしてそれ以外の方法で救済を求める原告側を、その関係を壊すものであるとして非難していることがわかります。さらに、常時開門することが、漁場回復のための解決方法であるとみなしていないこともうかがえます。訴訟を起こした漁業者が開門を望むのは、「補償金がもらえる」ためであるとされているのです。一方に常時開門をして漁業者が補償金をもらうことと、他方に漁協が国や県に予算をもらうことが対置され、集団の金銭的利益を無下にして個人の金銭的利益を選ぶことがここでは非難されているのです。常時開門によって漁場環境が改善され、それによって漁業を再び安定させて継続していくという選択肢や可能性は、ここでは抜け落ちています。行政の予算という集団の金銭的利益か、補償金という個人の金銭的利益かの二者択一になっているのです。ここに、小長井漁協がおかれた状況が如実に現れています。本来、漁場回復のために常時開門を実施し、同様に水産振興事業を実施しても何ら問題はないはずです。それにもかかわらず、長崎県知事は、常時開門が実施された場合には漁場が不安定になることを理由として、上述の水産振興対策事業を打ち切る可能性を示唆していた事実もあります[18]。諫早湾内では、水産振興策の実施が開門を実施しないことの交換条件になってしまっていることがよくわかります。

（4）ノリの酸処理という小技術への言及

これまで、潮受堤防の外側に位置する諫早湾口部において、なぜ潮受堤防による漁場への影響が語られないのかを明らかにしてきました。例として示した小長井漁協では、諫早湾干拓事業の工事着工以降、漁協の組合員が工事を請け負うことによって、干拓事業による漁獲量の減少を補ってきたという事情もあり、干拓事業が漁場に悪影響を及ぼすという事実が語られなくなってしまいました。さらに、工事が完了してからも潮受堤防が漁場に与える影響については語られず、水産振興策という中技術の実施によって農水省や長崎県の主張する「有明海の再生」方策を請け負うことで、なんとか漁業を継続させている状態にあります。

では現在、諫早湾の漁場回復の状況やそのための取り組みについて、長崎県内ではどのような議論がなされているのでしょうか。長崎県議会の農林水産委員会において、県内でのタイラギの養殖化が議論されている部分について、小長井を地元とする議員から以下のような発言がなされています。

タイラギもホタテガイと同じように成功できればと思うんだけれども、先ほど私が言ったように、酸処理の問題が後々非常に問題になってくるんじゃなかろうかと思っているんだけれども、そのことについてはこの4県の中では、どういうふうな話になっていますか。ノリ業者の面積的なものも含めたところで、ノリの養殖も含めたところで、酸処理については、どういうふうな話を聞かれていますか[19]。

ここでは、長崎県内で実施するタイラギの養殖化実験に、有明海沿岸4県のノリの酸処理が影響するのではないかという懸念が表明されています。しかし、タイラギ漁ができなくなった大きな原因であるはずの潮受堤防の設置とそこからの排水については全く議論がなされません。大技術のデメリットについてはここでも無視され、ノリの養殖における酸処理という、個々人が漁場を守るために用いる小技術のデメリットばかりが強調されるというアンバランスなことが起こっているのです。

まとめに代えて

ここまで、干拓事業に関連する防災技術を大中小技術という枠組みによって分節化し、潮受堤防の背後地側と諫早湾口部側で起こっていることについて分析した結果について紹介してきました。背後地側においては潮受堤防という大技術がもたらした効果が実際以上に強調され、農地の湛水被害軽減に必要とされる中技術の実施が阻まれていることを明らかにしました。ひるがえって、諫早湾口部に位置する小長井漁協の例からは、大技術によって漁場が被害を受けていることは無視され、中技術である漁業振興策を請け負うことが、常時開門を要求しないことと実質的な交換条件となっている状況を指摘しました。また、長崎県においては、続く漁場環境の不振に対応する策としてタイラギの養殖化などが議論されていますが、その議論の場においても、ノリの酸処理という小技術のデメリットが議論され、潮受堤防とそこからの排水という大技術のデメリットについては語られないという現象がみられます。

これは、少なくとも長崎県内においては、潮受堤防という大技術について、それがもたらすメリットである背後地の防災効果については大きく取り上げられる一方で、デメリットである諫早湾口部の漁場環境への影響については無視されるような状況が続いていることを意味しています。そしてこの状況は、諫早湾干拓事業の是非をめぐる議論にも直結しているのです。干拓事業が地域にもたらした利益については盛んに強調されるのですが、それがもたらした不利益については口をつぐまざるを得ないような状況にあるということです。

本稿において取り上げた事例は、環境を改変するような技術が地域社会に置かれたとき、実際にそれがもたらした影響が実際よりも大きな意味を与えられたり、与えた影響がそもそも無いものとされたりするということを示しています。技術がもたらした環境変化が、実際にはどの程度のもので、それは地域社会にとってどのようなメリットやデメリットとして現れているのか、まっさらな状態で議論するのがもちろん望ましいことではあります。しかし、干拓事業の着工から数えてすでに30年が経過し、これまでの経緯や政治的な事情から、そうした議論が地域社会においては困難になっているということも事実です。

それでも忘れてならないのは、大・中・小それぞれの技術はそれぞれが単独で効果を発揮するものではなく、適切な組み合わせによって防災効果が実現されるという点です。農業環境は潮受堤防という大技術のみで守ることはできませんし、漁場環境の悪化を漁業振興策に基づく中技術のみで改善することもできません。国、県、コミュニティ、個人など様々な人々が用いる技術の全体像について把握し、それぞれのバランスをとることを忘れないことが、地域社会全体を守るためには重要なことなのです。

【注】

（1）「日本経済新聞」２０１３年9月10日付。人名は匿名化した。

（2）九州農政局「諫早湾干拓事業の潮受け堤防排水門の開門への協力のお願い―開門に対する皆様の疑問や懸念にお答えします―」http://www.maff.go.jp/kyusyu/seibibu/isahaya/2013panfu/pdf/h251003_panf.pdf（２０１５年2月28日最終アクセス）

（3）九州農政局「諫早湾干拓背後地における防災機能」http://www.maff.go.jp/kYusYu/seibibu/isahaYa/outline/bousai

01.html（2015年2月28日アクセス）および諫早市都市計画図より作成。
（4）九州農政局「諫早湾干拓背後地における防災機能」http://www.maff.go.jp/kYusYu/seibibu/isahaYa/outline/bousai01.html（2015年2月28日アクセス）
（5）農地の所有者や耕作者を中心として組織され、都道府県知事の認可を受けて設立される法人のこと。
（6）2013年12月9日諫早市議会議事録。
（7）背後地の農業者がリスクを負ったまま放置されている状況については、開田（2016）を参照。
（8）これにより漁業権の消滅した堤防内8漁協は、1991～1992年の間に全て解散している。
（9）「長崎新聞」1987年2月1日付朝刊1面。
（10）「朝日新聞」1991年12月12日付朝刊11面。
（11）「長崎新聞」1993年1月23日付1面。
（12）湾内漁業者100名とは、小長井漁協含む湾口部4漁協の漁業者を指している。またこの時期、小長井漁協組合員が設立したものだけでも5社の建設会社が存在した（永尾、2005：59）。工事完了直前の2007年3月の時点で、小長井漁協の正副組合員106名のうち少なくとも44名が干拓工事に従事していたことがわかっている（2007年3月9日諫早市議会第1回定例会議事録）。
（13）2001年3月13日、第2回農林水産省有明海ノリ不作等対策関係調査検討委員会議事録、括弧内は筆者。
（14）2009年の組合長選挙によって組合長が交代した瑞穂漁協においては、それまでとっていた常時開門を認めないという立場を覆し、2010年2月に組合員全員一致で常時開門を求める決議がなされた。この瑞穂漁協との比較から言っても、小長井漁協が開門を認めないという態度の特異性が指摘できる。
（15）砂を他所から購入してきて養殖場にまくことを覆砂といい、一時的にアサリが育ちやすくなる。
（16）2009年8月18日、漁業者聞き取りより、括弧内は筆者。
（17）2012年6月11日、長崎県議会農水経済委員会議事録、括弧内は筆者。
（18）2010年9月17日、長崎県議会定例会本会議議事録。

(19) ２０１８年6月27日、長崎県議会農水経済委員会議事録。

【引用文献】

大熊孝、２００４。技術にも自治がある――治水技術の伝統と近代』農山漁村文化協会。

開田奈穂美、２０１６。「大規模開発の受益圏内部における支配構造――諫早湾干拓事業を事例として」『年報科学・技術・社会』第25巻、１－24ページ。

永尾俊彦、２００５。『ルポ諫早の叫び　よみがえれ干潟ともやいの心』岩波書店。

農林水産省九州農政局、２００８。『諫早湾干拓事業の潮受け堤防の排水門の開門調査に係る環境影響評価方法書』。

＊本稿は、東京大学人文社会系研究科２０１７年度博士論文「巨大開発における損益の分配と生業の被害に関する社会学的研究―複合問題としての諫早湾干拓事業―」をもとに大幅に改稿したものである。

第5章

司法の倫理や役割と世論形成

問われる司法と有明海再生

「よみがえれ！有明訴訟」弁護団・弁護士
堀　良一

はじめに

先日、昨年から漁師の父親を継いで漁業を始めた青年漁師といっしょに国会議員への要請行動に行きました。議員を集めての院内集会で、マイクを片手に訥々と話した彼の訴えは実に感動的でした。

諫早湾干拓工事が始まったとき、彼は小学1年生。ギロチンと呼ばれた潮受堤防閉切のときが中学3年生。工事が進むにつれて不漁が顕在化し、漁師の父親の不機嫌な顔と両親の夫婦げんかが多くなって、陰で涙をぬぐう母親の姿をしばしば見かけるようになった子供時代を、彼はしみじみと語ってくれました。高校卒業後、彼は社会人になって故郷を離れます。辛かった親の姿を見て育ったにもかかわらず、それでも彼が仕事を辞めて父親の漁師を継ごうと決意したのは、打算を通り越した故郷の海に対する強い想いだったそうです。自分には宝の海だったころの有明海の思い出はない、でも、父親が語っていた宝の海・有明海があったことを信じて、なんとかそんな海にしたい、彼はそう話を結びました。

有明海再生を目指す闘いは、まだまだ続きます。私にとっても、いつの間にかライフワークになっていました。その意味で、この一文は、引き続き取り組む闘いの、訴訟面での中間報告とも言うべきものです。

1 よみがえれ！有明訴訟の背景と司法による解決のチャレンジ

（1） 提訴とその背景

① 「よみがえれ！有明訴訟」の提訴は2002年11月26日に行われた。1989年11月8日に起工式が行われて工事着工となった国営諫早湾干拓事業は、1997年4月14日の潮受堤防閉め切りを経て、提訴が行われた当時、すでに着工以来13年が経過していた。工事進捗率は90％を超えていた。

② 工事の進行につれ、有明海漁場環境の悪化とそれに伴う漁業被害は深刻さを増していた。最初に被害が顕在化したのは工事現場の諫早湾内であった。諫早湾内においては工事が本格化した1992年には早くもタイラギが大量死滅し、翌1993年から今日に至るまでタイラギ漁は休業になっている。

その被害が有明海全域に及ぶ契機となったのは1997年4月14日の潮受堤防閉切であった。これに伴う有明海の環境悪化は「有明海異変」と称された。「有明海異変」の中、2000年12月から翌2001年初頭のノリ漁期には空前のノリ不作を迎えた。2000年12月初めに発生した赤潮は瞬く間に有明海全域に広がり、大増殖した赤潮プランクトンに栄養塩を奪われたノリは無残にも色落ちし到底売り物にならないため、漁民たちは泣く泣くノリ網を撤去した。その漁民たちの怒りは漁船デモとなって現れた。2001年元旦を皮切りに波状的に取り組まれた漁船デモは、1月26日には漁業者6000人が漁船1300隻を連ね、陸側からは市民団体がこれに呼応して排水門開放を求めるまでになった。

③ 同年3月、農水省は、漁民、市民の抗議行動に押されて「ノリ第三者委員会」を立ち上げ、ノリ不作の原因究

明に立ち上がらざるを得なくなった。その「ノリ第三者委員会」は同年12月19日に「諫干事業は有明海全体の環境に影響を与えていると想定される」として、2カ月程度（短期）・半年程度（中期）・数年程度（長期）の開門調査を提言した。以後、短期、中期、長期の開門調査は、「有明海異変」から有明海を再生し、宝の海・有明海を取り戻す闘いの共通のスローガンとなった。有明海の変化に日々接してきた漁民にとって、「有明海異変」の原因が干拓事業にあることは自明のことであり、開門調査によってそれを国に見せつけることができれば、干拓事業の見直し、有明海の再生へと途が拓けるからである。

④　ところが国は、みずからが設置したノリ第三者委員会の提言であったにもかかわらず、「（干拓）事業と開門調査は切り離して考えていく」などと公言し、翌2002年には干拓工事を再開させた。開門調査については、4月からわずか28日間の（超）短期開門調査を実施すると、中長期開門調査については実施の見通しを曖昧にしたまま、工事の続行を急いだ。ノリ第三者委員会が提言した短期開門調査は2カ月程度であったにもかかわらず、1カ月にも満たない短期開門調査でお茶を濁し、すでに90％の進捗率であった工事を急ぎ、中長期開門調査を不問に付したまま、工事を完成させようとする国の狙いは明らかであった。

（2）訴訟の目的

「よみがえれ！有明訴訟」は、このような状況下で、同年11月26日に佐賀地方裁判所に提起された。工事中止を求める民事訴訟の提訴と仮処分申請である。工事中止は言うまでもなく有明海再生そのものではない。すでに潮受堤防は閉め切られ、工事は90％以上が終わり、後は内部堤防などの残工事を残すような状況下で工事が中止されたからといって「有明海異変」が解消される訳ではない。しかしながら、工事の中止は「動き出したら止まらない公共事業」（本書、宮入興一参照）を立ち止まらせ、開門調査を実現する上で不可欠の前提である。そうはいっても、90％以上終了した国策の公共事業を判決で差し止めるなどというのは前例がない。そうした状況下で現実に工事中止の差し止め判断を勝ち取り、それを開門調査から有明海再生へ向けた転機としていくためには、法廷内での狭い、技術的な闘いだけに終始してはならない。法廷外の漁民、市民の運動と連携しながら、裁判所と世論を揺り動かし、国に有明海再生を迫っていくものでなければならない。しかも、工事の進捗状況からして、その中止は早急に実現する必要があった。

2　工事中止仮処分と逆風を打ち破っての佐賀地裁開門判決

(1) 提訴初期の闘い

提訴初期の闘いは、法廷内では、早期の工事中止を実現するため、まず工事中止の仮処分決定を出させることに力を集中した。法廷外では、それまでさまざまな取り組みをしていた運動を、それぞれの経過と独自性を尊重しつつ、大同団結した一つの力にすることを目指した。大同団結した共同行動としては、２００３年4月に、公害等調整委員会への原因裁定申請を共同弁護団で行った。公害等調整委員会は公害・環境問題に関わる紛争に特化した紛争処理機関であり、原因裁定はこの種の紛争の焦点となる因果関係についての判断を求める手続である。因果関係の判断を専門的に行う手続を別途申請することは、紛争の解決を全体として早期に、有利に進める上で意義あるものと考えての上である。

支援組織を広げるため、漁民や市民とともに有明海沿岸4県を訪ね歩いて支援組織の結成や拡充を訴え、上京してさまざまな公害・環境問題に取り組んでいる個人・団体に有明海問題への取り組みを訴えた。国会においては、長良川河口堰問題などに取り組んできた超党派の公共事業チェック議員の会等を窓口にして働きかけを行った。

（2）工事中止仮処分決定とともに工事車両が引き上げた

佐賀地方裁判所においては2004年3月の年度末までの工事中止仮処分決定を目指した。早期の決定を実現するため、ノリ第三者委員会における検討資料を証拠として提出し、その証拠に基づく早期の工事中止仮処分決定を促した。国が激しく抵抗する中、私たちは2004年初めには全ての主張・立証を終えて、同年3月末までの仮処分決定を想定し、国会行動などを強めた。

ところが、なかなか裁判所は決定を出さなかった。同年5月11日には農水大臣が正式に中長期開門調査の見送りと、これに代わる有明海再生事業の充実を発表した。開門調査をタブー視した有明海再生事業はその後、今日まで続いている。

そうこうする中、同年7月の本訴の法廷で意見陳述に立った原告の漁民は、すでにたくさんの借金を抱えて廃業や自殺に追い込まれた漁民が少なくないことなどを切々と訴え、最後に、裁判官に向かって、「漁民があと何人死んだら、干拓工事を止めてくれるんですか」と流れ落ちる涙をぬぐおうともせずに声を大きくした。佐賀地方裁判所が工事中止の仮処分決定を出したのは、その翌月の8月26日である。仮処分は直ちに効力が発生する。工事現場に工事中止仮処分決定の内容が届くや否や、工事車両は一斉に現場から離れていった。

（3）実態を直視した仮処分決定の内容

佐賀地方裁判所の工事中止仮処分決定は、干拓事業の経緯や漁業被害の実態を踏まえながら、きっぱりと工事中止を認めた。

最大の争点であった因果関係について、決定は、有明海漁民が受けている被害の事実を詳細に認定したうえで、事業との因果関係を認定した。決定は、ともすれば被害者側に因果関係に関する高度の立証責任を負わせようとするそれまでの判例の傾向に安易に与《くみ》するのではなく、中長期開門調査による、より科学的な因果関係の解明を、国が拒否している事実を踏まえ、「そもそも漁業者らと国の間には人的にも物的にも資料収集能力に差があり、その能力差を無視し、漁業者らに高度の立証を求めるのは民事保全手続においても公平の見地から到底是認し得ない」、中長期開門調査を実施しないことによって生じた「より高度の疎明が困難となる不利益を漁業者らだけに負担させるのは、およそ公平とは言い難い」などと述べた。

また、「もうすでに工事の90%以上が完成しており、被害は完成した部分によって生じるのだから、事業を差し止めても被害を防止することにはならない」などという国の居直りにも似た主張に対しても、決定は、「漁業被害の程度も深刻であって、漁業者らの損害を避けるためにはすでに完成した部分および工事進行中、ないし工事予定部分を含めた事業全体をさまざまな点から精緻に再検討し、必要に応じた修正を施すことが肝要となる」、「再検討に当たっては二次被害の発生防止や防災効果の維持など、種々の観点も加味せざるを得ない。事業規模の巨大性という特質から、検討には一定程度時間を要することは明らかである。その間に現在予定されている工事が着々と進行したならば再検討自体をより困難なものとすることは容易に推認できる。重要なのは、事業の一時的な現状維持である」と明快に述べている。

(4) 福岡高裁における逆転敗訴と逆風の中での闘い

① 佐賀地方裁判所における画期的な工事中止仮処分決定は、翌2005年5月16日、福岡高等裁判所において取り消され、同年9月30日、最高裁判所はそれを維持した。この間、同年8月30日には公害等調整委員会は漁民らが求めた干拓事業と漁業被害との因果関係ありとの判断を求めた原因裁定において、漁民らの申立を棄却した。原因裁定の審理においては、専門委員が少なくとも諫早湾内やその近傍における事業と漁業被害の関連性は明らかであるとの専門委員意見書を提出していたにもかかわらず、法律的判断として因果関係を否定したのであった。

② それでは、佐賀地方裁判所と福岡高等裁判所や公害等調整委員会の判断はどこが違うのか。決定的な違いは、

被害を訴えた当事者に課せられる因果関係立証のハードルの高さである。佐賀地方裁判所が、国がみずから設置したノリ第三者委員会の提言にもかかわらず、中長期開門調査をサボタージュし、データの蓄積や科学的知見の前進をはばんでいる中で、漁民側の因果関係立証の負担について配慮しながら判断したのに対し、福岡高等裁判所と公害等調整委員会は、それを考慮することなく、サボタージュしたものが勝ちといわんばかりに、科学的解明が不十分で因果関係を認定することはできないとした。

すなわち、福岡高等裁判所は「事業と有明海の漁業環境の悪化との関連性については、定性的にはこれを否定できないが、定量的にはこれを認めるに足りる資料が未だないと言わなければならない」としている。福岡高等裁判所は、同時に「原因についてさらに究明するために、本件事業を所管する九州農政局は、ノリ不作等検討委員会の提言に係る中長期の開門調査を含めた、有明海の漁業環境の悪化に対する調査、研究を今後とも実施すべき責務を、有明海の漁民らに対して一般的に負っているものといわなければならない」などと言い訳を述べているが、そのサボタージュに対する司法の判断をサボタージュしたところに佐賀地方裁判所との決定的な違いがある。

この点は、「客観的データの蓄積や科学的知見の面でなお不十分」として原因裁定を棄却した公害等調整委員会も同様であった。同委員会もまた「今後、有明海を巡る環境問題について、国を始めとして、更なる調査・研究が進められて、的確な対策が実施され、かつてのような豊かな有明海の再生が図られることを念願する」などという弁解めいた委員長談話を発表している。

求められていたのは、国がみずから設置したノリ第三者委員会の提言にもかかわらず、中長期開門調査をサボタージュし、データの蓄積や科学的知見の前進をはばんでいるという状況を踏まえ、司法における正義をどうやって実現するかであった。この点に関する悩みや格闘の跡が福岡高等裁判所や公害等調整委員会の判断には見られない。

③　国はこの経緯を踏まえ、佐賀地方裁判所に残された工事中止の本案訴訟は、もはや決着がついたなどという強気の姿勢で対応してきた。漁民たちは、これに対し、これらの決定には納得しないということを、そして、これらの決定が決して紛争の解決にはならないということを、逆に、司法が紛争の解決をより困難にしたことを形で示そうと、原告の拡大運動に立ち上がった。200名に満たなかった工事中止の本案訴訟の原告は瞬く間に1500人にふくれあがった。

こうした力を背景に、漁民たちは、2005年の一連の困難を乗り越え、佐賀地方裁判所における更なる審理の充実を実現していった。2006年には裁判長が交代したが、新しい裁判長の下で、裁判所の現地視察を実現し、新たな研究成果を踏まえた主張を展開し、研究者尋問と当事者尋問を実現していったのである。

また、2008年3月には干拓事業が終了することを踏まえ、裁判の請求の趣旨を「工事中止」から「潮受堤防撤去」の主位的請求と「開門」の予備的請求に変更した。

（5）佐賀地裁開門判決と控訴するなの闘い

①　2008年6月27日、佐賀地方裁判所は開門判決を言い渡した。判決主文は、「本判決確定の日から3年を経過する日までに、防災上やむを得ない場合をのぞき、国営諫早湾土地改良事業としての土地干拓事業において設置された、諫早湾干拓地潮受堤防の北部および南部各排水門を開放し、以後5年間にわたって同各排水門の開放を継続せよ」というものである。勝訴したのは諫早湾近傍を漁場とする三つの漁業協同組合の漁民たちであった。3年間の待機は開門準備工事の期間、5年間の開門はその間に開門調査を行うことを前提としており、その開門調査の結果を踏まえて新たな対応を検討しなさいということである。

②　問題の因果関係については、「被告が中長期開門調査を実施して上記因果関係の立証に有益な観測結果及びこれに基づく知見を得ることに協力しないことは、もはや立証妨害と同視できると言っても過言ではなく、訴訟上

の信義則に反するものと言わざるを得ない。したがって、上記の関係では、被告において、信義則上、中・長期の開門調査を実施して、因果関係がないことについて反証する義務を負担しており、これが行われていない現状においては、上記の環境変化と本件事業との間に因果関係を推認することが許されるものというべきである」と述べ、中長期開門調査を巡る経緯を踏まえ、司法における正義をいかに実現するかという悩みの上で判断したことを明らかにしている。判決を下した裁判官の想いは、判決末尾の「当裁判所としては、本判決を契機に、すみやかに中長期の開門調査が実施されて、その結果に基づき適切な施策が講じられることを願ってやまない。」という結びの一文に象徴的に表れている。

③　この判決は、有明海漁民はもとより、沿岸の自治体からもこぞって歓迎され、国は控訴せずに開門調査を行うべきだとの世論が高揚した。漁民たちは支援者らと共に農水省前で座り込みを行い、国に判決に従うよう訴えた。

ところが国は、控訴期限最終日の前日、まるで世間の目を避けるように裁判所の夜間受付に控訴状を提出した。そして、農水大臣談話を発表し、「今後、環境省と調整したうえで開門調査のための環境アセスメントを行い、開門調査を含め今後の方策について、関係者の同意を得ながら検討を進めていきたい」などと控訴を合理化しようとした。

(6) 対案としての段階的開門の提案

国は開門アセスメントによって、またもや開門調査を曖昧にしようとしている。これに対し、すでにこの年の4月から干拓地における営農が開始されていることをも踏まえ、私たちは、翌2009年4月に、農・漁・防災が共存する段階的開門の対案を発表した。

「農・漁・防災共存の段階的開門」とは、開門調査によって有明海再生の途を切り拓こうという漁民の利益と、開門に伴う農業や防災への悪影響を危惧する干拓地や背後地の農家、市民の利害を調整するため、まずは2002年に実施して実績のある短期開門調査レベルの開門から開始し、順応的管理の手法に従い、データを収集して対策を検討しつつ、次第に開門幅を大きくしていくというものである。

以後、私たちは、訴訟の内外においてこの「農・漁・防災共存の段階的開門」の提案を踏まえ、話合いによる紛争の解決を呼びかけてきた。

3 福岡高裁開門判決の確定と開門阻止訴訟

（1）福岡高裁開門判決の確定

２０１０年12月6日、佐賀地方裁判所開門判決の控訴審である福岡高等裁判所は、1審判決を維持し、再び準備工事のため3年待機した上で、潮受堤防南北両排水門を5年間開放することを命じた。

因果関係に関する判断は、1審判決が、中長期開門調査を行わない国のあり方を「立証妨害と同視できる」、「訴訟上の信義則に反する」と非難しつつ、例外措置であるかのごとく因果関係を認定したのとは異なり、「本件潮受堤防によって」近傍場漁民の「漁業被害が発生した蓋然性が高いというべきであり、経験則上、本件潮受堤防の閉切と漁業被害との間の因果関係を肯定するのが相当である」と、端的に因果関係を正面から認めたのが特徴である。

最高裁判所への上告手続は、憲法の解釈に誤りがあることなどを理由にしてしかできない（民事訴訟法312条）。また、上告受理の申立も最高裁判所の判例違反ないし法令の解釈に関する重要な事項を含む場合などに限られる（民事訴訟法318条）。福岡高等裁判所が、一般的な法理論を前提に端的に因果関係を始めとする開門に必要な要件を認定したことは、国による上告や上告受理申立を困難にしたものであり、ここで決着を付けようという、裁判所の意気込みがうかがわれるところであった。

この判決もまた、広範な世論の支持を得ることとなり、当時の民主党政権は上告せず、２０１０年12月20日の経過によって、開門判決は確定した。確定判決は再審以外、もはや覆ることはない。提訴以来、8年が経過して、ついに勝ち取った開門確定判決であった。

（2）開門阻止訴訟と国による前代未聞の確定判決無視

開門判決の確定によって、国の開門義務は最終的に確定した。行政が司法の判断に従うのは、三権分立の憲政下においては当然のことである。

ところが国は、地元の反対、非協力を口実になかなか3年の待機期間に実施されるべき準備工事を行おうとしなかった。

そうするうちに翌2011年に、国と共に干拓事業を推し進めてきた長崎県の支援を受けた干拓地や背後地の農民を中心にした人々によって開門阻止の民事訴訟と仮処分が提起された。開門させたくない長崎県の支援を受けた開門による農業被害発生のおそれなどを懸念する人々が、開門したくない国を相手に起こした訴訟であり、原告と被告の利害が一致する奇妙な裁判であった。もちろん国は開門判決が確定した以上、その趣旨にしたがって開門阻止の決定を退けるため全力を尽くさなければならない。ところが国は、開門判決確定後から、あれこれと開門判決について勝手な言い分を並べていた。一つは開門判決の命じた南北両排水門の「開放」は「全開門」ではなく、部分的な開門であってもよい、したがって国は短期開門レベルの開門しかしない、というものである。「開放」は文字通り「開け放つ」ことであり、また、判決主文を導いた理由は全開門を前提としている。国の勝手な解釈には根拠がない。もう一つは、開門を命じた確定判決の主文には従うけれど、その主文を導いた干拓事業と漁業被害の発生との因果関係は認めないという居直りの言い分である。まるで、悪戯をした子供が先生から廊下に立っていなさいと叱られて、廊下に立てというのは先生の命令だから従うけど、悪戯をしたことを悪いとは思わないなどと駄々をこねているに等しい。

こうして国が確定判決を履行しないという憲政史上初めての異常事態が生じている中、私たちは国任せにすることはできないと、開門阻止訴訟に利害関係人として補助参加した。

ところが、国は、補助参加人の訴訟行為が被参加人の訴訟行為と抵触するときは効力を有しないのをいいことに、私たちが提出した確定判決の基礎となった主張や証拠を全てみずからの訴訟行為と抵触するとしたため、結局、私たちが行った訴訟行為の肝心の部分は開門阻止訴訟や仮処分の判断材料から除外され、3年待機の開門期限が間近に迫った2013年11月12日、開門差し止め仮処分決定が出されることとなった。

(3) 開門差し止め仮処分決定後の国の対応と「訴訟の乱立」

国は、開門差し止め仮処分決定以後、「開門と開門禁止の相矛盾する義務の中で身動きがとれない」などと述べて、なれ合い訴訟の結果である開門差し止め仮処分を新たな口実にして、開門を拒むようになった。

そして、2004年8月の工事禁止仮処分決定に対しては直ちに異議申立をしたにもかかわらず、国は、開門差し止め仮処分に対してはなかなか異議申立をせず、結局、私たち補助参加人が国に代わって異議申立をした。同時に、3年待機の開門履行期限が経過したことから、私たちは裁判所に対し開門義務の履行を求めて間接強制の申立をした。国が裁判所の確定判決を履行しないことは憲政史上初の事態であったが、国がそのために強制執行を申し立てられることもまた、当然のことながら憲政史上初の異常事態であった。国は開門差し止め仮処分に対する異議申立にはしぶしぶ従ったものの、間接強制に対しては請求異議や執行停止の申立などを行い、激しく抵抗してきた。

これらの確定判決の履行を巡る複数の訴訟、開門阻止訴訟と仮処分、その履行を巡る間接強制の申立などの状況は、マスコミなどから「訴訟の乱立」などと言われている。しかし、根底にあるのは、確定判決に従わず、みずからに都合のよい開門阻止訴訟や仮処分に対してはなれ合い訴訟を行ってはばからない、国の何が何でも開門したくないという身勝手な態度である。

4　和解協議と国の対応

(1) 和解協議の開始

こうした中、2015年1月22日、最高裁判所は、間接強制に対する国の異議申立を退けるとともに、決定文の中で、国が「実質的に背反する実体的な義務を負い、それぞれの義務について強制執行の申立がなされるという事態は民事訴訟の構造などから制度上あり得るとしても、そのような事態を解消し、全体的に紛争を解決するための十分な努力が期待されるところである」と述べ、全体的な紛争解決のための国の役割について注文をつけた。

この最高裁判所の指摘を踏まえ、請求異議訴訟が係属していた福岡高等裁判所と開門阻止訴訟が係属していた長崎地方裁判所は、同年10月と11月に相次いで和解によって解決すべきことを勧告した。

2009年4月の「農・漁・防災共存の段階的開門」の提案以来、話合いによる解決を目指していた私たちは、直ちに和解のテーブルにつくことを承諾した。ところが、開門阻止派は、開門が検討課題になるような場には参加できないと述べ、国は開門阻止派がテーブルに着かないのなら、和解協議に応じるわけにはいかないなどと難色を示した。

しかしながら、この問題の早期かつ柔軟で円満な決着は和解協議による以外にはあり得ない。同時に、特定の結論を前提にしたのでは和解の名に値しない。私たちは、裁判所に対し、開門阻止派への粘り強い説得をするように申し入れた。ところが長崎地裁は、そうした努力を早々に放棄し、翌2016年1月18日、開門阻止派が和解のテーブルにつくようにするため、安易に非開門を前提とする和解勧告を行うに至った。

私たちは、これに対し、非開門は私たちの望むテーマではないが、みずからの望むテーマでないことを和解協議拒否の理由とはしない、協議の中で非開門による妥当な解決がありえないことをきちんと主張する、そしてそれが明らかになった場合は開門を含めた和解協議を継続し、和解による解決の機運を台無しにしてはならないと裁判所に伝え、裁判所も非開門でだめなら開門をテーマにした和解協議をすると約束したことから、長崎地方裁判所における和解協議が開始した。福岡高等裁判所は長崎地方裁判所において和解協議が具体化したため、その成り行きを静観することとなった。

（2）国による基金案の提案と漁業者団体に対する懐柔工作

こうして長崎地方裁判所は2016年1月18日の非開門の和解勧告に基づき、国に対し、開門に代わる新しい措置を具体的に提案するように命じた。

しかしながら開門（開門調査）に代わる取り組みとしては、すでに2004年の農水大臣発表で中長期の開門調査を見送り、代わりに開門をタブー視して実施してきた有明海再生事業の実績がある。その実績は、開門をタブー視した再生事業だけでは決して有明海再生の展望は拓けないというものであった。国は開門調査に代わる再生事業が発表された2004年5月から12年が経過してもなお有明海再生に結びつく提案をなしえない中で、わずか数カ月の間に画期的な提案などできるはずがない。

案の定、5月になって国が提案してきたのは、これまでの再生事業を加速するための基金の創設というものであった。後日、その基金の規模は100億円であり、基金の拠出は1回限りとされた。

しかしながら、いくら金を積もうが、12年間開門をタブー視したままでは見通しを描くことができなかった再生事業を加速させたからといって、その行き着く先に有明海再生を展望することはできない。私たちは、直ちに過去の経過を踏まえ、国の基金案が和解協議の対象となりえないことを主張し、関連資料を裁判所に提出した。

こうして7月27日の和解協議において、長崎地方裁判所は国に対し、基金の運営を担うことが想定されている有明海沿岸4県の漁業団体及び自治体に対し、国の基金案を受け入れるか否かについての意見を聴取し、9月6日の次回和解期日に結果を報告するよう指示した。結果は、長崎県を除く3県自治体、4県全ての漁業者団体が受け入れないというものであった。これをもって国の基金案については決着を見たはずであった。

ところが、国は漁業者団体が再生事業に関する基金的な運用について望んでいることから、もう少し協議させて欲しいと裁判所に願い出た。私たちは反対したが、裁判所は国の基金案での引き延ばしを許し、ずるずると和解協議は出口のないまま漂流することになった。

後日明らかになったところでは、この間、国は一方で再生事業予算の削減などの不利益をちらつかせ、他方で想定問答集を作って、漁業者団体は訴訟当事者ではないのだから、開門の旗を降ろさずに基金案に賛成すればいいなどと、なりふり構わず漁業者団体に基金案を飲ませようとしていた。その結果、漁業者団体の間では、基金を受け入れなければ再生事業予算を減額、消滅させられるのではないかなどという不安が生まれ、「開門の旗を降ろさなくてもいいのなら、基金案に賛成した方が今後のためになるのではないか」などという意見が生まれたり、そういう意見に対しては「基金受入は事実上の開門放棄になる」などの反対者が出たり、漁業者団体内部での混乱と分断の状況が生まれ、年末には佐賀県以外の漁業者団体が内部的な混乱の中、開門の旗は降ろさないなどと留保をつけながら、基金案に賛成するという事態が生まれた。

しかしながら、結局、佐賀県の漁業者団体と自治体が国の工作にもかかわらず、断固として拒否の回答を貫いたことから、国の基金案は運用団体の一致が得られず、組織的前提を欠くこととなり、頓挫することとなった。

(3) 漁業者側和解案の提案

国の提案した開門に代わる基金案の行き詰まりを受け、私たちは新たな和解協議の枠組みを提案した。

その内容は次のとおりである。

① 短期開門調査レベルで開門を開始し、開門調査を実施する。

漁民の利害は、開門による有明海の再生、宝の海の復活である。

漁民は開門確定判決によって、南北両排水門の5年間開放という権利を有しているが、この提案は、まずは早急に開門を実現することが急務であること、短期開門調査の際にはこのレベルの開門であってもそれなりの効果は発生していること、開門調査が実施されれば、今後の有明海再生のために何をなすべきかの課題がより明瞭になること、などを踏まえ、開門方法について妥協を試みるものである。

短期開門調査レベルであれば国はすでに予算措置を講じており、国に異論はないはずである。長年にわたる被害の累積は有明海漁業を深刻な状況に追いやっている。開門を求める漁業者の思いは切実である。

② 開門禁止仮処分の保全異議決定を基本にして、協議の上、開門準備工事を確定し、実行する。

開門阻止派の利害は、開門による被害発生を免れることである。この点については、仮処分の保全異議決定における判断があり、それによれば、短期開門調査レベルの開門による被害発生は限定的である。また、国は短期開門調査レベルの開門であれば事前対策工事を具体化する意思を有しているのであるから、今後、保全異議決定を基礎に対策工事を詰める中で、開門阻止派の利害は十分に調整可能である。

③ 開門に伴う万一の被害発生への補償及び新干拓地と背後地の旧干拓地における農業振興のための基金を創設し、各土地改良区を構成員とする社団法人によって管理・運用する。

開門に伴う被害発生は将来予測にかかることであるので、予見できない被害発生を懸念する開門阻止派の心情に配慮し、また、干拓地農業に関する困難性にも配慮して、開門阻止派による管理・運営を可能とする自由度の高い基金を創設しようとするものである。

④ 以上によって、漁民と開門阻止派の利害調整は可能になる。国の利害は、本来、開門・非開門の相矛盾する義務からの解放であるから、両者の利害調整が整えば、おのずと解決されることになる。

(4) 和解協議の打ち切り

私たちの提案した和解協議の枠組みについて、長崎地方裁判所は2017年2月24日の和解協議において、開門に代わる基金案とともに検討対象とすることを勧告し、各当事者に意見を求めた。

しかしながら、この提案は開門阻止派が開門を対象とする和解には応じないとの意見を述べたため、現実化することなく、とうとう和解協議は打ち切られた。これを受け、福岡高等裁判所においても独自の努力をすることなく、和解協議を終えた。

結局、和解協議は、みずからの言い分どおりでなければ協議のテーブルにも着かないという開門阻止派を説得するどころか、これに振り回され、また、開門調査に代わる再生事業の実施という過去の経緯をしっかりと踏まえないまま安易に「開門に代わる新たな措置」を国に求めた裁判所のふがいなさと不勉強によって実を結ぶに至らなかった。

5 開門阻止訴訟判決と国の控訴権放棄

和解協議の終結により、結審したままになっていた開門阻止訴訟は2017年4月17日に判決が言い渡された。この裁判が結審したのは2015年11月10日の開門阻止仮処分の保全異議決定の直前である同年10月6日であったから、予想されたとおり、保全異議決定と全く同じ内容であった。

私たちは補助参加人として直ちに控訴した。同時に、判決前、国は控訴しないのではないかという情報が流れたことから、念のため、独立当事者参加の申立をして控訴する手続もとった。補助参加人だと被参加人たる国の訴訟行為と抵触する訴訟行為が無効になることから、国が控訴権を放棄した場合、補助参加人として行った控訴は無効になるが、独立当事者参加だと、国の訴訟行為の影響を受けず、独自に控訴できるからである。

案の定、国は控訴権を放棄した。その上、今後は開門を明確に否定し、開門に代わる基金案による解決をあくまでも目指すという農林水産大臣の見解を明らかにした。ついに開門したくないという本音をはばかることなく公然と口にして、開門判決に従わないという三権分立の憲政史上あってはならない「掟破り」を平然と言ってのけたのである。

6　福岡高裁の再度の和解勧告と請求異議判決

その後、福岡高等裁判所は裁判長や合議体の主任裁判官が交代したことを受け、２０１８年3月5日に再び和解勧告を行った。しかしながら、その和解勧告は非開門を前提とする長崎地裁和解勧告の焼き直しにすぎず、漁民側は直ちに受入を拒否した。同裁判所は同月19日には和解勧告と併行して開門阻止訴訟の独立当事者参加を却下して、漁民側はこれに対する異議申立を最高裁に行った。

さらに同裁判所は同年7月30日、請求異議訴訟の判決において、第1審判決を覆し、開門確定判決における漁民らの物権的請求権としての開門請求権は10年経過による漁業権の消滅に伴い消滅したとして、国の請求異議を認めた。

その結果、開門確定判決による開門請求権は２０１３年8月の経過によって、同年12月の履行期を迎えることなく待機期間中においてすでに消滅していたとされ、開門確定判決は実質的に覆された。確定判決を再審ではなく請求異議訴訟によって覆すことは民事訴訟制度の破壊であり、司法による司法の否定ともいうべき暴挙である。

しかも、当時の漁業法上、漁業権には存続期間の定めがあるものの、従来どおりの漁業が継続されている場合には切れ目なく漁業権が更新されることとなっている。それは漁民にとって当然の権利であり、そうであるからこそ、後継者の育成や漁船などへの投資が安心してなされ、漁業という生業が成り立ちうるのである。そうした漁業権の否定は、2018年臨時国会における漁業法改悪の先取りでもあった。今回の判決と改悪漁業法は全国の沿岸漁民に深刻な悪影響を及ぼさざるを得ない。判決と改悪漁業法は、戦後民主化政策の一環として、「農地改革」がみずから耕作する農民に土地を与えたように、みずから働く漁民が漁業の主体であるという「漁業改革」の立場から現行漁業法が制定されたという漁業法の歴史的到達点を覆すものとして決して看過することのできない問題点をはらんでいる。

7　干拓地営農の現状

優良農地との呼び声で2013年4月に開始された干拓農地における営農は、当初、41経営体で開始されたが、この10年間で10の経営体が離脱し、その都度、新たな経営体を募集するという状況である。

干拓事業によって造られた広大な調整池はカモ被害や冷害・熱害などの農業被害をもたらし、干拓地の不等沈下による排水不良もまた深刻な農業被害を発生させている。揚水機場からポンプで汲み上げた農業用水にはシジミなどが混じり、悪臭を漂わせたり、あるいは、かんがい用のホースを貝殻などで詰まらせたりして営農に困難を発生させている（本書、松尾公春参照）。

離脱した経営体は多額の投資を回収できないまま、深刻な経営難にあえいでいる。

こうした中、干拓地営農を継続している2経営体が開門と損害賠償を求めて訴訟に立ち上がった。

無駄で有害な公共事業としての諫早湾干拓事業の実態を歴史的に総括し（本書、宮入興一参照）、共に被害に苦しむ漁民と農民に対する被害救済の取り組みが強く求められている。

おわりに

今、訴訟は最高裁に三つ、長崎地裁に三つ継続しています。最高裁の三つは、福岡高裁で確定した開門訴訟に続く2番目の開門訴訟、開門禁止判決を国がなれ合いで確定させようとした際に、これを避けるために提起した独立当事者参加を巡る訴訟、そして漁業権は10年で消滅するとして福岡高裁の開門確定判決を事実上覆した請求異議訴訟です。いずれも第2小法廷に係属しています。長崎地裁の三つは、3番目の開門訴訟、営農者への干拓地農地明渡訴訟、営農者からの開門・損害賠償訴訟です。いずれも同じ裁判体です。どの訴訟も負けるわけにはいきません。

この原稿を書いて以降、長崎地裁では大きな動きがありました。一つは3番目の開門訴訟での研究者尋問の実施です。研究者からは、潮受堤防閉切と漁業被害の因果関係についての新たな研究成果が語られました。もう一つは、営農者訴訟における論争の深化です。

営農者への干拓農地明渡訴訟では、農業経営基盤強化促進法に基づく利用権だから農地法の農地賃借人保護規定の適用はないなどということが平然と主張されています。現に営農する農業者を守ろうという戦後農地改革の成果を否定する主張であり、請求異議訴訟の漁業権10年消滅論と通底する争点です。その意味で、私たちの訴訟は、現に営農する営農者、現に操業する漁業者をどうやって守るのかという、この国の第一次産業の有り様を左右する全国共通の課題を孕んで展開しています。

どうぞ多くの皆さんにご注目いただきたいと思います。

諫早湾干拓問題の話し合いの場を求める署名活動

未来への確かな手ごたえ

諫早湾干拓問題の話し合いの場を求める会事務局
横林和徳

はじめに

２０１３年６月７日のＮＨＫ特報フロンティアで北海道大学宮脇淳教授と同年12月６日放送の横浜国立大学宮澤俊昭教授の話に感銘を受け、裁判以外に住民間の話し合いの場の必要性を痛感しました。大要は次のようであったと思います。

宮脇教授「裁判では誰が勝っても負けても地域に大きな亀裂をもたらし、修復するには時間がかかる。その間に地域の活力が奪われる。裁判は過去を論じ、将来この地域をどうするかは論じられない。裁判では直接利害関係を持った人たちの議論となり、対立が深まってしまう。問題を前に進めるには利害関係者以外の市民も参加して議論を進める、そういう場がもう一つ必要である」

宮澤教授「福岡高裁の確定判決は営農者の利益は考慮されていない、他方長崎地裁の判決は漁業者の利益が直接考慮されていない。どちらの利益も同時に考慮された判決ではない。当事者が真摯に向き合い、誠実に話し合っていくことが求められる」

二人の教授の指摘は私の気持ちを湧き立たせました。もともと農家出身で現役は農業高校勤務であった私の心情は、今でもブルーベリーの観光農園を営んでいるように、農民なのです。農民が同じ自然相手に労働に励む漁民と争うなんてとても心が痛みます。そんな気持ちが底流にあるようです。

1　市議会に「円卓討論の場を求める請願」を提出

諫早湾の干潟を守る共同センターの事務局会議で「諫早湾干拓排水門の開門について、賛成、反対、一般市民による円卓討論の場を設置することを求める請願」の提出を提起し、２０１５年8月28日に諫早市議会に3人の紹介議員を得て、個人や団体代表の9人で請願する運びとなりました。

私は請願を審議する「経済環境委員会」で趣旨説明に立ちました。前述の2教授の指摘を紹介したあと、次のように訴えました。その一部を抜粋します。

「私はこういう話し合いの中で、湿害（排水不良の意）、塩害、農業用水、漁業被害、防災、調整池の実態などお互いが事実・情報を共有することが解決への道と考えます。裁判ではでてこない諫早の未来をどうするか、ともに生きる共生が強調される時代に三者が語り合うことは諫早の未来を創造することになると考えます。

私は、開門問題は私たち一般市民にものしかかる問題であることを大いに自覚したいと思います。税金で賄われる国の制裁金を1日90万も漁業者側に払い、9月7日で2億7千万円にもなっているのは異常事態であります。これまでも干拓事業には多額の税金が投入されました。このことを考えても一般市民の問題であります。そういう意味からもぜひ、一般市民も参加する円卓会議の実現を要望する次第であります。

私は同じ地域に住み、自然を相手に命の糧をはぐくむ農業者と漁業者の双方は、直接的には国が相手であっても結果的に対立し、裁判に勝った負けたのとらえ方は、額に汗して働き、命の糧である食料生産にいそしむ農業と漁業者の間では、率直に言ってありえないと強く思います。もっと胸襟を開いて話し合い、お互いが仲良く暮らしていける、そんな地域でなくてはいけないと思います。そんな地域づくりに貢献するのが行政の役目であると思います。その行政を監視・評価し、また、政策提言される議員の皆さんに話し合いの場が築けるように請願の採択を求める次第であります」

請願の結果は議員30人中、請願賛成は3人のみで、不採択となりました。本会議での請願反対議員の主な理由は次のようでありました。

① 潮受け堤防による防災機能が十分発揮され、低平地の住民は水害から解放されて枕を高くして眠れるようになった。

② ミネラル豊富な干拓地では環境保全型農業が取り組まれ、野菜は市場から好評を得ている。諫早湾における牡蠣養殖も軌道に乗りつつある。

③ 県知事は国に対して開門の見直しを求める要望書を提出し、市は「干拓事業における環境改善と有明海の再生を求める、特別要望書」を提出している。

④ 市議会議員26人で開門反対の議員の会を結成している。

⑤ 以上から市に対して円卓討論の場を求めることには無理がある。最高裁判所で係争中であり、合意点を探る環境にない。かえって混乱を招く。

私は今でもこの反対理由にある「かえって混乱を招く」という言葉に地域住民の対話を否定し、政治への民主的参加を行政の圧力の下でつぶしてしまう、今の地方政治の一端を感じています。もちろん、私たちの趣旨に賛同する議員は請願採択賛成の意見を述べました。

2 「諫早湾干拓問題の話し合いの場を求める」呼びかけ人を募る

市議会請願が不採択となったのを受けて、このまま引き下がるわけにはいかない、との思いが高まりました。2016年1月から対話を求める広範な世論を結集する目的で、呼びかけ人を募る取り組みを始めました。開門調査賛成反対に関わらず対話の場を作りたい一点で呼びかけ人になって欲しいと各界の人に訴えました。現在は県外の方も含め210人の方が呼びかけ人になっていて、財政的にも支えています。市民団体役員、僧侶、司法書士、農民、元大学教授、土壌の研究者など多様な分野の方が結集しました。それにしても呼びかけ人を募る中で「地域や所属する関係機関、家族の職場」などの関わりで、「呼びかけ人にはなれない」との返事もよく聞き、改めて干拓問題が住民に重くのしかかっていることを痛感しました。

数回の呼びかけ人集会を重ねる中で、地元の昆虫研究者から、大切なことは市民の防災に対する懸念を対話で払拭することが必要だと強調されました。正直、この指摘の以前には、事務局に関わる私も含めて農漁共存の問題意識が基調となり、防災問題は干拓問題の一つの課題ではあるが、理論的には解決済との観念があったようです。前年の市議会で開門調査反対議員から防災のことに触れていないではないかと追及がありました。実際には言及していたのですが、言葉足らずであったことは否めません。その後、住民の中に入って家庭訪問を繰り返す署名活動を通じて、防災問題の根の深さを実感することとなりました。

3 呼びかけ人による署名活動の取り組み

署名用紙のチラシには18人の氏名・肩書を記入し、なぜ話し合いが必要かについて、次のことを訴えました。

①　干拓問題は税金の使い道に関わる国民全体の問題であること
②　住民間に多くの異なった考えがあること
③　この問題で住民が引き裂かれていること
④　解決の糸口は事実や情報を共有すること
⑤　地域のまちづくりを含めた議論も必要であること

２０１９年5月15日段階で、賛同署名は４１２８筆に達し、諫早市内は町別に他は市・県別に氏名の集約を進めています。

4　署名活動で聞く住民の声

これまでの署名活動で、市民の意見には地域によってかなり異なることが明らかになってきました。いろいろな地域での特徴的な住民の声を紹介します。

(1) 街頭署名（2016年8月の例）では

①　閉め切り前は潟を上げるのが大変だった。自分は吾妻の出身だが、あんたたちはそういう苦労を知っているのか。
②　あんたたちは金をもらって言っているのか。
③　閉め切り前はここまで潮が来ていた。(ポケットパークで)
④　新聞はうそを書く。
⑤　市民の安全についての見解の違いはないようだ(賛同署名を募るチラシの裏面を見て)。調整池の浄化ができれば

いいと思うが。汚い水が漁業被害の原因と思う。話し合いの場ができれば参加したい。

⑥ 川と海は繋げるべきだ。

⑦ 無駄な公共事業だ。

（2）「市街地低平地での署名活動」では

以下、訪問の様子を当時の「呼びかけ人ニュース」から抜粋します。

❖仲沖町の訪問（2016年7月26日）

「農業と漁業の共存、それに防災も求める立場です」と最初に告げると、皆さん好意的な対応でした。共通して話されるのは「干拓事業以前はよく家が水に浸かったが、それがなくなった」と。開門によって、また、そうなりはしないかと心配で開門に反対すると。中には家に上げさせてもらって話し込むケースも。玄関先で話を切るタイミングに気を揉むこともありました。もっと住民同士の話し合いが必要とのこちらの訴えに同調される方も。大雨で調整池が一杯になったらどうなるのか心配される方も。今、裁判で主張されている開門調査の方法など、住民には届いていません。この地域住民の開門反対の感情に思いを寄せた対話活動の必要性を痛感する行動でした。

写真1　街頭での署名呼びかけ

写真2　仲沖町に接する本明川堤防　「昔の堤防の高さは手前の石垣の高さだった」と住民の説明。今はその上に左の高さに嵩上げされている。

写真３　右は仲沖町の隣の旭町にある排水ポンプ
左右には民家がある。川ではなく住宅地の排水路に設置されている。住民の説明では今は別の排水路を作り流れを変え，使っていないとのこと。大雨時の排水が深刻だったことがわかる。

❖仲沖町の訪問（２０１６年８月23日）

年配の女性は、32年水害では赤ちゃんを背負い、船で消防団に付き添われ、農高に避難した。その時は床の間に隣の肥桶が座った。その後も２、３回床下浸水した。住居は１メートル嵩上げして作った。その後も床下浸水が１回あった。前には鉄筋で２階の小屋を避難用に作った。今、公民館が避難所だが、マンションの一部ができないものか（隣の７・８階建て）、本明川の拡幅では水田も安く売ることになった。近くに漁業者も数人いたが補償金は５千万だったと（近所では妬みも）。今、開門調査と言っているのは、今の調整池の高さの潮の出し入れで、潮が閉め切り以前の満潮時のように本明川に押し寄せるものではありませんよ、の説明に「そうですか」と。

年配の男性は、家の敷地の高さは、今の河川敷の高さと同じ。大雨で（いつの話か？）排水ポンプを役員が稼働したが、本明川がかえって溢れると止めた。決壊を心配して浸水を我慢しようと。「有明海の潮の流れが変わったそうですね」と話も持ち掛けられる。私たちは「農漁業と防災も成り立つことを求めている」というと、そういう人がいなければならないと、言葉が返ってくる（この言葉に励まされた）。また、堤防脇の水田に稲を作っているが溢れた時の地下浸透の役割や涼風を作る働きも話される。（65歳の退職者）

❖厚生町・八天町・福田町の訪問（２０１６年10月24日）

厚生町で家庭訪問し、８割の家庭で署名。いつまでも争うのは諫早市民の恥と。

11月12日、八天町で家庭訪問し、庭手入れ中の男性に趣旨を話すと署名用紙を預かり、自分も周りに賛同者を募ると。この日も訪問した11軒中８軒で署名。その中には32年水害後も床下浸水に数回遭った、今は敷地を高くしていると。また、近くに排水ポンプがあるが、大雨になった際に市の職員が即座に来るか、不安との声も。

署名できない人の理由は「どちらも金目当て、話し合っても平行線でしょう。漁業者は金をもらっている。このままそっとしておくべき。今、渡り鳥もたくさん来ている」と。漁業者側に国が開門の確定判決を守らないため、漁業者側に支払われている制裁金は弁護士が保管し、原告漁業者には渡っていないことは知られていないように受け取りました。

11月16日、二組に分かれて八天町を訪問。訴えた人の8割の方は署名。訪問した家で「干拓は地先干拓をとるべきだった」、「私たちに入る情報は県や国のものばかり」、「話し合いが大事、早く実現することを願う」、「32年水害後、先代は宅地を嵩上げして欲しいと鉢巻絞めて市に陳情した」など、貴重な話を聞きました。この日も署名用紙を数枚預かると要望される家があり、21日に10人分が届けられました。

11月23日（水）、二組で福田町を訪問。ある家では「閉め切りによって、道路が湛水することはなくなった。開門は絶対反対」と。ところが近所の別の家では「閉め切りではなく排水ポンプの稼働増で被害がなくなった」と見解が分かれています。それでも両方とも署名には賛成です。また、道路の地盤沈下が訴えられました。

写真４　32年水害の前は地域の民家は右下の空き地（八天町公園）の高さだった。今は左上の家のように1m40cmくらい嵩上げ。

(3) 農業地帯（開門反対地域）の訪問

❖小野地域（2018年7〜10月）

〈対話の中で聞き取った署名に協力できない人の思い〉

① 閉め切り前は家や水田の湛水被害に苦しんだが、今は安心だ。開門絶対反対。

② 浸からなくなり干拓様様だ。

写真5　宗像町の水路　干拓前は水が道路に溢れることもあった。

③ 漁業者は金をもらっているのに、また金を要求している。親がもらって今はその子供が金を要求している。事業が始まる時、漁業者はなぜ干拓に同意したのか。

④ 金は私たちの税金だ。年金は下がっているのに。昔は近くの水路でも魚が採れた。

⑤ 主な原因は筑後川などの汚染。ノリは今もとれている。

⑥ 漁業不振はノリの酸処理剤が原因。

⑦ 話し合っても折り合いはつかない。もう開けないようになっているのでは。

⑧ 開けないように落ち着いている。もう騒がない方がよい。

⑨ これまで〇〇さん（開門反対組織の会長）たちと話を重ねてきた。今さらそんな話し合いの時期ではない。

⑩ 開門したら塩害が起こる。（国は鋼矢板を打ち込む計画だったことを説明）

⑪ 開門したら灌漑水はどうするのか。（ため池でシートを張った中海干拓の話に対して）ここは底は潟、シートが張れるか疑問。（署名はしないが「頑張って」の声掛け）

⑫ 魚は閉め切り前から減っていた、時代は変わる。昔は電気もなかった。時代に合わせて生活すべき。

⑬ （3－2開門の説明を聞いて）少しでもよくなったらそれを理由に開門主張が強まってはいかん。

⑭ （3－2開門の説明を聞いて）そんなことは国が説明すべきだ。自分たちは知らない。

⑮ 何も自分たちのことを知らんで（開けろと）騒ぐ市民が問題。

⑯ 自分たちは関心がない。（30代男性）

⑰ 主人がいないので分からない。

⑱ あなたたちは開門派か反対派か。開門派の署名はできない。

⑲　こんな署名はまず区長のところに行くべきだ。
⑳　仕事上いろんな人と繋がっているので署名できない。
㉑　知らないことが書いてあるので（署名依頼の）チラシは受け取る。
㉒　家を建てる時地盤沈下しないように松材を入れている。
㉓　菅元首相が福岡高裁の開門調査判決を受け入れたのがこじれた原因だ。
〈開門反対でも署名に協力した人の声〉
①　ずっとここで育った。子供時代は来る日も来る日もウナギがおかずだった。（干拓地のミニトマトを渡されるが、食味はとてもよい。）
②　32年水害では床上浸水が何日も続いた。引き潮でやっと引いた。
③　家を建てる時敷地の嵩上げをしたが、今でも地盤沈下して困る。
④　署名はするが、これから回る際、自分の氏名は見せないように。
⑤　干拓しなくても堤防と排水ポンプを強化すればよいと主張したが当時は若くもあり、通じなかった。干拓後ここらもグンと冷える。大陸性気候のようになった。金を握る国には勝てない。（話の途中後ろでメモしていた訪問者N氏の教師時代の50年前の生徒と分かり話は弾む。）
⑥　埋津川の拡幅でも水が引くようになった。
⑦　今でも敷地内の水はけが悪い。水田中心の排水管理で非農家の声は行政に届かない。
⑧　今は安心して眠れる。

❖森山町の訪問（2018年11月から）

2019年4月26日までに139軒訪問し、そのうち108軒が署名されましたので、80％近くの家で協力していただいたことになります。この割合は小野地区や市街地でも同様と感じています。ただ、在宅者の中で女性は大半が署名されたのに対して、高齢の男性は少ない感じがします。

〈署名の中で聞く住民の声〉

① テレビはギロチンというが、開門要求は「背後地の人間は死ね」というのかとの気持ち。
② ポンプ室に潮が上がってこないか、セットする（排水ポンプの稼働）のに間に合うかどうか、気を揉みながら駆けつけた。泊まり込みの日も。
③ 小野島は1週間も浸水していた。国道57号まで浸かっていた。その下に水田も作っていた。
④ 以前はポンプの負担金を払っていたが、今はない。たまった潟上げもしていた。
⑤ 開門でせっかくできた農地をつぶすのか。
⑥ 開門を主張するなら補償金を返してから言うべき。
⑦ ペンを持てないから署名できない。
⑧ 集会で開門したら水害が起きると言われた。詳しいことは知らない。
⑨ 今は消防団で出る回数が減った。大雨の時、車の誘導もしないでいいようになった。
⑩ 大雨で三日も休んで消防団で出たこともある。
⑪ 開門賛成は土足で踏みにじるようなもの。
⑫ 堤防ができて農業は潤っている。
⑬ 水役の仕事が減った。
⑭ 大型機械を入れやすくなった。
⑮ 排水ポンプの役割は分かっている。
⑯ 賛成者とは話ができない。

写真6　森山町での家庭訪問

⑰ よそから来たので、言えない。

⑱ 諫早公園での開門反対集会に参加した。

⑲ 32年水害の時は食べる米俵まで浸かった。開門に反対。農協から5万借りた。一週間も浸かった。

⑳ 干拓前は地下水位が下がった（下井牟田）、干拓後麦がよくできるようになった。

㉑ 干拓前はすぐ床下まで浸かった。閉まってよかった。57号線も水浸しだった。

㉒ 開けたら下からの塩分遡上がある。開けたら半分以上潮が来る。

㉓ 不知火橋の手前はよく浸かった。

㉔ 漁業者は補償金を貰っている。干拓地をダメにしていいのか。

㉕ ノリはとれている。魚がとれないのは温暖化の影響。橘湾でも魚はとれない。国見よりこちらは釣れない。

㉖ 補償金は漁協に入っているだけで、５００万だった。

㉗ 完成しているのに。馬鹿のごと開門するな。さかのぼっていろいろなことをやり直すのはおかしい。政権でコロコロ変わるなんて。

㉘ 開けるか閉めるか、の方法しか知らない。

㉙ ここの貝柱はホタテよりもぐっとうまい。

㉚ 何も知らない。関心がない。

㉛ 開門は補償金を返してから言うべき。その額は関係ない。

㉜ 干拓後は安心している。（32年水害で）前の道も浸かり水が引かなかった。頑張ってください。

㉝ 干拓問題がいつまでも長引くのはよくない。

㉞ あなたたちは開門賛成派か反対派か。弁護士かとも（少し笑いました。いや対立に

心が痛む市民ですと答えました。）

㉟話し合っても解決できないだろう。

㊱もともとの気持ちは干潟が残ったほうが良かった。しかし、開門すればつぎ込んだ多額の金が無駄になる。

㊲本当は閉め切りに賛成でなかった。魚貝類をとっていた昔がよかったが、今では開門したら金が無駄になる。話し合いはもっと早ければよかったが、今となっては遅い。

㊳あなたたちがやっているのは有難いが、裁判所も国も変わらぬ。いくら言っても一緒。

㊴三つ（農業、漁業、防災）ともよくなれば一番いいが、開けるか、閉めるかしかない。

㊵以前は地盤沈下がすごかった。（３－２開門に対して）灌漑水はどうするのか。（下水処理水も選択肢の話に対し）処理水はきれいと思う。菅元総理が悪い。あれがなければもう決まっていた。

㊶中央干拓地の人は潮を入れると補償金が出るという話がある。

㊷言っても一緒、どうにもならない。

㊸ノリの酸処理が一番大きい。ノリ業者とそうでない人（漁船漁業者の意）が話し合いをすべき。

㊹植えても植えても稲の苗は腐った。西岡竹次郎さんが来て何とかせねばと言っていたことが今実った。足を向けて寝られない。苦しんだ者の声を上げる場がない。

㊺漁業者には補償金が出ている。制限的な開門でも反対する。

㊻あなたたちのような話は町内の集まりの時話されたら良いのに。

㊼「開門調査」とマスコミが言わないから、みんな全開門と思って、昔のようになると思っている。

㊽今、田植えした後鳥が苗を食っている。稲穂になっても食べる被害がある。昔は羽板でアゲマキを取った。食はそうめんとアゲマキが主だった。

〈「開門すべき」の声も〉

① 昔はここからの眺めは良かった。開けて欲しい。（非農家）

② 仕事の関係で児島湾をみてきた。汚れはひどかった。少しは開けてもらったがよい。

③ 3－2開門の方法が分かれば反対しないだろう。

④ 町内みんな開門反対集会に行ったが、自分は行かなかった。兄が島原で漁業をしている。開けないとダメ。頑張ってください。

5 森山町で開門問題のアンケートを実施

2019年6月21日までの森山町アンケート集計結果は以下のとおりです（回答数104人）。

Ⅰ 開門調査に賛成ですか　反対ですか	
① 防災対策や代替水源を確保したうえで賛成	9
② 反対	66
③ どちらとも言えない	29
Ⅱ 賛成の理由は何ですか。（二つ以上でもよい）	
① 農業者と漁業者の対立を解消するため	4
② 川と海が繋がり自然を回復させるため	6
③ その他（　　　　　）	5
Ⅲ 反対の理由は何ですか。（二つ以上でもよい）	

① 以前のような水害が起こることが心配　67

② 魚の取れ高が減ったにしても漁業者は既に補償金を貰っているから　6

③ 自然を壊すから　2

④ その他（　農業者を守る　温暖化の影響　塩害　）　3

Ⅳ　裁判で漁業者が主張している開門方法は知っていますか。
（今の調整池の水位マイナス１ｍとマイナス１・２ｍの20㎝の範囲で潮の出し入れをするという九州農政局が開門調査をしようとした時の方法）

① 知っている　15

② 知らない　77

Ⅴ　今、水田が浸かることや床下浸水がなくなりましたが、その理由に閉め切り堤防以外に排水ポンプの増設があることは

① 知っている　28

② 知らない　52

Ⅵ　潮受け堤防の外側（小長井や瑞穂・国見）と内側（小江・深海・長田・森山・諫早）では漁業者の補償金が格段に違ったことを知っていましたか。

① 知っていた　14

② 知らなかった　61

備考：問の項目で回答数が１０４に合わないのは、状況で問えなかった場合や無回答によります。

6　訪問やアンケートで分かる開門調査反対の住民の声をどのように受け止めるか

①　干拓事業前に住居や水田の湛水被害、地域での交通災害など、生活上も農業労働でも大変な苦しみを体験してきた住民の気持ちを真摯に受け止めたい。

②　湛水被害に苦しんだ住民の感情は、「開門」は干拓事業前の湛水被害と直結し、開門反対の強固な意識となっている。

③　農水省が開門の確定判決を受けて発行した「諫早湾干拓事業の潮受け堤防排水門の開門への協力のおねがい」のリーフの内容は、農水省主催の説明会参加を開門反対住民が拒否したこともあり、全く住民に届いていなかった。漁業者側が裁判で主張している3－2開門の方法（今の調整池の平均海水面マイナス1・0mからマイナス1・2mで海水の出し入れをする）や開門にあたっての対策などは住民には理解されていない。そのため、開門は全開門との認識が大半で、そのため開門は干拓事業前のように被害が起こるとの感情を生み出している。

④　漁業者の要求は金目当てと主張する人がほとんどであり、開門反対の感情を増幅する要因となっている。「開門は補償金を返してから言うべき」の声はその最たるもの。口コミで流布されていることが伺える。漁業補償金が堤防内外で格段に違うことも理解されておらず、近くのノリ業者であった人の漁業権完全放棄の額と重ねている向きがある。漁業者が海で働く誇りを取り戻したいことへの理解は皆無。

⑥　排水ポンプ増設による効果については、ほとんどの住民の念頭にない。完成時は市報でも湛水被害に対する効果を知らせていたが、日常的に宣伝されないため、住民の意識から薄れている。

⑦　行政の事実に基づかない宣伝が住民の中に広範に浸透している。市街地の低平地も含め、防災対策を、ポンプ増強や堤防強化などの必要な施策をしないで、干拓事業遂行にすり替え、事実に向き合わない虚偽宣伝によって、

長年農業者と漁民の対立を作り出している行政の責任が重く問われる。

7　問われるべき行政の事実に基づかない干拓事業の宣伝

国や県はこれほどまでにごまかしたり、事実を隠蔽していいのだろうか、と思うことが多々あります。数例をあげてみます。長崎県が潮受け堤防や中央干拓地の展望所に、昭和32年の諫早大水害で屋根に避難している住民の写真を掲示し「干拓事業はこのような災害を防ぐ」として本明川の土石流が原因だった事実を隠蔽しています。諫早湾の干潟を守る共同センターの撤去を求める請願に対して県は「これまで幾度と無く災害を経験してきた地域であることを例示しているもので、……」として誤った解釈を住民に流布しています。驚いたのは２０１７年10月16日呼びかけ人８人で諫早湾干拓営農センターを訪問した時の職員の説明です。「昭和32年の大水害では７８１人の犠牲者が出た。５７００戸が流出したが、干拓事業はこのような水害から守る」と明言されたことです。即座にそれは違う。当時の水害は本明川の上流域の土石流によるものであり、干拓事業では防げないと抗議しました。この時には、嘘をついたものが勝の世の中にしてはならないと、改めて痛感しました。

県の干拓事業ＰＲ資料では、調整池の水質は佐賀のクリークや塩田川と変わらないと、直接海に放出される調整池の淡水と干潟に注がれる佐賀の河川とを比較するという誤魔化しや代替水源としての下水処理水は農業用水基準に照らし窒素濃度が8倍で適さないと、干拓地は畑作なのに水稲用基準を持ち出して騙すなど、虚偽の宣伝が目に余る実態を指摘せざるをえません。

このような行政の誤った説明が少なからず、開門反対住民の意識に影響を及ぼしていることを痛感しています。また、行政が事業当初から主張した「防災のための干拓事業」という名目が住民に浸透し、「防災は堤防による閉め切り」との思いが開門反対住民の基盤となっています。本来の防災対策である堤防の強化と排水ポンプの充実とい

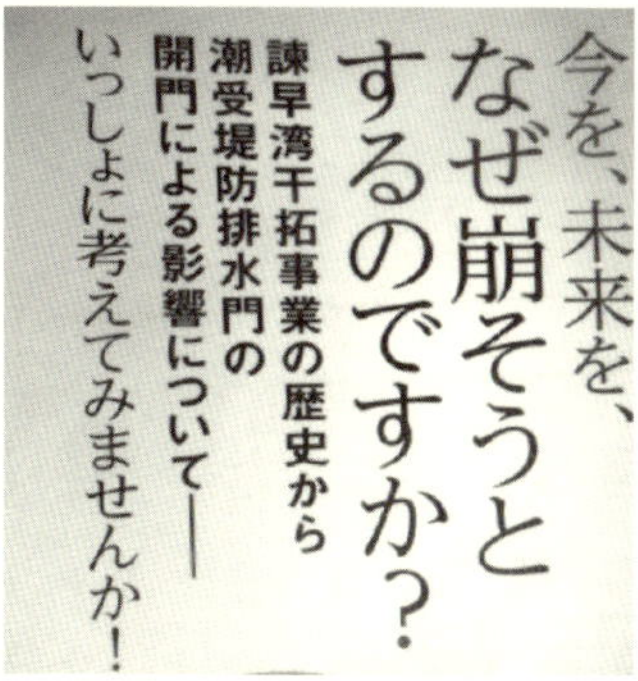

写真８　発行元を記載しない県の干拓事業のＰＲ資料

写真７　事実と異なる32年水害を説明する看板

う考えがありません。

おわりに　今後の活動

２０１６年１月以来、３年半近くの諫早湾干拓問題の話し合いの場を求める署名活動を通じて、地域住民の切実な思いを知るとともに、誤った情報によって地域社会が未来への扉を自ら閉ざしてしまっている現実の深刻さを思い知らされました。同時に、それらを丹念に解きほぐしていけば、事態はよい方向に動くに違いないとの確信を得ることができました。

話し合いの場を求める賛同署名は開門調査を求める漁業者原告の一部地域からも１００筆を超える協力がありました。開門調査反対地域でも７～８割の方は話し合いを求めています。署名を力にこれから対話の場づくりに踏み出します。住民の意識の深部では、宝の海の再生と防災の維持、自然循環型農業の発展で共生をめざす、そのことを望んでいると確信します。そのことを実現する道は地域に対話の場づくりをめざす共同の輪を広げ、民主主義を築く世論を高めることと思っています。それこそ、私たちが未来世代に送り届けるべき最も大事な贈り物に違いないとの思いを深めています。

第6章
有明海再生への展望

韓国順天干潟の再生保全に学ぶ

高校生の役割

福岡県立伝習館高等学校教諭　木庭慎治／熊本県立岱志高等学校教諭　松浦　弘

はじめに

20世紀後半の高度経済成長の見返りとして、自然環境の破壊という大きな問題を引き起こし、21世紀は未来世代のためにその宿題をいかに解消し、循環する自然の恵みを生かした循環共生型社会を築きなおせるかが問われています。私たちが教鞭をとる柳川市や荒尾市は、その試金石と考えられる有明海に面し、身近な具体的問題を目の前にしています。そのためにはこれからの世代が自然に触れ自然を大切にすることの価値を理解することが不可欠と思われます。

本稿では、これからの時代を担う高校生の教育に携わる筆者らが、有明海の再生に関わる部活動を通じて、そのようなことに気づく生徒に育ってもらいたいとの願いの一端を紹介いたします。

1　韓国南岸の順天干潟保全の今日的意義

（1）順天湾視察研修を企画した理由

韓国南岸には、ちょうど潮受け堤防で閉め切られた諫早湾奥部と同規模の干潟が発達する順天《スンチョン》湾（図1）があります。筆者が順天湾のすばらしい生態系の存在を最初に知ったのは『森里海連環による有明海再生への道』（NPO法人SPERA森里海・時代を拓く編、2014）に鹿児島大学の佐藤正典先生がその存在を紹介された文章を見たことによります。〝百聞は一見にしかず〟、その現場を生徒に見せたいと、順天湾視察研修を思い立ったきっかけは、2016年1月10日に行われた「有明海高校生サミット」でした。この高校生サミットは有明海の生き物や環境を学ぶ学生集団「有明海塾」が主催しました。当時の有明海塾の中心メンバーは、筆者木庭が伝習館高校や八女高校在職時の教え子たちの中で、佐賀大学や福岡大学に進学した若者たちでした。その高校生サミットにおいて基調講演をされた全南《チョンナム》大学校教授の尹良湖《ユンヤンホ》先生から順天湾の干潟について次のような話を拝聴しました。順天湾も昔は開発の嵐にさらされ、湾に流れ込む河川の河口域では建設のための採砂事業が行われ、自然が次第に崩されていったそうです。しかし、広大なヨシ原やそこ

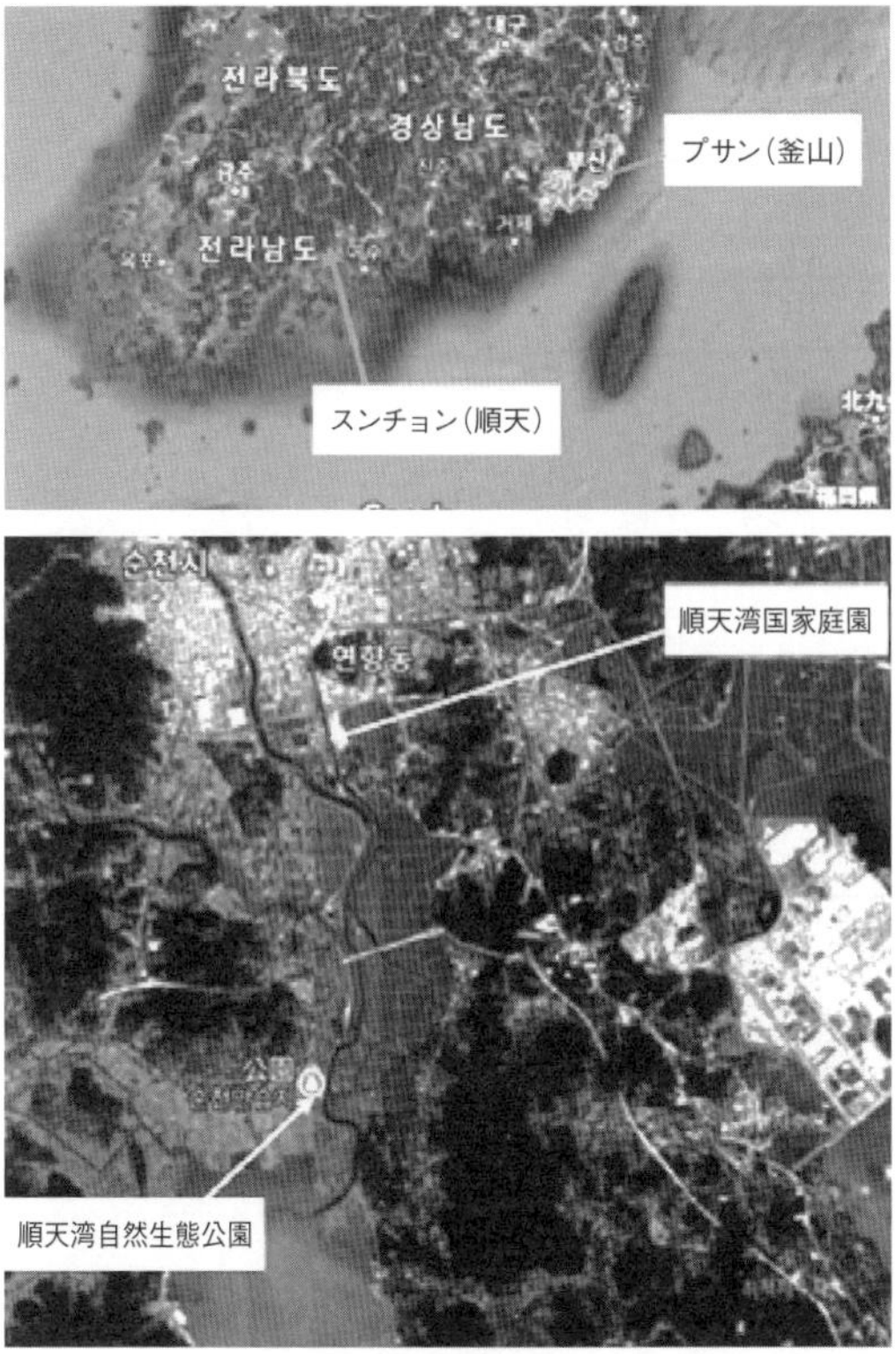

図1　韓国順天市および，順天湾自然生態公園，順天湾国家庭園位置図

に生息する野鳥、ムツゴロウやシオマネキが生息する豊かな自然が失われることに疑問を持った人たちが順天湾の保全行動を起こしたのです。そして、さまざまな立場の人とのねばり強い合意形成のプロセスを経て、２００４年から順天市が湾を直接管理するようになり、さまざまな干潟の再生や保全策を講じて豊かな干潟生態系を市民に見てもらうための木道の設置などの工夫を凝らしました。その結果、「自然生態公園」に年間２００万人以上の観光客が集まるようになったというのです。筆者らは、魚介類を採取する漁師さんたちが生活できないほど疲弊した有明海と、順天市によって再生保全された順天湾を生徒たちに見比べて欲しいとの思いを強くしました。そして、自然を再生保全することによって、地域が経済的にも豊かになるモデルとしての順天湾を実際に体験することで、宝の海と呼ばれた有明海や諫早湾をどのように再生保全すべきか、高校生が自らの問題として考えて欲しいと思いました。

具体的な実施計画を立てることができたのは、２０１７年度笹川平和財団が募集した「海洋教育パイオニアスクールプログラム」地域展開部門で、福岡県立伝習館高等学校、福岡県立八女高等学校、熊本県立岱志高等学校ならびに大分県立日田高等学校の四つの高校間連携プログラムが採択されたことによります。そのプログラムの一環として、韓国順天湾干潟の生徒研修を申請していたので、採択がほぼ決まりそうな２０１７年2月から旅行会社や管理職との話し合いを始めました。ところが２０１７年5月ごろから北朝鮮による相次ぐロケット発射実験などの影響により、外務省も韓国への旅行に注意を促し、県教育委員会の認可もなかなか下りませんでした。最終的には、当時の伝習館高等学校長北島先生に福岡県教育委員会を説得していただき、実現することができました。北島校長先生をはじめ関係ある皆様方には本当に感謝しています。

実施概要は左記のとおりです。

期　日：平成29年7月29～31日（2泊3日）

参加者：福岡県立伝習館高校生物部（8名）

熊本県立岱志高校（5名）
福岡県立八女高校生物部卒業生（1名）
引率者：田中克先生（京都大学名誉教授）
伝習館高校（1名）
岱志高校（2名）
大分県立日田高校（1名）　計19名
現地指導者：尹良湖先生（全南大学校教授）
カン・ナル先生（順天市役所自然解説師）
郭又晳《カクウソク》先生（慶尚《キョンサン》大学校教授）

（2）行政が主導した順天湾の徹底した再生と保全

順天湾は、麗水《ヨス》市とコフン郡の半島で囲まれ湾口が狭い団扇型をしており、このような地形のおかげで大きな干潟が形成されています。この環境は有明海や諫早湾と同様であり、順天湾は規模や生態系としての特徴が諫早湾と非常によく似ています。この広大な干潟には全世界に約6000羽しかいないナベヅルが、鹿児島県出水市と同じように越冬しています。湾の周辺では、ナベヅルの飛翔に邪魔になるという理由で電柱を廃止したと伺いました。ここまで徹底して湾とそこに集まる生物たちを保全する取り組みが行われていることに改めて驚かされました。越冬するナベヅルのために湾奥部に隣接した水田では無農薬の米作りが行われた結果、当然、飛来する鳥の数は増加しました。

順天市の自然解説師を務めるカン先生によると、

「住民は順天市を信頼しています。順天市の自然を再生保全することにより、地域経済を潤し心豊かに暮らせる地域社会を創生するという基本方針に全住民が賛成しています。このことは、住民が順天湾を中心にした多様な生態系サービスを可能な限り有効に活用し、今まで以上に利益を得ることができることに気付いたからだと説明されたのです。そして、現在約28万人が住む順天市が韓国全土や世界から注目されているのは、順天湾に古くから生活する生き物とそれを取り巻く環境が保存されているからだと考えられます。そして、それらを体験するために自然生態公園に年間200万人、その後背地に設置された『国家庭園』には300万人、あわせて年間500万人を越える観光客が国内外から訪れています。

なお、この『国家庭園』は、順天湾奥部に注ぐ川の流域を順天市が買い上げ、広大な場所に世界30カ国以上の庭園を造り、多くの樹木を植林し、2013年には国際庭園博覧会を開いたことが評価され、韓国初の『国家庭園』として認定されたものです。それは、地域創生の経済発展にも関わる事業ですが、同時に、順天湾とその干潟の後背地が、今後開発によって環境が破壊されないための措置としても構想され、実現に至ったものです。

カン先生の講演に先立ち、順天湾を紹介するビデオの中で、「世界5大湿地のひとつ、韓国一のヨシの密集地帯、8000年の悠久の時の中で幾多の生命をはぐくみ続けてきた順天湾、この巨大な湿地に世界中の貴重な鳥類が大集結します。これが実現したのも生態系の宝庫順天湾があったからこそなのです。順天湾の価値が認められて10年、その有形無形の価値は、韓国の沿岸湿地としては初のラムサール条約に2006年に登録されました。同時に世界中の環境の専門家の関心を集め、順天湾の保存の必要性が全世界に発信されました。ひとつになった市民のたゆみない努力によって、今日と将来にわたって無限の可能性をもつ順天湾は、近い将来世界遺産に高められるでしょう」と、説明されました。

環境の価値を考える場合、ある環境が重要か、重要でないかを判断するのは、現在の知識や私たちの基準・感覚だけで判断することはできないと思われます。もし今の私たちの判断だけで地域の環境の価値を判断した場合、誤った判断をする可能性を拭いきれません。開発することで自然が失われれば、将来元に戻すのには（仮に戻しうるとしても）莫大な経費と時間が必要となります。太古から生命を紡いできた自然をありのままの状態にしておく方が賢い選択であると痛感させられました（図2）。

筆者らが当地を視察し、関係者からの話を伺った中で特に注目したことは、順天市民が経済の発展をあきらめて自然の再生保全を選んだわけではないことです。豊かな自然を再生保全するとの順天市の選択は、同時に経済的にも潤いをもたらしました。これは、国家庭園や順天湾自然生態公園の入園料だけではなく、大企業の寄付やさまざまな循環があるからです。例えば、韓国内の大学や海外の大学で学んだ多くの若者が、卒業後にふるさと順天市に戻り、進んで町づくりに携わるという、もっとも大事な人的循環がうまく進んでいるのです。順天市は国家庭園と自然生態公園の入場料の10％、日本円で約1億円を生態系維持の目的に起業する人のための基金にしています。昔、住民が干潟を干拓して造成した水田を市はいつでも農家から買い取り、干潟に戻しています。このように、市が一貫して順天湾の保全策を進めているため、多くの市民も自然の再生保全に協力的なのです。このような賢い選択をし、それにふさわしい諸施策を自治体が進めれば、私たちが抱える有明海問題のうちのいくつかは解決することができ、いずれ宝の海の復活につながるのではないかとの思いを膨らませました。

図2　スンチョン湾に流れ込む川には護岸や湾の堤防など人工物が全くないスンチョン湾の風景（龍山展望台より撮影）

（3）計画的に生み出された地域経済——自然生態公園と国家庭園の連携構想

国家庭園で行われた国際博覧会を通じて、環境と人の生活や生き物などの間に全体的な繋がりがあることが国際的に認められ、市民が環境に配慮することにより、自分たちの生活もより豊かに成り立つことに気づいたのです。

順天湾に流れ込む川の河口周辺では、30年前までは建築工事に使う砂が採取されていました。しかし、街の一番下流域に国家庭園を造り、河口域を保全する計

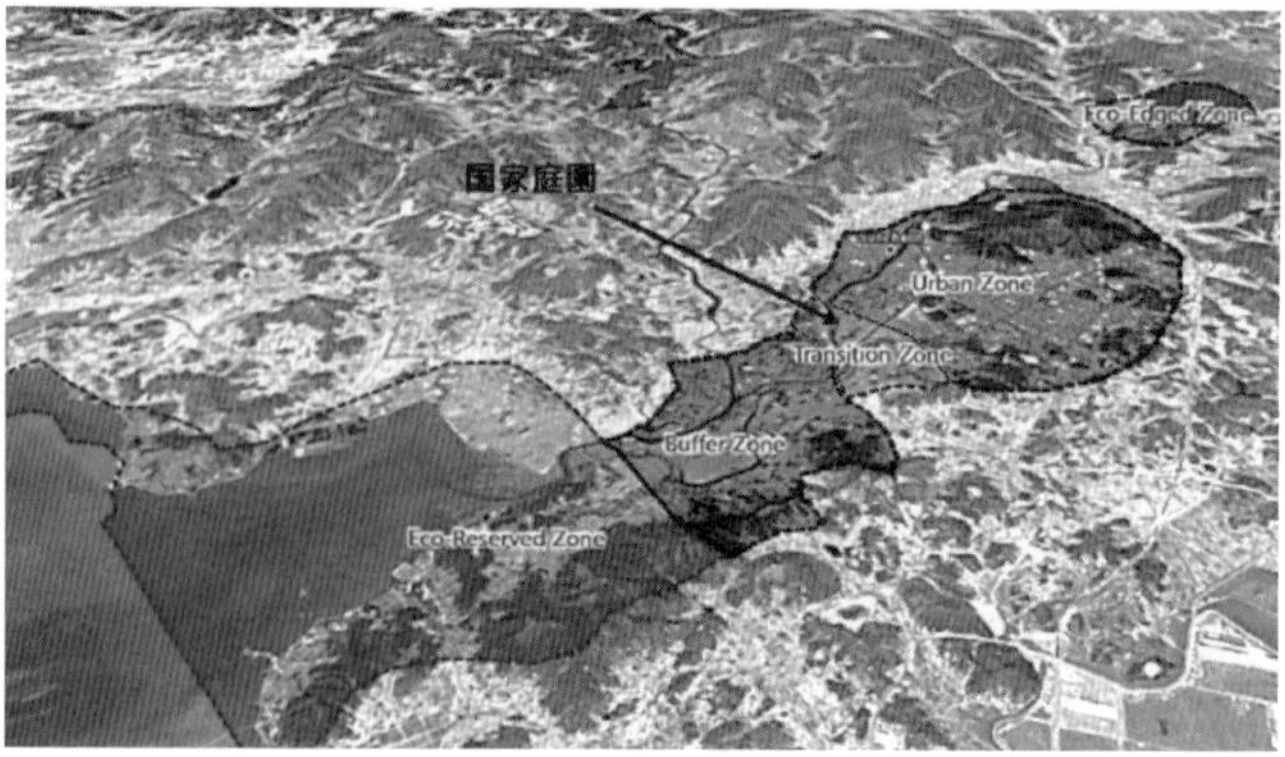

図３　意図的に造られた順天湾を守るための国家庭園やエコエッジゾーン，トランジションゾーン，バッファーゾーン，エコリザーブゾーン

画を市が策定しました。カン先生の講演の一節を、視察に参加した生徒の一人が以下のように聞き書きしています。「１９９３年からいろいろな環境団体の働きかけがあり、今では、順天湾を保全するための計画が広がってきています。その一環として、２００４年に順天湾自然生態館が作られ、それ以降順天市が湾を直接管理するようになりました。その2年後の２００６年に順天湾の湿地がラムサール条約に登録されました。

しかし、湾の奥部には人が住んでいますので、保護区にはできません。順天市には現在28万人の人が住んでいますが、その影響が出始めました。人口が増えるに伴い、開発の圧力が大きくなります」。市からいただいた図3には、人が住む区画（アーバンゾーン）、移行区画（トランジションゾーン）、緩衝のための区画（バッファーゾーン）、全く開発を許さない区画（エコリザーブゾーン）が示されています。市がいかに本腰を入れて順天湾の豊かな自然を保護しようとしているかがよく分かります。

多様な繋がりで成り立つ自然では、海と陸の境界域、川と海の境界域などの移行帯は、生態学的にエコトーンと呼ばれます。エコトーンが豊かであればあるほど生物多様性も豊かであることも分かっています。順天湾では広大な干潟の陸側にはヨシ原が広がり、干潟と広大なヨシ原が陸と海の間のエコトーンを形成しています。ヨシ原の陸側の縁には、人が跨ぐことができるほどの小さな堤防があるだけで、その後背地には豊かな水田が広がっていました。この干潟とヨシ原の存在は生物たちにとって大きく、アシハラガニ、シオマネキ、ムツゴロウや野鳥など多様な生物の生息場となっているだけではなく、農地（人が作った生態系）と海（自然）の境界にもなっています。また、高潮などの自然災害に対する防災・減災の役割も担っていることへの関心も高まっています。

順天湾では自然環境としてのエコトーンが豊かであるばかりでなく、行政が意識的にエコトーン的な半自然的環境を計画的に造っていることが分かります。国家庭園を含むトランジションゾーンと国家庭園より下流側のバッファーゾーンの造成がそれに当たります。それらは、人間の生活と自然の間のエコトーン的な存在とも捉えることができ、そのことによって経済活動と自然保全を両立共存させていることが注目されます。このように捉えると、年間300万人が国家庭園を訪れる意義も違って見えるように思われます。単なる公園としての機能（人の娯楽のための構造物）だけではなく、経済活動の結界（自然を守るための構造物）としての役割を担っていると考えられます。

一方、順天湾に流れ込む河川の上流域は、エコエッジゾーンとして区分されています。エコエッジゾーンから順天湾に流れ込む川の両岸にはコンクリートなどでできた堤防が無く、エコエッジゾーンの森と順天湾の関係を維持したことも世界中から注目を集める要因になっていると考えられます。韓国にも度重なる戦火で多くの森が消失した歴史があります。荒れ果てた国土の姿に心を痛め、1949年から4月5日を「植樹の日」として公休日に定め、ひとり一株木の苗を植えていたそうです。エコエッジゾーンの設定は、世界から注目されている「森は海の恋人」（畠山、2006）に代表される、海の生態系にとって豊かな森の存在が必要という〝繋がりの哲学〟にも通じるものであると考えられます。

（4）生態系サービスを基盤にした社会のデザイン

順天湾研修に参加した生徒は、順天湾の豊かな自然資本を生かした生態公園や国家庭園の入場料、それらに付随する宿泊施設、交通網、グッズなどの売り上げなどを含めた生態系サービスによって、人口28万人の地方都市、順天市が経済的に潤っていることを目の当たりにしました。参加した生徒たちは、生態系サービスを基盤にした社会づくりこそがこれからの日本にとって非常に重要なことを理解したのではないかと思われます。そして、生徒たちの故郷有明海周辺でも、将来人々に注目される地域資産を発掘し育てることの大切さに気づいてくれたことと思います。

多様な生態系サービスを基盤とした社会を創るために、いくつか注意が必要だと考えられます。まず第一に、順天湾で学んだ住民同士の合意形成のプロセスが非常に大事だということ、第二に、基盤となる自然資本が揺るぎないものであることだといえます。自然の恵みを最大限にいろいろな場面で人間の生活に利用するために、その場所に揺るぎない強靭な自然が横たわっていることが必要になるとの考えを、順天湾研修で学ぶことができました。現在の順天湾の豊かな生態系を未来の人に繋ぐことは、未来の人々の無限の（未知の）利益を保障する確かな基盤になると考えられます。ノーベル賞を受賞された大村智《さとし》先生のように、イベルメクチンのような薬を干潟の生物から開発できるかもしれないのです。未来のことは、今の私たちにはわからないものなのです。だから、「自然資本は無限の可能性」をはらんでいるのです。

順天湾を一望する龍山《ヨンサン》展望台に登った時に時が止まったような錯覚が生じ心地良さを感じたと、生徒の感想文に記載されていました。その心地良さは、悠久の時の流れの中で、この景色が自然と人々、環境と生物の繋がりの懸け橋となって、これからもずっと続くだろうという安心感によるものと確信しました。

2　順天湾干潟を視察した高校生の感想

順天湾の干潟やその周辺の現地視察に参加した生徒はそれぞれに心に響くものがあったと確信しています。参加した生徒から多くの感想が寄せられました。次に伝習館高校2年生の感想文を紹介します。

「私が韓国の順天湾研修を通して考えたことは、自然と人間の繋がりです。順天湾は自然を壊さず活かした素晴らしい例でした。消波ブロックを並べたりコンクリートで防波堤を作るような護岸工事をするのではなく、干潟にヨシを残してカニなどの生き物の住処を作り、その奥には田んぼを作るという自然を完全に残したものでした。このように、人工的な資源で観光客を呼び込むのではなく、湾などの自然を活かして韓国で4番目に観光客の多い市になっている順天市には、人が保全することによって長い時間をかけて元の姿を取り戻した自然として、最も理想的なものを感じました。また、このことは私たちが見習うべきことでもあります。かつては陸続きで繋がっていた有明海と順天湾が、現在ではこんなにも違うのだと思い知らされましたが、順天市役所自然解説師のカン・ナルさんは、現在田んぼになっている場所も、かつて干潟であった所は干潟に戻す活動をしていると言われました。有明海も地域の人々の理解と向上心があれば、順天湾のようにすぐ側に大きな森が広がり、多くの生き物が生き生きと暮らしている自然を取り戻せる可能性は十分にあると思いました。そのためにも「誰か」ではなく「私たち自身」が、自然がいかに大切か、どれほど生活の支えになっているかを皆に伝えなければならないと思いました。そして、行動することの大切さを学びました。順天湾で学んださまざまなことを私たちが創る次の社会のモデルにしたいと思っています。

私は順天湾を見て懐かしさというか、時間が止まったような心地良さを感じました。このような気持ちにさせる場所を有明海にも作っていくことができれば素晴らしいと思っています」

図4　順天湾自然生態公園を観察する生徒たち

3　福岡県立伝習館高校の実践

伝習館高校生物部の活動として最初に有明海を対象にしたのは、ムツゴロウやアサリのエサになる干潟の付着性珪藻類の一年を通じた観察です。有明海では、

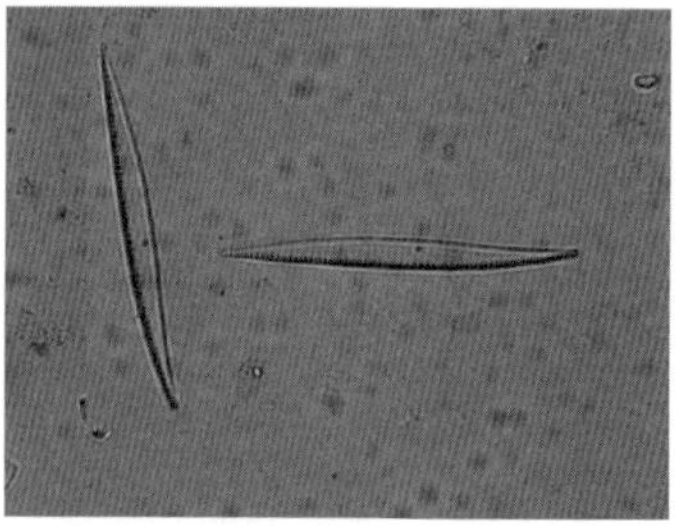

図５　夏に多くなるササノハケイソウの仲間　大きなものでは200μmのものも見られる。

現在も一年を通じて干潟表面が褐色になるほどたくさんの珪藻類が生育しています。本書でも佐藤正典先生によって「干潟は広大な天然のソーラーパネルであり、ミクロな付着珪藻類の大草原が形成される」と紹介されています。夏場は特にササノハケイソウ類（図5）が目立ちますが、冬場はササノハケイソウ類は少なくなり、ウミマルケイソウ類が優占します。この観察を通じ、有明海の干潟には一年中珪藻類が豊富に生息するにもかかわらず、なぜアサリが育たなくなったのかを、部員全員で考えました。

次に、２０１４年に国際自然保護連合からニホンウナギが絶滅危惧ＩＢ類に指定されたことを機に、より身近な存在であるニホンウナギを柳川の掘割に呼び戻す研究と保全活動に取り組みました。柳川はウナギのせいろ蒸しと川下りを目的に年間１４０万人の観光客が訪れる観光の街です。昭和40年頃までは市内の掘割にたくさんのウナギが生息し、そのウナギを捕ってせいろ蒸しにしていたそうです。しかし、今では掘割でウナギが捕獲されることはほとんどありません。柳川市の食文化と観光資源としてとっても大事な存在であるニホンウナギを何とか掘割に復活できないかとの思いが膨らみました。

21㎝以下のニホンウナギの採捕は福岡県内水面漁業調整規則で禁止されていますので、九州大学農学研究院の望岡典隆先生のウナギ研究をサポートする形で特別採捕許可を得て、地元のＮＰＯ法人ＳＰＥＲＡ森里海・時代を拓くと協働で活動を進めています。現在（２０１９年3月）まで、矢部川水系においてシラスウナギ約４０００尾を特別採捕し、０・５ｇ以上になるまで伝習館高校の水槽で飼育した後、腹腔内にワイヤータグ（直径０・２㎜、長さ２㎜の金属探知機に反応しやすい金属片）を挿入して柳川の掘割に放流しています。現在までの放流数は約２４００尾に達しました。放流直前に石倉かごを使った生物モニタリング（図6）を行い、掘割に生息する生物を調べています。このモニタリング調査で、現在までに私たちが放流したウナギ稚魚を51尾再捕獲しています。

２０１８年以降は、柳川市民に協力を仰ぎ、放流したウナギ稚魚がどこに生息しているかを調査することに力を入れています。その結果、４名の方から情報をいただきました。なかでも注目されるのは放流した場所から３km以上も離れた水田地帯の小さな水路でニホンウナギ稚魚が採捕されたことです。この個体は確かに私たちが放流したウナギであることを確認しました。放流した柳川市立図書館前の掘割からかなり離れた小さな水路にも生息していたことから、私たちの放流したウナギが掘割で成長・成熟し、生まれ故郷のマリアナ海溝周辺海域に帰って産卵するという夢が現実味を帯びてきました。

ニホンウナギの生息環境は、堰の設置や川の護岸などさまざまな障壁により、厳しさを増しています。森里海の繋がりがなければ生きることができないウナギの未来は、私たちの未来に重ねることもできると思います。今の柳川では、鹿児島県や宮崎県から出荷されたウナギをせいろ蒸しにして観光客に提供しています。私たちの活動は、柳川で捕れたウナギでせいろ蒸しを作り、柳川に来ていただいたお客さんに食べてもらうという本来の観光のありようにも深く関わると考えています。柳川の歴史文化資産としての柳川の掘割で、人とニホンウナギの新しい関係を紡ぎ直す研究の中で、持続可能な社会の枠組みを考える生徒の成長を願い、今後の調査・研究を展望しています。

図６　石倉かごを使った生物モニタリングを行っている様子
石倉かごとは１m立方ほどの目の粗い網に１kgほどの石を100個ほど詰めて魚類の住処を作り，調査時には石をすべて取り出した後でその周りの目の細かい網を引き上げて網に入った魚類，甲殻類，貝類を調査する。左から３人目の望岡先生を含めて皆が笑顔で作業をしている。

４　熊本県立岱志高校の実践

順天湾が登録された２００６年から6年後、２０１２年に熊本県荒尾干潟もラムサール条約登録湿地となり、岱志高校の前身荒尾高校の理数科と理科部の生徒たちはそれを機に、干潟に生息する多くの種類のベントス（底生生物）について、調査研究を行いました。大潮時には

図７　アナジャコの巣穴研究は，高知大学の伊谷行先生にご指導いただきベントス学会で発表

干満差５ｍにも達する潮間帯の高潮帯にはトビハゼが、アナジャコとアサリは中潮帯に生息し、さらに砂泥の質や固さで棲み分けていることを明らかにし、成果を発表しました。また、オサガニやアシハラガニ、ハクセンシオマネキの顎や口の形状を研究し、濾過食性が干潟動物の特徴であり、二枚貝やゴカイ類も含めて、何を濾過するのかの違いで食い分けを行い、干潟の表面と砂泥中を棲み分けていることが、個体数も種類数も多い理由だと気づきました。濾過食性の干潟動物たちが、多くの有機物を浄化していることに加えて、人がアサリ掘りのために干潟を攪拌することも環境形成作用の一つと考え、私たち人も干潟の生態系の中で、共存しているものとして保全活動に貢献していきたいと総括しました。また、荒尾干潟のベントスをアルコール標本にして、生息の記録を蓄積していることやアナジャコの巣穴の構造（樹脂による形取り）の研究も、ベントス学会やアジア湿地シンポジウムなど多くの発表の機会を与えていただき、生徒たちの成長につながりました。（図７）

　現在の岱志高校理科部の生徒たちも、それまでの研究の知見を引き継ぎ、干潟堆積物中の温度測定や塩性湿地のヨシ原に生息するアリアケガニやアリアケモドキ、シマヘナタリやオカミミガイなどの絶滅危惧種の生息域調査に取り組んでいます。狭い範囲に多くの絶滅危惧種が生息していることにとても驚き、淡水と海水の混じる汽水の塩性湿地そのものが、護岸工事などにより減少しているため、これらの生物が絶滅の危機に瀕していることに気づきました。また、塩性湿地の漂着ゴミやベントス調査のために篩った堆積物から多くのプラスチック類を採集したことも併せて報告し、多種多様な生き物が生息でき、プラスチック無しの汽水域にヨシ原が広がる環境を守りたいと発表しました。

生徒たちは、部活動の継続した研究成果から、荒尾干潟にはベントスが豊富に生息し、それらを餌とする渡り鳥のシギ・チドリ類が多数飛来すること、その裏付けとなる干潟生態系の生物多様性の大切さについて理解を深めています。そして同時に、50年前と比べると生き物がかなり減少していること、漁業従事者数が非常に少なくなっていることも知りました。また、順天湾と地形的に類似しており、以前には有明海で一番多くの干潟ベントスが生息し、ナベヅルやマナヅルを含む渡り鳥が最も多く飛来していた諫早湾奥部が閉め切られたことで、その後は二番手三番手だった対岸の荒尾干潟や佐賀県東与賀干潟に渡り鳥が多く飛来していることも知ることができました。

図８　熊本県立大学の堤裕昭先生にご指導いただいた岱志高校・伝習館高校・八女高校・日田高校の４校合同荒尾干潟観察会とボランティアで参加した小学生の干潟観察会

岱志高校理科部の生徒たちは、荒尾干潟での現場調査や研究成果の知識を活かして、干潟観察会のボランティアスタッフを務めたり、小学生たちを高校に招いて荒尾干潟に関する学習会を実施したりしています。啓発活動について、「私たちは荒尾干潟での活動を通じて、荒尾市の親子や熊本市の小学生をはじめ、大分県九重町の小中学生などたくさんの子どもたちと交流してきました。干潟では、子どもたちも引率の大人も泥だらけになりながら夢中で生き物を探していました。干潟にはたくさんの命があり、干潟が生物多様性にとって、大切な役割を果たしていることを一緒に学んでいます。私たちは、これからも荒尾干潟の豊かな生命が広がる環境を守っていきたいと思います」と発表しました（図８）。順天湾視察研修に参加した生徒たちも、第１回有明海高校生サミット（２０１６年１月、柳川市）、第７回有明海再生シンポジウム（２０１６年８月、荒尾市）、第２回水の国高校生フォーラム（２０１６年10月、熊本市）、有明海干潟サミット（２０１６年11月、佐賀市）などで研究発表を行い、荒尾干潟は生物多様性に富むと報告していました。

しかし、年配の方から宝の海だった頃の有明海の豊かさを教えていただくと、現在の干潟の状態に疑問を感じていました。干潟保全の一つの答えを順天湾に観ることができた、荒尾干潟をもっと豊かな生命が広がる環境にしたいという気持ちを持ったようでした。

おわりに

２０１８年８月に開かれた第９回有明海再生シンポジウム（ＮＰＯ法人ＳＰＥＲＡ森里海・時代を拓く主催、福岡県大木町）において、児童文学作家の阿部夏丸さんによる「川遊びをする子どもたちが、絶滅危惧種」であるとの講演に大いに触発され、私たちも掘割や干潟で遊ぶ小学生や中学生・高校生を支援したいと共感しました。柳川掘割や荒尾干潟での研究活動と生き物観察会で、子どもたちが水辺遊びを行い、自然体験を楽しむ場面作りに協力しています。これらの活動に高校生が積極的に参加し、自らも学び成長する機会としています。このことを今後も大事にしたいと願っています。高校を卒業し、理系の大学生として柳川掘割や荒尾干潟での活動に参加している生徒もいます。文系の法学部や経済学部へ進学した生徒たちも自然体験を継続し、順天湾視察研修で学んだ合意形成と地方創世の手法を有明海再生に活かして欲しいと期待しています。

柳川掘割や荒尾干潟を体感し、自然体験を積み、順天市のような環境保全型地域創生を是とする人となって欲しいと願い、引き続き、有明海の再生を自分ごととして考える人材の育成に微力を尽くしたいと思っています。生徒たちの感想文にもあったように、順天湾視察研修に参加した生徒、調査研究活動を共に行った生徒一人ひとりの中に、この思いは伝わっていると確信しています。

これらのことを実体験として経験した生徒たちは、成長過程でどのような自分自身の価値観を形成し、その価値観に則り社会の枠組みをどうデザインしていくでしょうか。筆者らは、人類も他の生物と同様に、自然と共に生きる以外に地球で生きる道はないということを絶対に忘れてほしくないという思いを深めました。

【参考文献】

畠山重篤著『森は海の恋人』文春文庫、２００６年
佐藤正典著『海をよみがえらせる——諫早湾の再生から考える』岩波書店、２０１４年
ＮＰＯ法人ＳＰＥＲＡ森里海・時代を拓く編、田中克・吉永郁生監修『有明海再生への道——心の森を育む』花乱社、２０１４年
田中克編『森里海を結ぶ（1）　いのちのふるさと海と生きる』花乱社、２０１７年
『森里川海大好き！』編集委員会編著（委員長・養老孟司）『森里川海大好き！　つなげよう、支えよう森里川海』環境省「つなげよう、支えよう森里川海」プロジェクトチーム、２０１８年

ラムサール条約と森里川海プロジェクトから有明海再生を展望する

環境省「つなげよう、支えよう森里川海」
プロジェクトチーム副チーム長
鳥居敏男

はじめに

有明海に面した肥前鹿島干潟はラムサール条約の登録湿地であり、鹿島市は環境省が進める「つなげよう、支えよう森里川海」プロジェクトの実証事業地域に選ばれています。本稿では、日本の干潟の現状や、本プロジェクトの概要、そして鹿島市の取組などを紹介し、有明海再生に向けた一つの方向性を提案したいと思います。

日本の干潟の状況

環境省では1972年から自然環境保全基礎調査を実施し、国や地方公共団体の各種計画の作成や環境影響評価に対して基礎的なデータを提供することを目的に、日本の植生や動物の分布、沿岸域や河川の状態を調べてきました。それによれば、全国の干潟面積は、1945年の8万2621haから1978年には5万3856ha、199

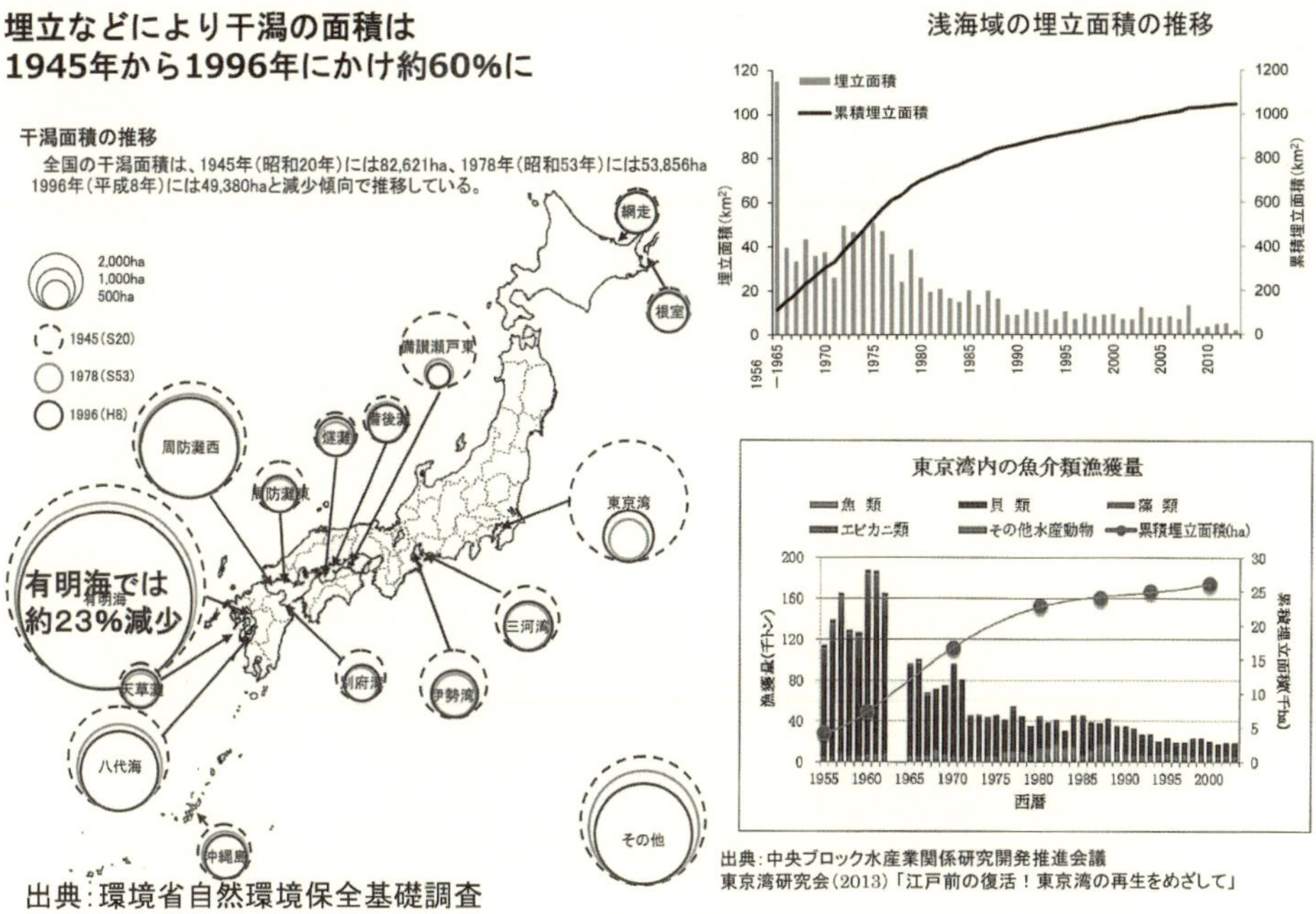

図１　干潟とその恵みの消失

６年には４万９３８０haと、約50年の間に約40％も減少しています。また年次ごとの埋立面積をみると、１９６５年から１９８０年頃にかけての高度経済成長期に増大していることがわかります。特に東京湾では、これまでに干潟の約82％が消失するという状況で、埋立が進むにつれて湾内の魚介類の漁獲量が減少していったことがわかります。

有明海のデータを見ますと、１９４５年に２万６６０９haあった干潟が１９７８年には２万２２２６ha、１９９６年には２万０３９１haと、約23％減少しています。諫早湾の閉切堤防の完成は１９９７年ですから、第３章で佐藤が示しているように、この数字からさらに２９００ha減っていることになります。（図1参照）[1]

干潟は海水の浄化機能を有するだけでなく、多くの魚介類に住処を提供するとともに、それを餌とする鳥類の重要な生息地にもなっています。しかし、戦前から高度経済成長期にかけて埋立や干拓により、多くの干潟が失われてきたことがわかります。

熊本県荒尾市
荒尾干潟

佐賀県佐賀市
東よか干潟

佐賀県鹿島市
肥前鹿島干潟

写真１　有明海のラムサール条約湿地

ラムサール条約

「ラムサール条約」をご存じでしょうか。正式名称は、「特に水鳥の生息地として国際的に重要な湿地に関する条約」といいます。名前のとおり条約ができた当初は、水鳥の生息地としての湿地を保全の対象としていたのですが、時代とともに性格が変わり、今では湿地そのものだけでなく、そこを住処とする動物や植物の保全、そしてそれらの賢明な利用（wise use）の促進を目的としています。この条約はイランのラムサールという所で、１９７１年に採択されました。環境に関する条約はたくさん生まれていますが、ラムサール条約はその中でも50年近い歴史がある古い条約です。現在、締約国の数は１７０カ国です。日本ももちろんその中に入っています。この条約に登録されている湿地は世界で約２３００カ所（総面積約2億５２５０万ha）。そのうち日本は52カ所（計15・5万ha）が登録されています（２０１９年3月末現在[2]）。

条約湿地の登録に関する要件は、大きく次の三つがあります。

① 国際的に重要な湿地の基準に該当していること。
② 国の法律（自然公園法、鳥獣保護管理法など）により、将来にわたって、自然環境の保全が図られること。
③ 地元自治体などから登録への賛意が得られていること。

国際的に重要な湿地の基準を見ると水鳥に関するもののほか、魚類やそれ以外の水生生物に関するものもあって、データに基づき選考が行われます。

日本の条約湿地は、北は北海道から南は沖縄まで全国に分布しています。有明海では、2019年3月末現在、荒尾干潟（熊本県荒尾市）、東よか干潟（佐賀県佐賀市）、肥前鹿島干潟（佐賀県鹿島市）の三つの干潟が登録されています（写真1参照）。いずれの干潟も国指定鳥獣保護区に指定されており、渡来する水鳥や干潟そのものが保護の対象になっています。

日本の森里川海の現状

ラムサール条約の特徴として、湿地の「賢明な利用」という考え方がありますが、これは何も湿地にとどまるものではありません。森、里、川、海に代表される自然資源（最近では「自然資本」という言葉も使われるようになりました）についても、持続可能で賢明な利用が重要です。しかし、今、日本の森里川海に目をやると様々な深刻な課題が顕在化してきています。

私たちは森里川海から食べ物をはじめ様々な恵みを得ていますが、それは森里川海のつながりが生み出してくれるものです。山に降った雨や雪は水となって森でミネラルを含み、川や地下水脈を通じて里では田畑を潤し、海にくだって魚介藻類を育みます。そしてまた水が蒸発して、大きな循環が繰り返されます（図2参照）。

しかし、かつての高度経済成長期、伐採や埋立、都市の拡大などによって森里川海が開発され、そのつながりが

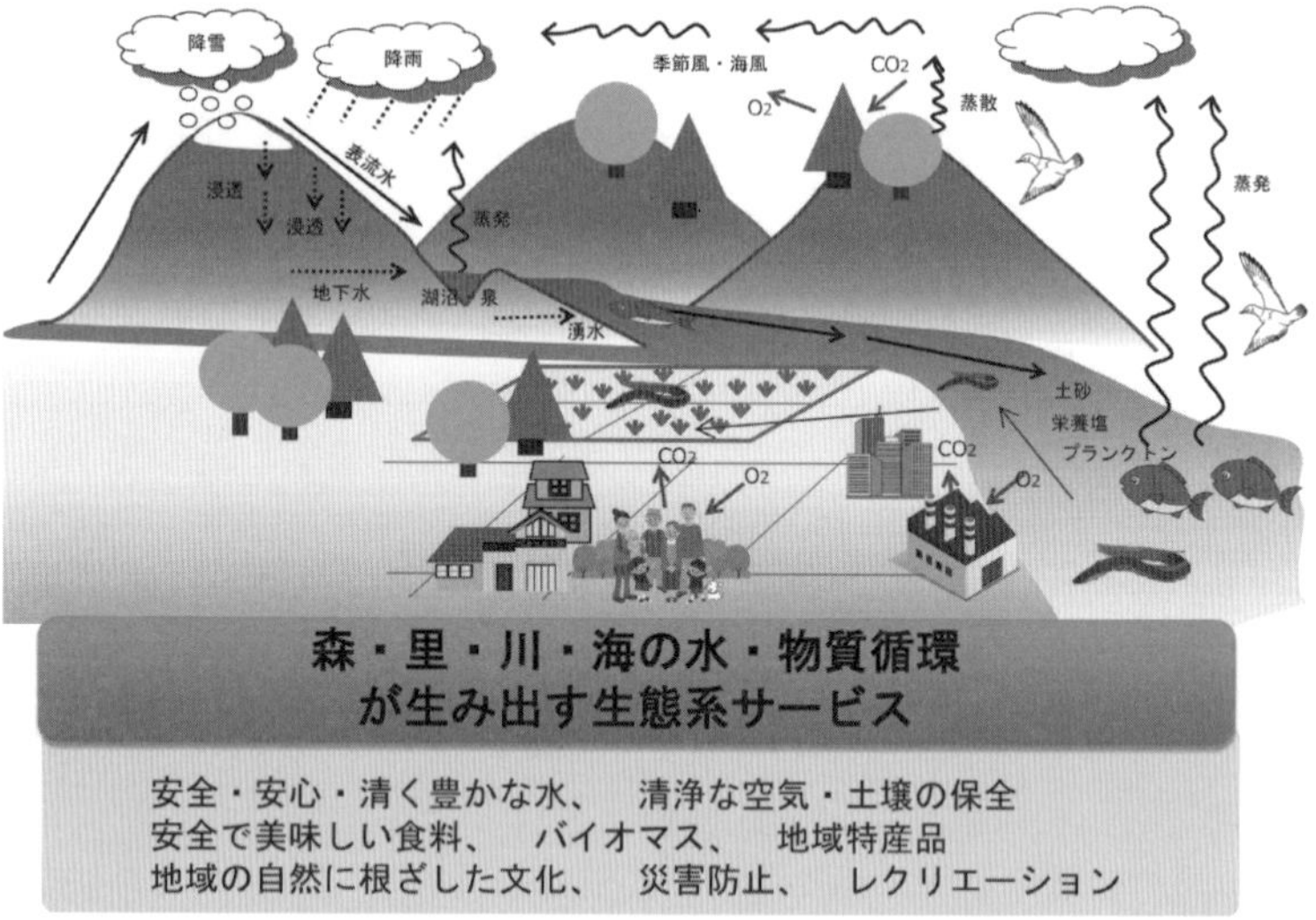

図２　森里川海のつながりが生み出す恵み

分断されました。また近年では、地方の過疎化や少子高齢化によって耕作放棄地や放置された森林が増え、人手が入らなくなっています。昔であれば里の雑木林は燃料や肥料を得るために、集落の人たちが助け合いながら手入れを行っていましたが、今ではそのようなコミュニティーは衰退し、山林や田畑、ため池が荒れたままになって、そこを住処としていた身近な生き物が絶滅の危機に追いやられるだけでなく、かつて得られていた様々な恵みを上手に生かし切れない状況になっています。その反面、外国から化石燃料や食料、木材などを輸入して、その分お金が海外へ流出しています。足下の自然資源に今一度スポットを当て、賢く手を入れていくことによって、地域で経済を回し、活性化を図りながら恵みを引き出していくといったことを考える必要があるのではないでしょうか。

日本は国土の約3分の2が森林に覆われ、先進国の中でも有数の森林国ですが、そのうちの約4割が戦後に植えられたスギやヒノキの人工林です。ちょうど今、多くの人工林が伐採適齢期を迎えているのですが、伐採搬出コストが高く、また人手も確保できないなどの理由により放置され、その結果、人工林の材積は有史以来最大と言われています。しかし大部分の人工林は枝打ちや間伐などが行われていないため、林内が薄暗く林床にほとんど植生がないことから、大雨で土壌が流出したり、木が細長く台風などにより一斉に倒れる恐れがあります。

さらに、災害の激甚化も深刻です。ここ数年は毎年のように夏から秋にかけて台風や集中豪雨により、洪水など

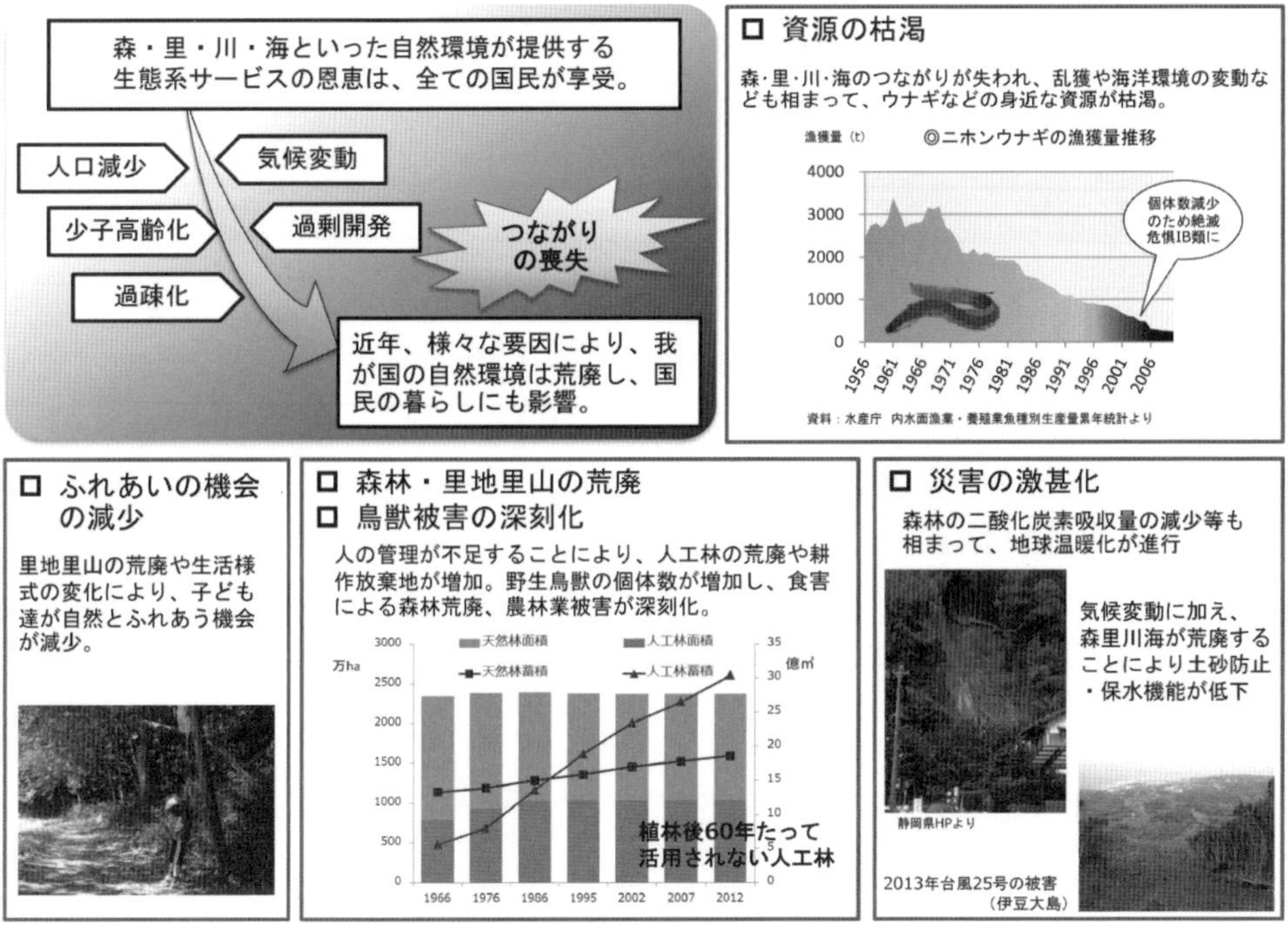

図3　森里川海の連環確保の必要性

の自然災害が多発しています。森林の管理が低下してくると、土砂崩れなどの災害が多発すると言われており、今後、地球温暖化によりその深刻さが増すことが予想されます（図3参照）。

つながりの分断は森里川海と人との間でも起こっています。近年、森里川海で遊ぶ子どもの姿を見る機会がめっきり少なくなり、まさに〝絶滅危惧〟状態です。外遊びが多い小学生や中学生ほど規範意識やチャレンジする力が高い傾向にある、という調査結果も出されています(3)。

「つなげよう、支えよう森里川海」プロジェクト

このような問題意識から、2014年12月に環境省内に組織横断的なチームが設置され、「つなげよう、支えよう森里川海」プロジェクトが始動しました。プロジェクトの目標は、①森里川海を豊かに保ち、その恵みを引き出すこと、②一人ひとりが森里川海を支える社会をつくること、の二つです（図4参照）。

外部の有識者を招いて勉強会を開催し、構想を深化

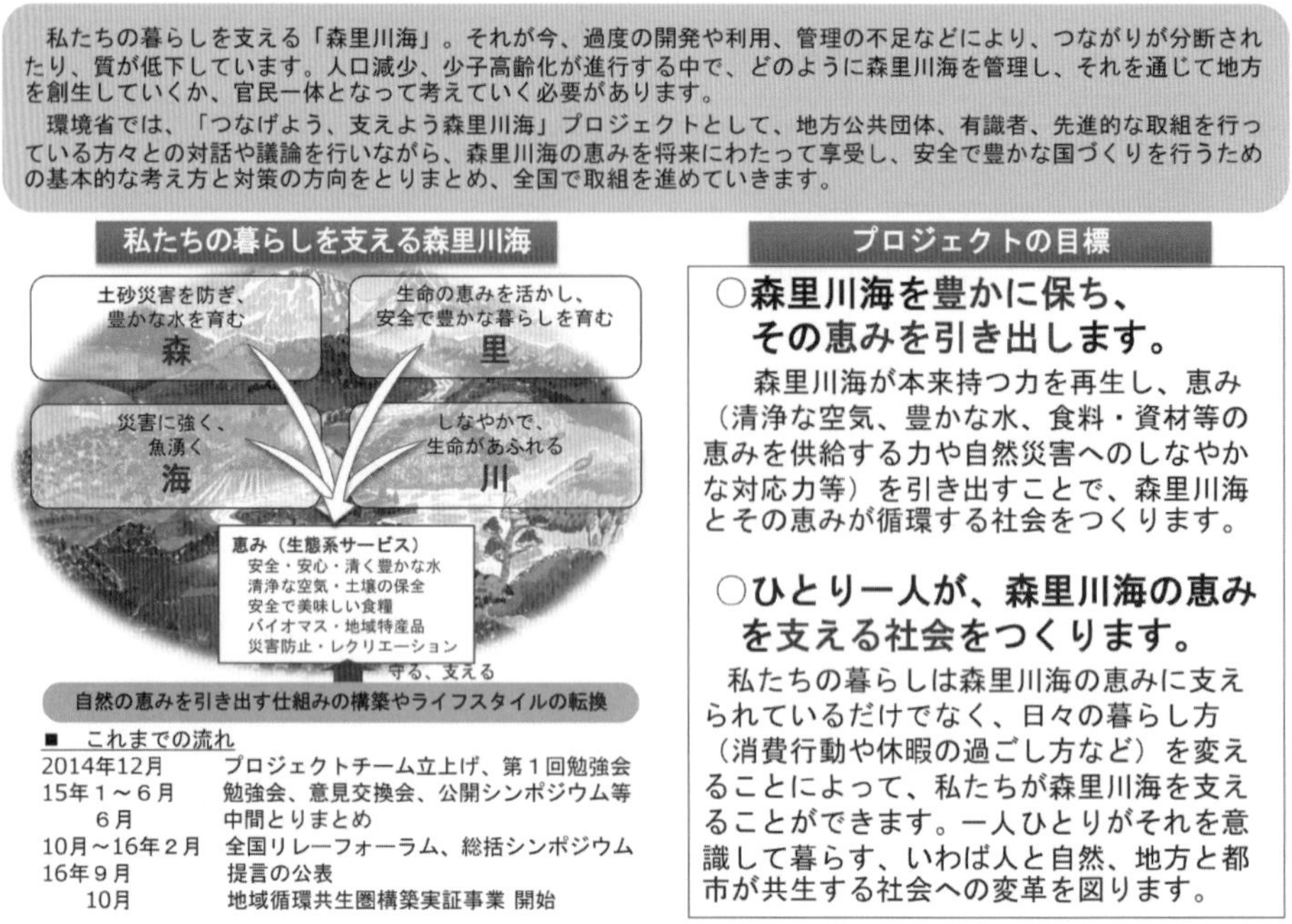

図４　「つなげよう，支えよう森里川海」プロジェクト

させながら、２０１５年の６月にプロジェクトの目的や基本的考え方、取組の方向性などをとりまとめ、全国で約50回のリレーフォーラムを開催し、参加された延べ４０００人の方々のご意見を聞きながら、最終的な提言「森里川海をつなぎ、支えていくために」を２０１６年の９月にとり

	実証地域	活動団体
1	宮城県本吉郡南三陸町	一般社団法人 CEPAジャパン
2	神奈川県小田原市	小田原市
3	石川県珠洲市	珠洲市
4	滋賀県東近江市	特定非営利活動法人 まちづくりネット東近江
5	大阪府吹田市・豊能郡能勢町	特定非営利活動法人 大阪自然史センター
6	岡山県高梁川流域	一般社団法人 高梁川流域学校
7	山口県	椹野川河口域・干潟自然再生協議会
8	徳島県吉野川流域	コウノトリ定着推進連絡協議会
9	福岡県宗像市	宗像国際環境会議実行委員会
10	佐賀県鹿島市	鹿島市ラムサール条約推進協議会

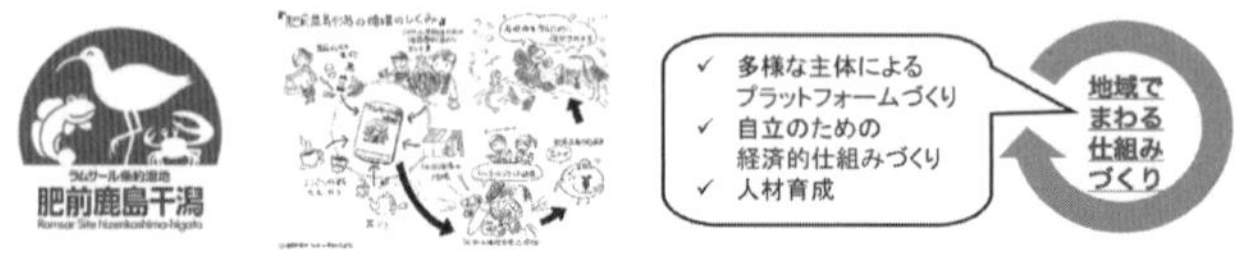

図５　地域循環共生圏構築実証事業（2016～18年度）

まとめました(4)。

また並行して、このプロジェクトの趣旨に賛同し、地域でそのような取組を実施する団体を全国に公募したところ、35の団体から応募がありました。外部の有識者による選考を経て10カ所の実証地域が選ばれ、2016年度から3カ年の実証事業がスタートしました。後述しますが、有明海に面し、ラムサール条約の登録湿地を有している佐賀県鹿島市もその中に含まれています（図5参照）。

第五次環境基本計画

政府全体の環境行政の基本的な羅針盤となるのが「環境基本計画」です。1993年に環境基本法が成立して、翌年に最初の環境基本計画が策定されました。その後概ね6年ごとに見直しが行われ、現行の第五次環境基本計画は2018年4月に閣議決定されました。

この第五次計画は、2015年に採択された国連の「持続可能な開発目標（SDGs）」を意識しつつ、「環境、経済、社会の課題の同時解決を通じた統合的向上」という考え方をより鮮明に押し出している点で、従来の計画と異なっています。それまでの計画では、地球環境問題や自然環境の保全、廃棄物対策といったように分野縦割りの施策が中心でした。しかし第五次計画では、人口減少、少子高齢化といった止めようがない日本社会の課題や、パリ協定において日本が掲げる「2030年までに2013年比で二酸化炭素の26%排出削減」といった国際公約、さらには2050年までに80%削減という目標の先にある脱炭素な社会に資源循環、自然共生を合わせた三社会の統合的実現に向けた分野横断的な対策を、「経済」、「国土」、「地域」、「暮らし」、「技術」、「国際」という六つのキーワードで表される重点戦略として位置づけています（図6参照）。

例えば、「国土」にかかる戦略では、生態系を活用した防災・減災や、導入が見込まれている森林環境税の活用を

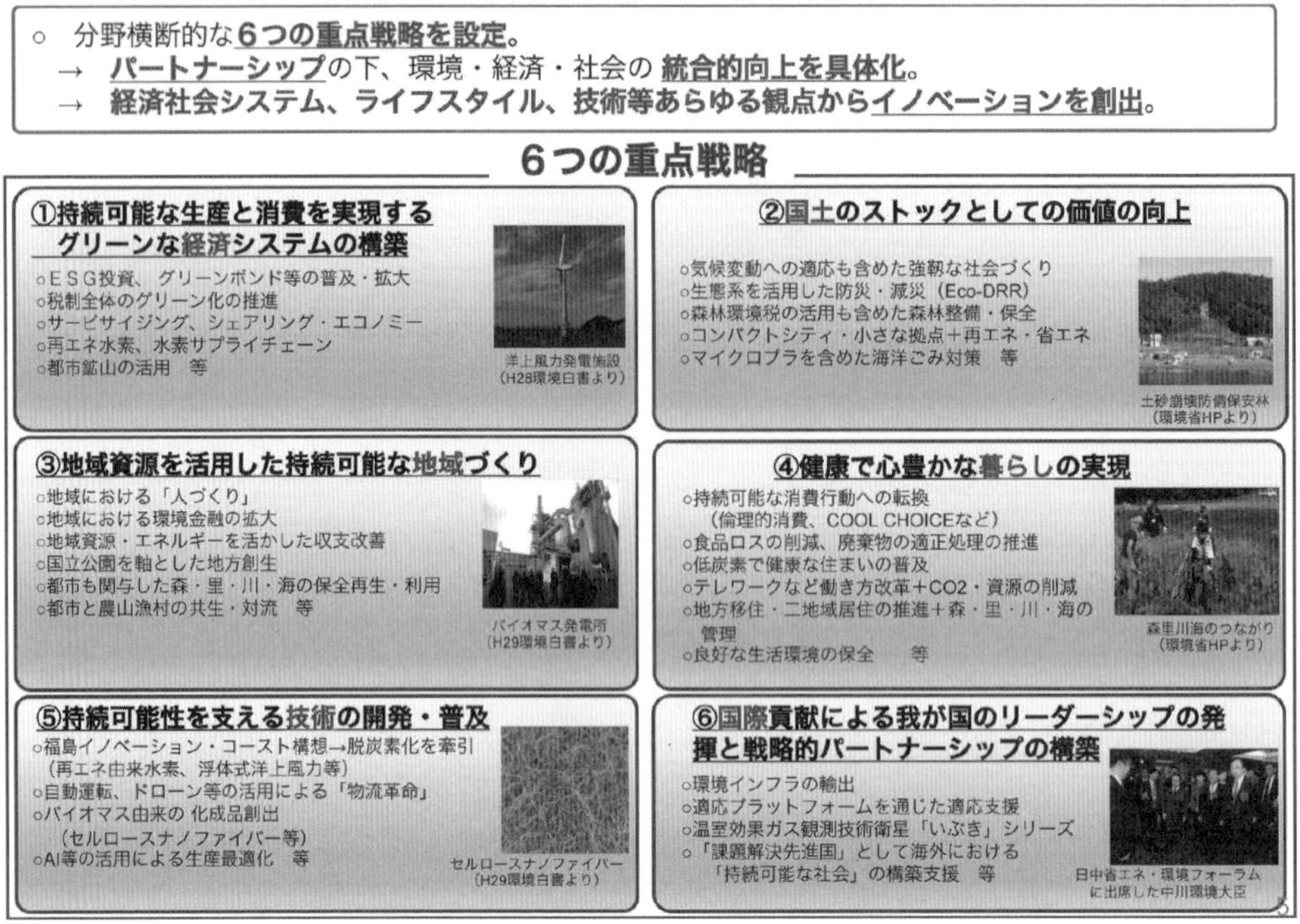
○ 分野横断的な6つの重点戦略を設定。
→ パートナーシップの下、環境・経済・社会の 統合的向上を具体化。
→ 経済社会システム、ライフスタイル、技術等あらゆる観点からイノベーションを創出。
6つの重点戦略
①持続可能な生産と消費を実現するグリーンな経済システムの構築
○ＥＳＧ投資、グリーンボンド等の普及・拡大
○税制全体のグリーン化の推進
○サービサイジング、シェアリング・エコノミー
○再エネ水素、水素サプライチェーン
○都市鉱山の活用 等
洋上風力発電施設（H28環境白書より）
②国土のストックとしての価値の向上
○気候変動への適応も含めた強靱な社会づくり
○生態系を活用した防災・減災（Eco-DRR）
○森林環境税の活用も含めた森林整備・保全
○コンパクトシティ・小さな拠点＋再エネ・省エネ
○マイクロプラを含めた海洋ごみ対策 等
土砂崩壊防備保安林（環境省HPより）
③地域資源を活用した持続可能な地域づくり
○地域における「人づくり」
○地域における環境金融の拡大
○地域資源・エネルギーを活かした収支改善
○国立公園を軸とした地方創生
○都市も関与した森・里・川・海の保全再生・利用
○都市と農山漁村の共生・対流 等
バイオマス発電所（H29環境白書より）
④健康で心豊かな暮らしの実現
○持続可能な消費行動への転換（倫理的消費、COOL CHOICEなど）
○食品ロスの削減、廃棄物の適正処理の推進
○低炭素で健康な住まいの普及
○テレワークなど働き方改革＋CO2・資源の削減
○地方移住・二地域居住の推進＋森・里・川・海の管理
○良好な生活環境の保全 等
森里川海のつながり（環境省HPより）
⑤持続可能性を支える技術の開発・普及
○福島イノベーション・コースト構想→脱炭素化を牽引（再エネ由来水素、浮体式洋上風力等）
○自動運転、ドローン等の活用による「物流革命」
○バイオマス由来の 化成品創出（セルロースナノファイバー等）
○AI等の活用による生産最適化 等
セルロースナノファイバー（H29環境白書より）
⑥国際貢献による我が国のリーダーシップの発揮と戦略的パートナーシップの構築
○環境インフラの輸出
○適応プラットフォームを通じた適応支援
○温室効果ガス観測技術衛星「いぶき」シリーズ
○「課題解決先進国」として海外における「持続可能な社会」の構築支援 等
日中省エネ・環境フォーラムに出席した中川環境大臣

図６　第五次環境基本計画における施策展開の方向性

含めた森林の整備・保全などを通じて、森里川海の〝ストック〟としての価値を向上させることを掲げています。「地域」では、環境金融の拡大や都市と農山漁村との交流を強化することなどを通じて地域資源を活かした持続可能な地域づくりを行っていくことがうたわれています。さらに「暮らし」では、地方移住や二地域居住の推進と森里川海の管理を組み合わせることで、健康で心豊かなライフスタイルを実現させることを盛り込んでいます。

加えて、重点戦略に位置付けられた施策の実施を通じて、経済社会システム、ライフスタイル、技術といったあらゆる観点からイノベーションを創出し、各地域がそれぞれの特性に応じて他の地域と共生・対流し、より広域的なネットワーク（自然的つながり〔森里川海の連環〕）や経済的つながり（人・資金など））をパートナーシップにより構築していくことで地域資源を補完し、支え合う「地域循環共生圏」を創造していくことを目指しています。[5]

地域循環共生圏とは

戦後の日本社会は様々な社会制度を整え、経済的な成

長を遂げてきました。その一方で、人口は減少し、少子高齢化が進み、人工林や田畑が放棄されるだけでなく、集落そのものが存続の危機に直面しています。国土の経営といった観点からは、いびつな状態と言わざるを得ません。活力ある都市を維持していくためには、地方の森里川海といった自然資本を持続可能な形で維持していくことが必要です。都市と地方の農山漁村を車の両輪としてバランスよく維持していくことが、長い目で見た日本の将来にとって非常に重要であると言えます。

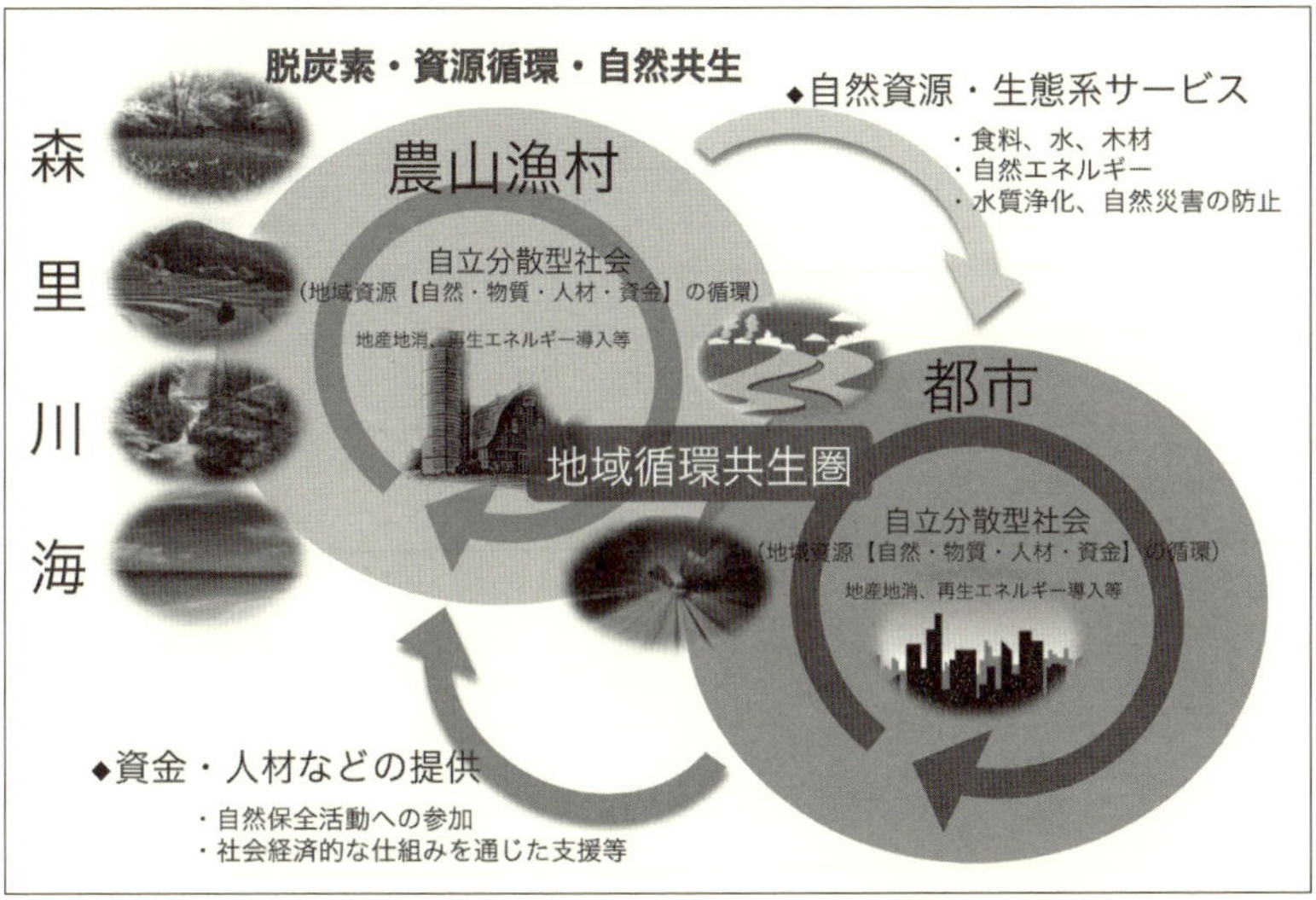

図7　地域循環共生圏とは～地域が自立し，支え合う関係づくり～

　このような方向性に応える考え方が「地域循環共生圏」という概念です（図7参照）。それぞれの地域が「自立分散」するとともに「相互連携」し、「循環・共生」する活力ある圏域を形成し、それら圏域の集合体として社会が成り立っている。例えば、こんな地域社会の姿が想像されます。

●再生可能エネルギーによる発電や蓄電の施設整備が進み、地方の一定圏域におけるエネルギーの地産地消を可能にし、災害に強い地域づくりにも貢献している。

●食への安全安心を求める消費者のニーズに応えるべく、無農薬・有機栽培の高付加価値なお米や野菜が生産され、そのような田んぼや畑では動植物が豊かに育まれ、生産者の誇りとなっている。

●働き方改革が進み休暇が得やすくなったことを背景として、地方の自然豊かなところへ家族で出向く機会や子どもの自然体験の機会が増える。それに伴い、地方では自然体験やその地域ならではの食べ物を提供するサービスが商品化され、新たな雇用が創出される。

●都市近郊の農地やスポット的な雑木林の維持管理に退職後の人が携わることにより、自然との関わりだけでなく、人と人との関わりが生まれ、心身の健康が維持される。医療費の削減につながるとともに、健康寿命が増進する。

●河川の遊水地や干潟、サンゴ礁などが増水時や高波の緩衝帯として機能する一方、生き物の住処にもなり、平時にはそこから一次産品が収穫されるほか、レクリエーションの場としても活用されている。

●電気自動車など化石燃料に頼らない脱炭素型の交通手段が普及するとともに、観光地では地域の魅力をじっくりと体験できるスローモビリティが主流となる。

●ICTやAIの進歩がこのような地域社会の運営にバランスよく実装され、従来であれば「我慢」や「負担」と考えられていた部分を人に代わってこなしている。そこには、地域の金融機関が支援する形で、これまでと違う新しいビジネスが誕生し、人々に生き甲斐を創出する機会を与えている。

このような「地域循環共生圏」が織りなす社会を構築していくことで、環境問題への対応のみならず、地域が抱える社会や経済の問題の同時解決にもつなげていくことが重要です。

実証事業の実施

森里川海プロジェクトの一環として、「地域循環共生圏」を構築する実証事業を2016年度から3年間、全国10カ所で実施しました。具体的には、森里川海の再生やつながりの回復に取り組むための、①地域の関係者によるプラットフォームづくり、②活動を持続的に行えるような資金確保、③活動を支える人材の育成、という3点を課題として、3年間予算支援を行い、それ以降は自走できる仕組みをつくっていただくことが狙いです（図8参照）。

また、前述した①②③それぞれの取組での留意事項を整理し、このような取組を全国的に横展開していく上での

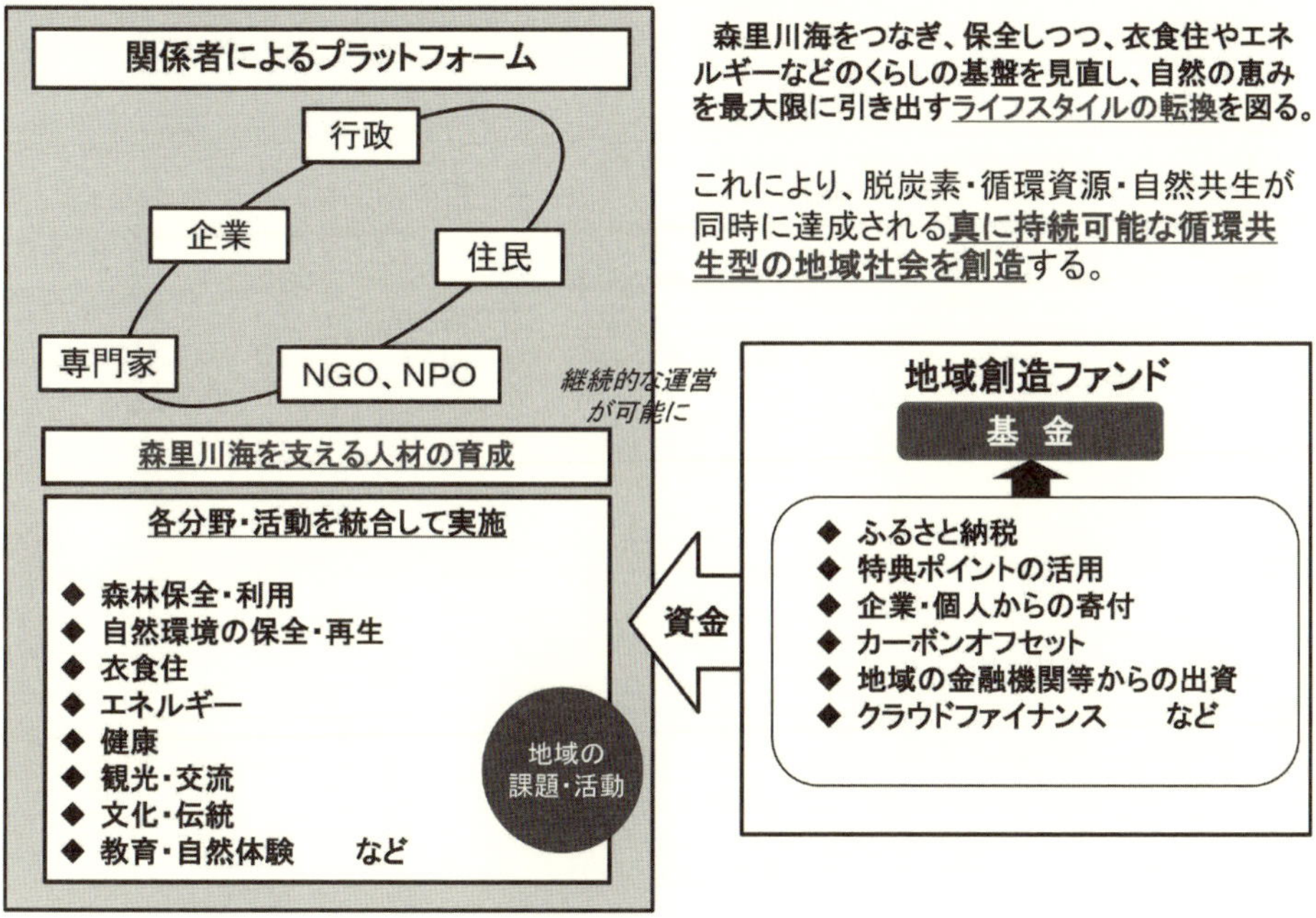

図8　地域循環共生圏構築実証事業の概要

「手引き」を作成することも、この事業のもう一つの目標です。その中には、事業の達成度合いを測る複数の指標を設定することを盛り込んでいます。例えば、森里川海のつながりの回復で得られた農産物をブランド化する事業では、そのような農家の件数や、売上高、さらには販売促進イベントなどでの交流人口が挙げられています。また地域全体への波及効果の指標として、地域経済循環分析[6]の活用も盛り込まれています。この分析手法は、市町村を単位として、お金の流れを分析するもので、例えばエネルギー分野で域外へ流出した金額がどのくらいかがわかるようになっており、地域の再生可能エネルギーを活用してエネルギーの地産地消を進めるような取組では、有効な指標になり得ることが期待されます。このような指標には全国共通のものがある一方で、地域の特徴に応じた個別のものもあります。いずれにせよわかりやすい成果指標を設定することで、最近盛んになりつつあるESG投資の一環として、地域の金融機関が低利の貸し付けを行ったり、企業の支援を引き出すなどの資金確保の方策を構築する上で有益な情報になると考えられます。

佐賀県鹿島市の取組

有明海に面する佐賀県鹿島市が、この実証事業の対象に選定されています。鹿島市では、有明海での二枚貝（アゲマキ、タイラギなど）の激減などにより、漁船漁業の不振が深刻です。その解消につながる環境保全策を講じる必要があるのですが、市によると「住民の有明海への関心がどんどん下がっている」のが現状で、まずは環境保全を通じて市民が有明海を見つめ直す機会づくりを進めることが課題となっています。肥前鹿島干潟からの恵みを感じられる農水産物の生産、消費の拡大や地場産業の育成など、地域の活性化や雇用の創出を図っていくことを狙いとして、鹿島市がつくった「ラムサール条約推進協議会」が中心となって、ムツゴロウなどの商品にラムサールブランドのマークを付けて、その売上の一部を基金に入れるということを試行錯誤しながら始めています。またそれに携わる人材として、鹿島地域の環境と産業をつなぐコーディネーターを育成しています。

肥前鹿島干潟の循環の仕組みとして「ラムサールブランド堆肥化事業」にも取り組んでいます。これは、家庭から出る生ゴミや飲食店から出るコーヒー殻、さらにはラムサール登録湿地付近の清掃活動で集めたヨシや草を材料にして堆肥をつくる事業です。この堆肥を使って育てた野菜やお米の一部は、地元の学校給食の材料として用いられています。また堆肥の売上の一部は基金に入れられ、湿地の保全活動の支援に充てられています（図9参照）。

海岸清掃でヨシ群落を刈り取り、それを堆肥化することにより、それまで野焼きにされていた有機物を有効に利用し、資源として循環させることができます。もちろん経済に置き換えれば微々たる取組かもしれませんが、地域の方々が改めて干潟やそれを取り巻く森里川海に関心を持つようになってきたそうです。

さらに、この協議会では、女性をターゲットとした様々な取組が行われています。地元の食材を用いたメニューを開発するワークショップや、食のシンポジウム、講演会など有明海の恵みを感じられるイベントを開催して、農

図9　ラムサールブランドと堆肥化事業

水産物やその食べ方の紹介を行っています。一般の人たちに関心を持ってもらうには、食べ物など暮らしに密接に関わることをテーマにすることが重要です。各イベントは毎回ほとんど満員御礼という状況だそうです。このほか、干潟の前でのヨガ教室では、若い人も非常に多く参加しているとのことです。

鹿島市の取組における今後の課題としては、堆肥化事業への地域住民の一層の理解や協力が挙げられます。また、基金についても寄付受け入れの際の非課税措置がとられていないなどの課題も改善していく必要があります。さらに人材の育成についても、現在は市役所が中心になって事業が進められていますが、もっと一般の人の参加を促し、継続性のある活動にしていくことが重要です。

有明海の再生に向けて

有明海は陸域に囲まれた閉鎖性の高い海域です。干潟の減少や周辺からの排水の流入などにより水環境の悪化が顕在化しています。有明海の再生に向けては、流れ込む川とその上流の森や里を再生し、つながりを強化していく必要があります。ご紹介した鹿島市のような取組が、他の地域でもすでに始まっています。阿蘇山から有明海に注ぐ川や地下水を維持・涵養するために、カルデラ内の草原を維持する取組や中流の田んぼに冬期間水を張る取組が進められています[7]。

さらに、人と森里川海とのつながりも回復させることが重要です。流域の住民だけでなく、遠くに住む私たち一人ひとりが有明海を意識することが必要ではないでしょうか。例えば、有明海で獲れた海産物を購入するとか、実際に現場を訪ねて魚介類を堪能するのも有明海再生の支援になるはずです。鹿島市の方が危機感を覚えるように、「関心の低下」こそ、最も避けるべきことだと思います。有明海を取り巻く森里川海のつながりを強固なものとし、海の幸、山の幸を将来世代へ引き継ぐことができるよう努力することが、今求められています。

【参考文献】

（1）環境省：自然環境保全基礎調査（第2回、第5回）生物多様性センターホームページ：https://www.biodic.go.jp/kiso/34/34_higat.html#mainText
（2）ラムサール条約事務局ホームページ：https://www.ramsar.org/
（3）独立行政法人　国立青少年教育振興機構：「青少年の体験活動に関する実態調査（２０１４年度）」
（4）環境省「つなげよう、支えよう森里川海」プロジェクトチーム：「森里川海をつなぎ、支えていくために」（２０１６年9月）　ホームページ：https://www.env.go.jp/nature/morisatokawaumi/
（5）環境省：第五次環境基本計画（２０１８年４月）
（6）環境省：地域経済循環分析ホームページ　http://www.env.go.jp/policy/circulation/
（7）熊本県：水の国くまもとホームページ「熊本地域地下水総合保全管理計画・行動計画」　http://mizukuni.pref.kumamoto.jp/one_html3/pub/default.aspx?c_id=7

森は海の恋人から有明海の再生を展望する

NPO法人森は海の恋人理事長
畠山重篤

はじめに

ご紹介いただきました畠山重篤と申します。宮城県の気仙沼から参りました。今日の会は環境省も関わっておりますが、実は初代の環境庁長官は、大石武一という方で、宮城県の出身です。スーパー林道を止めたり、尾瀬の開発を阻止したりしました。お医者さんでした。初代の環境庁長官が宮城県出身だったもので、大石さんからの影響もあり、私も牡蠣の養殖をやりながら、環境のことを考えないといけないと思うようになりました。

東日本大震災から7年半が経ちました。その節は本当に、今日おいでの皆様からも、さまざまな形でご支援いただきましたことを、改めて感謝申し上げます。

まだまだいろいろな問題はあるのですが、海で生活している漁師は、皆様が思っているよりも、海に戻って元気に漁師の生活を続けております。8割方は海に戻りました。今日は諫早の同業者の方がお見えですが、海での生活がしたいという、その気持ちには切なるものがありますね。

親父の代からカキの養殖を始めまして、私が2代目で、3代目の息子たちが後を継いでいます。長男は以前より後を継いでいたのですが、次男と三男も震災を機に、ふるさとに戻れという命令を親父が出しました。やっぱりふるさとを守る人がいなければ、もうどうしようもないということで、お前たち帰れと言いました。そうしたら、「お父さん、俺帰るよ」と言って、背広とネクタイを捨てて長靴を履き、30歳代の息子3人でスクラムを組んで、養殖場の再建に取り組みました。

いろいろありますけれども、結局は人間の問題ですからね。それなりの能力と先を見る目をもった人間が力を合わせてやれば、息子が3人いれば、それはできますよね。周りの漁師も巻き込み、協業体のようなものを作って、それでカキとホタテガイの養殖を再建しました。それから一番上の孫がもう高校生になりまして、ぼくも養殖業を継ぐと言っていますので、孫が継げば、わがカキ養殖場も、百年になります。海の自然が保たれていれば、ちゃんとそこで生活ができるということですね。

1　有明海問題を「コンビニのおにぎり」から紐解く

先ほど、有明海の状況をお聞きしまして、また、田中先生との出会いで、諫早湾も何度も見ておりますが、「何をやっているんだろう」という気持ちが本当に強いですね。今日は皆さんにまずこれを見せなければなりません。おにぎりです。漁民と農民の対立という話も聞いています。今日のお昼をどうしようかというので外出しましたら、皆道路の先のコンビニに入っていくじゃありませんか。おにぎりを買っています。そうしたら、今日おいでになった多くの方々が買ったせいか、もうおにぎりがほとんど売り切れて、残っていませんでした。これは、今日の問題の核心を考える上で、非常に象徴的な出来事ではないかと思います。おにぎりというのは、ご存じのとおり、ご飯をノリでくるんで、中にはシャケだとか、筋子だとか、昆布の佃煮だとか、だいたい海のものを入れてるではないですか。まさに、農民と漁民の合作なんですよ。だから、これが喧嘩するというのはおかしな話ですね。

知り合いにノリ養殖漁師もいまして、話を聞いたことがあります。日本全体でノリの生産は約90億枚だそうです。いろいろな話を聞いていたら、昔は暮れの贈答品で、ノリが売れた時代が続いたのですが、そういう時代は今は過ぎてしまいました。今では、なんと30億枚はコンビニに売っているのです。これを見れば一目瞭然ですね。おにぎりをくるんでいるのはノリなのです。おにぎりをくるむのにノリ一枚の半分を使います。ご存じですか。これでおにぎりをくるむわけです。だから30億枚のノリは60億個のおにぎりになっているということです。60億個のおにぎりというのは、米の消費量のどれくらいに当たるか分かりますか。15%だそうです。だから、農民と漁民が喧嘩をしなければならないということは、どう考えてもおかしいですよね。

どちらかといえば、農水省は海より農地のほうを優先していますから、米作りにはものすごいお金が使われていまして、価格も保障されていますから米が余っていますよね。家畜の餌にまで使っています。農水省の会議に行きましても、どうしたら米の消費を増やそうかという相談ばかりしているわけです。私は5年間、農水省のある委員会の委員を務めさせられまして、霞ケ関に通っていた時期もありました。米の消費を増やすのにはどうしたらいいかを検討する会議で、東大を出た人たちが何を考えつくのかというと、子供がどんぶりでご飯をかきこんでいる大きなポスターを作って、米の消費を伸ばそうと言っていました。そのポスターを、まず自衛隊に配るというのです。自衛隊の皆さんにもう少しご飯を食べてもらおうと。学校の給食にも米飯給食を増やしてもらおうではないかと。そのようなことばかり議論しているのです。

2　アサリの味噌汁、すしねた、そしてご飯

霞ケ関の農水省のビルの中には水産庁があります。水産庁は水産庁で魚の消費を伸ばしてもらおうといっている

写真１　東日本大震災によって干潟的環境に大量に復活したアサリ（2012年９月，気仙沼舞根湾奥部）

わけです。ここでもやっぱり魚を食べるような写真を、全国に配ったりしているのです。どうしてご飯を食べている傍らに、アサリの味噌汁や焼き魚を乗せないのだろうと、不思議に思うわけです。今、アサリも有明海では大変ですよね。獲れなくなったから、アサリは高いですよね。奥さん方から聞きますと、アサリの値段が今の半分だったら、週に三回は味噌汁を炊くと言うのです。アサリの味噌汁は出汁をとる必要がないから、すごく楽だと言うのです。子供たちも喜ぶし、手も抜けるからと。

例えば、アサリがいっぱい獲れるようになって、学校給食でアサリの味噌汁のお代わりが自由だと言ったら、皆もうご飯をいっぱい食べるではないですか。だから、アサリの値段が半値になって全国の家庭が週3回アサリの味噌汁を炊けば、どれだけお米の消費量が増えるか、パソコンをたたけばすぐに答えが出るじゃないですか。アサリとおにぎりで米の消費量がぐっと増えますね。頭が悪いなと思いますね。本当に。

それから、これもいつも言っているのですが、おすしですね。女房の誕生日だから、今日はちゃんとしたおすし屋に行ってすしを食おうと思ったことはありませんか。東京でちゃんとしたおすし屋に行ったら、一貫千円くらい取るではないですか。でも、一貫千円のすしのシャリ代はいくらだと思いますか。どんなによい米を使っても20円だそうです。つまり、９８０円はすしねた代なのですね。

すしねたはどこで獲れますか。もちろん、気仙沼は遠洋漁業の町でもありますから、沖でも獲れますが、すしねたに使うような魚介類の大部分は、沿岸域の有明海や東京湾のような汽水域で獲れるわけです。だから、ここさえちゃんと環境を整えて、魚介類や海藻が獲れるようにすれば、すしは半値になります。私は若いころノリの養殖もやっていました。私の作っていたノリはマルバアサクサノリです。これは色が黒くなくてちょっと赤っぽいのです

写真２　東日本大震災を乗り越えて，平成の30年間を走りぬけ，全国のみならず世界からも注目を集める森は海の恋人植樹祭
全国から1500名前後の人々が集まる。（岩手県一関市室根町の矢越山源流域）

が、葉が柔らかくて、香りがよく、味もよいのです。

昔のノリ養殖は全部河口域で作っていたのです。これでおにぎりを包むと、おにぎりの味が全然違うのです。だからそれだけで60億個どころか、１００億個ぐらいおにぎりが売れますよ。アサリの味噌汁と、おにぎりとすしだけでどれだけ米の消費が増えるか、もうえらいことですよ。ひょっとすると、お米が足りなくなるかもしれません。それに、お酒も飲むようになりますしね。

ということで縦割りの今の行政システムを、もう少しやわらかくくっ付けて考えれば、この国の食料の心配はなくなるのです。人口が増えて米が足りなくなってきたから、米重点でずっと来ていましたが、今になったら、要するにすしねたが足りない、アサリの味噌汁が足りない、ノリが足りないと、ご飯のおかずが足りなくなっているわけです。

ご飯のおかずをどうやって獲るか、難しいことではありません。それは沿岸域の海を豊かにすればいいだけの話です。そうすると、この国は大丈夫だということでしょう。食料の心配がないからです。もちろん、野菜などは農地や畑でも穫れるわけですから。この国はそういう形にすれば、食べる心配がない国だということが、いろいろつなげていくと見えてくるわけです。

3　「森は海の恋人」を誕生させた森と海の分断

私たちは川の流域を何とかきれいに保って、沿岸域の漁業を豊かにするということで、30年前に山に木を植える「森は海の恋人」運動を始めました。東京オリンピック前後からの高度経済成長の時代で、いろいろな汚いものが川から海に流れてきて、赤潮が発生し、公害が全国に広がる時代になったわけです。それから公害だけでなく、全国の川という川には河口堰とかダムが形成され、海がひどいことになりました。諫早もそのひとつだと思います。つまり、川の養分をそこでストップさせると、海はあっという間に枯れてくるのです。

私はカキの養殖をやっています。宮城県は全世界で一番カキの種が獲れるところなのです。「牡蠣の種で、柿の種ではありませんよ」といつも笑いを取っています。夕方になると、いつも柿の種とビールを考えてしまいます（笑）。

私は若いときから、全国にカキの種を販売するお手伝いをして、日本全国のカキの生産地を回っておりました。もちろん、広島が第一番ですね。広島というところは、太田川という一級河川が流れ込む瀬戸内海の奥の奥で、日本の生産量の6割ものカキが獲れているわけではないですか。太田川がなければ、そんなにカキが獲れることはありません。そこで、太田川はどうなっているのだろうかと、自分の足でちゃんと上流まで歩いて行ってみました。すると、島根県境にものすごいブナ林がありました。ああ、やっぱりだなと。ブナの森の腐葉土から流れる水が広島湾に流れて、カキの餌のプランクトンを育てているなということが分かりましたね。

その後、広島大学の長沼毅という先生と出会って、実は中国地方の山の地質が花崗岩で、鉄分が多くて、腐葉土の中のフルボ酸というものとくっついてフルボ酸鉄が生み出されて、瀬戸内海に注いでいることを知りました。瀬戸内海というのは世界で単位面積当たりのプランクトンがもっとも多い海だということが分かりました。水産の学者は海ばかり見ていますが、やっぱり山も見なければならないし、森林も見なければいけないですね。そういう発想も教えてもらうことになりました。

それから富山湾に行けば、「ブナ一石、ブリ千匹」ということわざがあるではないですか。やっぱりブナ林があって、そこに腐葉土ができて、雨や雪は地下に20年も浸み込んでいる。そして、海底から湧いているわけではないですか。それでプランクトンが増え、ブリの餌が育まれるから、ブリが回遊してくるんですね。別に立山連峰を見たくてブリが来るわけではないんですよ（笑）。

4 森は海の恋人運動は、環境教育活動

そのような日本の沿岸域を見ていけば、有明海なんかはもうその典型ではないですか。何といったって筑後川ですね。筑後川にあんなにダムをいっぱい造って、河口堰が最後に止めを刺したではありませんか。環境庁はよくあんなものを認めましたね。あのころの環境庁はまだ力がなかったですからね。大石武一がいたらあんなことはさせませんよ（笑）。

先ほどから、干拓の歴史も聞いていますけれども、人口も減ってそんなに米を作らなくてもいい時代に来ているわけではないですか。農民だって後を継ぐ人が少なくなっている。

先ほど、マツオファームの代表・松尾公春さんもおっしゃっていたように、そんなに農地を増やして、あのようなものをお造りになって、本当にこの先継続して農業をやる人がどれくらいいるのかなと、ふっと思ってしまいました。私も何回も諫早湾を見ていますが、あんな状態にしておいて、恥ずかしくないのかと思いますね。

今日は高校生も来ているようですが、そういうことを比較をして、やっぱりこの国はどうなっているのだろうと、若者は多分思うだろうと思いますね。ですから、私たちは山に木を植えると同時に、子供たちの環境教育の手助けをしなければいけないということで、平成元年から森は海の恋人植樹祭を始めました。

平成2年からは、川の流域の小中学校の子供たちを海に呼んで、森と川と海はどのようにつながっているかという科学的メカニズムと、川の流域に暮らす人間の意識が自然にやさしくしようという方向に戻らない限り、結局、海はよくならないということを子供たちに教え続けて、30年になりました。もうすでに1万人以上の子供たちを迎

写真３　森は海の恋人運動の真髄「人の心に木を植える」 気仙沼湾に注ぐ大川流域の子供たちを舞根湾のカキ養殖筏に招いて進める環境教育。すでに１万人を超える子供たちを受け入れている。

え入れています。このことのすごさは、その活動をするに際して、私たちは行政から人的あるいは金銭的な支援を一切受けずに、全部自前でやっているということなのです。有明海でもいろいろな活動をやっていると思いますが、やはり何かやろうとすると、すぐに県の補助金をもらうとか、何とかの類といったことでやろうとすると、すぐに足元を見られるわけです。

5　柞《ははそ》が「森は海の恋人」の生みの親

私たちが暮らす気仙沼湾に注ぐ二級河川の大川という川の河口からたった８km の地点にダムを造ろうという話が持ち上がりました。私は全国のカキ漁場の汽水域を見ていて、川を止めたら海はもうすぐに枯れるということが身に染みついて分かっていましたので、これは何とかしなければと思いました。でも、問題はこれをどう止めるかということではないですか。これはやっぱり力づくでといいますか、いわゆる武力ではダメだということです。ある程度はいろいろなことが分かっておりまして、やっぱりこれは文系の力が重要だなということを感じておりました。

それは、気仙沼というところは魚で有名ですが、歌もとても盛んなところなのです。昔は旧派和歌といいまして貴族のものでしたね。歌を明治から大正、昭和にかけて、庶民のものにしなければいけないという流れが生まれ、その橋渡しをした国文学者が落合直文であり、気仙沼出身なのです。あの正岡子規と一緒になってそういう活動をしました。

落合直文の一番弟子がわが与謝野鉄幹ですからね。与謝野鉄幹先生は気仙沼の出身なので、それで気仙沼では歌が盛んなのです。落合直文短歌大会というものが、今年も月末に行われていますが、全国からすごい歌が集まりまして、何とか賞というのを設けています。

その中に熊谷武雄という農民の歌詠みがいました。手長山というのがあります。「手長野に　木々はあれども　たらちねの　ははそのかげは　拠るにしたしき」と歌ったわけです。たらちねはお母さんをよいしょする枕ことばです。先ほど先生（服部英二先生）から「柞」という話が出ましたが、「柞」というのは、ナラやクヌギの木の古語です。ですから、手長山にはいろいろな木があるけれども、（柞）ナラの林に近づくと、お母さんのそばに行ったように心が休まるよな、という歌なのです。

これで、「森は海の恋人」のコンセプトは決まったわけです。そして、熊谷武雄の孫に当たる熊谷龍子さんからいろいろ教わりました。この方も歌人で「森は海を　海は森を恋いながら　悠久よりの　愛紡ぎゆく」という歌を歌ったわけです。その中から「森は海の恋人」というフレーズが生まれてきたのです。ですから、有明海や諫早のことをいろいろやろうとするときも、やっぱりスローガンが重要ですよね。石を投げたり、プラカードを掲げるというやり方も時には必要ですけれども、どうやったら人々の心の中に、そういうことの思いを伝えていくかという言葉の力が重要ですね。

6　「柞」談義が世界を開き広げる

(1) The sea is longing for the forest

森は海の恋人運動は、言葉の勝利ですよ。もちろん、科学的な裏づけを先生方からも知ることができましたが、なんと言っても言葉の勝利です。このことが、今度は皇后様（現上皇后）ともつながっていきました。皆さん、皇后様がもっとも大事にされている歌をご存じですか。「子に告げぬ　哀しみもあらむ　柞葉の母　清やかに　老い給ひけり」という歌です。「自分を皇后という立場に嫁がせてしまったために、お母さん、悩み苦しみがあったでしょう。でも、お母さんはきれいに年を取られましたね」という意味です。

それで、皇后様とは柞談義ができて、皇后様とつながったわけです。そうしていたら、森は海の恋人を世界に発信する時代を迎えまして、森は海の恋人をどう英語で表現するかという大問題が生まれました。つながりますね。諫早もこのようにつながっていかなければと私は思っています。

そうしましたら、皇后様から「long for」という熟語を使われたらいかがですかと、ご示唆がありました。その前までは、The forest is the darling of the sea だとか、もっとひどいのは The forest is sea's lover とか、何か愛人みたいな、そういう訳で英語の専門家はやろうとしていたのです。でも、皇后様は「long for」をご示唆なさいました。それには、好きとか、愛しているという意味もありますが、お慕い申し上げていますという意味なのです、第一義的には。

では、どこから皇后様は「long for」という言葉を導かれたかといいますと、先ほど最初に服部先生から『旧約聖書』の話が出ましたが、その『旧約聖書』の詩編の42編から引用されているわけです。「鹿が谷川の水を慕いあえぐがごとく、わが魂も汝を慕いあえぐなり」。この慕うが「long for」なのです。「As a deer longs for a stream of cool water, so I long for you, Oh God」、「long for」はそこから取っているのです。いやー、しびれましたね。

(2) 泥棒カツカ秘話

そこで、田中先生たちに来ていただいて、舞根湾のいろいろな調査をやっていただいたら、地盤が80㎝沈下していました。湾奥の水田跡に潮が入り込みました。地盤が80㎝沈下したということは、海水面が80㎝上がったということですから、高潮で潮が逆流して、そこに汽水湖ができたのです。そうしたら、生き物がワァーと増えたのです。だから、止めてはダメなのです。海水さえ入れば、海水と淡水が混じり合えば、そこには生物が一気に増えることになります。

さらにこの話は進んで、そこに私たちが子供のころにハゼ釣りをしたときに、餌をパッと取っていく小魚がいました。小さい魚のことをカツカと言っているのですが、餌を取るので「泥棒カツカ」と呼んでいます。これがウワーッと増えたのです。そうしたら、小学館から新しい図鑑が出たではないですか。そこに天皇陛下（現上皇）が4ページもお書きになっていると、新聞に出ていました。あっと思ってそれを取り寄せてみたら、なんと天皇陛下は泥棒カツカの研究者であるということが分かりました。和名はチチブといいます。

そうしていたら、宮内庁から連絡が入り、東京に来るときちょっと宮内庁に寄ってくださいというわけです。8月8日に平服でいいからというので、私はこの格好で参内しました。そうしたら、私の担当の侍従は農水省から出向している人で、魚に詳しい人なんですね。要するに、天皇陛下の魚の研究の相談相手にもなっている方なんです。

それで、陛下に、この地で泥棒カツカがこんなに増えたという話をしました。こんな小さな魚の話を引っさげて天皇陛下にお話できる人なんて、どうも日本に何人もいないらしいです。だから、陛下は本当にお喜びで、1時間ほどお話しましたけれど、泥棒カツカの話で、陛下もすごくほっとされたご様子でした。来年4月にご退位されますので、侍従の話ではぜひ舞根湾にお連れしたいとの意向でした。このように、どんどんつながっていくわけではないですか。

おわりに

だから、諫早湾もちょっとハードな言葉ばかりでなく、やっぱり詩人を一人この運動に入れるべきですね。そうすると、あるところで、流れががらっと変わりますから。理系、文系という分け方もありますが、やっぱり文系の力が大事ですね。それは、決めるのは結局人間だということですから。人間の心をどう動かすかということですから。言葉を変えて言えば、「人の心に木を植える」ということなんですね。それで、この本（畠山重篤著『人の心に木を植える』講談社、２０１８）を宣伝させてもらったわけです。

もうそろそろ時間ですね。私は、諫早の問題も、そう遠くない将来解決すると思っています。もうこのおにぎりを見れば、分かるじゃないですか。ですから、私は楽観しているところがあります。

諫早湾をあんな形にしておくなんて、日本の恥ではないですか。高校生だって、恥ずかしいと思うでしょう。アオコだらけのままにいつまで晒しておくのでしょう。これは農水省だけの問題ではありませんね。環境省もこの国の根幹的な問題として、解決にぜひ頑張ってください。

（２０１８年９月29日、有明海の再生に向けた東京シンポジウムの講演録より）

おわりに　いのち輝く有明海社会を

田中　克

海とともに生きる日本を蘇えらせる上で試金石と位置づけられる「有明海問題」は、九州の一地方の問題ではなく、この国が抱えた根源的な問題であるといえます。

そのような世論の形成につながればとの願いを込めて、京都に本部を置く一般社団法人全国日本学士会は、会誌『ＡＣＡＤＥＭＩＡ』１６２号（２０１7年7月号）に特集「有明海の再生」を組みました。その特集が地球システム・倫理学会の目に留まり、政治経済の中心地である東京でこそ有明海の再生に向けたシンポジウムを開催する必要があると、２０１８年9月29日に実施の運びとなりました。その概要は『ＡＣＡＤＥＭＩＡ』１６８号（２０１８年10月号）にまとめられ、これまで対立せざるを得ない状況に置かれていた農業者と漁業者の間に、諫早湾奥部の環境を正常に戻すことが共に生きる道であるとの共存の流れが生まれ、両者の連携をもとに有明の海と生き物を育み、それを願う人々の心を豊かにするような「植樹祭」の立ち上げや、これまでの自然科学的研究に加えて地域社会の創生に関わる社会・経済学的な統合的地域研究の立ち上げなどが提言としてまとめられました（田中、２０１８）。

本書はこれらの一連の流れの上に、新たに三つの特別寄稿を加えて、有明海問題の多様な側面を網羅し、より総合的に有明海問題―生態系の分断と地域社会の混迷―の理解を進め、解決に向かう新たな流れを生み出す現実的な道を提示することを目的に、発刊するものです。

平成から令和へ

平成の30年を終え、時代は新たな令和を迎えました。平成の30年はどのような時代だったのでしょうか。地球環境問題がますます深刻化し、このままでは地球は破滅を迎えることがいよいよ現実味を帯びてきたにもかかわらず、目先の経済成長のためにと自然を壊し続ける開発優先の針路を変えることができなかった時代ではなかったでしょうか。そして、続く世代のために目指すべき〝持続可能社会〟の実像が見えないままに、私たちは問題の本質から目をそむけ続け、個の利益の主張に埋没し、共に生きる地域共同社会を壊し続けてきたように思われます。

サル化する人間社会

現在のこのような流れを、京都大学学長山極寿一先生は「サル化する人間社会」(山極、2014)と称して、問題を提起されています。サルと私たち人類の祖先に当たる類人猿(ゴリラ、オランウータン、チンパンジーなど)の間には決定的な違いがみられます。サルは決して自分が獲得した餌を親子や兄弟であっても与えることはありません。一方、類人猿は家族社会を形成して、餌をお互いに分け与え合うのです。アメリカ第一主義を声高に叫ぶアメリカ合衆国トランプ大統領の目指す社会だけでなく、今日の日本社会にも同様のサル化する傾向が強まっているように感じられます。

森は海の恋人30年の植樹祭の先に広がった世界

一方、平成の30年間を、あの東日本大震災をも乗り越え、自然や人のつながりをつむぎ直す「森は海の恋人」運動、その象徴として毎年6月第1日曜日に開催される植樹祭は年々発展し、国内ばかりか世界からも大きな関心と注目を集めています。この間森は海の恋人植樹祭を支え続けた、岩手県一関市室根町第12自治会(三浦幹夫会長)では、ここなら生きがいを持って心豊かに家族と共に暮らせると、IターンやUターンが相次いでいます。それらの若者たちから、地域共同社会の維持発展にとって年に一度の植樹祭はなくてはならないものであり、自分たちが中心となって、これから数十年先まで継承発展させていくとの流れが生まれているのです。

今年も、6月2日に沖縄から北海道にいたる全国から1400名前後の皆さんが集まり、一年に一度の再会を喜び、新たな時代を元気に生き抜こうと、第31回目の森は海の恋人植樹祭が行われました。

東日本大震災に学ぶ暮らしのありようと生き方

平成の30年間において、もっとも衝撃的な出来事は2011年3月11日に発生した、東北太平洋の宮城県沖を震源地とする巨大な地震と津波による未曾有の大災害の発生といえます。物にあふれ、目先の経済と便利さばかりを求めてきたこれまでの暮らしや生き方を根源的に問い直す契機となりました。しかしながら、その後の震災復興は、地震と津波の根源的な問いかけに正面から向き合うことなく、本来的な震災復興からはほど遠く、新たに未来に暗雲をもたらしかねない事態が顕在化しつつあります。

一方では、巨大な地震や津波に備える地域の将来構想がないままに、震災後の復旧と復興が個別細分的に実施され、また、予想以上に時間がかかり、地域社会の再生がうまく進まなかった現実を学び、町の将来構想を事前にしつかり立て、災害に備える「事前復興」の重要性への認識も広がりました。

東北太平洋沿岸域には、数十年に一度の頻度で発生する巨大な地震と津波に対して、内陸部の町は、沿岸域の町が被災すると直ちに支援に向かう「後方支援」の文化が根付いてきました。三陸リアスの奥部に点在する小集落では、地域のリーダーの指導の下に定期的な避難訓練を繰り返し、一人の犠牲者も出さなかった事例も知られています。これらに共通するのは、地域共同体を維持発展させながら、それに依拠して〝共に生きる〟賢い選択をしてきた点です。それは、有明海問題の解決にも共通する土台ではないでしょうか。

深刻化する地球環境問題

最近、世界的に急速に関心を高めているのは、海洋におけるマイクロプラスチック問題です。それは、目先の物理的便利さのみを追い求め、物にあふれて大量に廃棄する現代社会への、生命系としての地球からの最後通牒的な警告ともいえます。東日本大震災を経験した私たちは物を大量に生産し、大量に消費し、大量に廃棄する「物質文明」の終焉を痛感したはずです。しかし、〝のどもと過ぎれば、熱さ忘れる〟かのごとく、すぐに経済成長最優先に回帰してしまいました。世界的に大きな問題になっていることに〝慌てた〟国は、先のG20経済閣僚会議で、プラスチック製品規制の枠組みの提案を行いましたが、そのレベルの問題ではないのです。

海に誕生した生命から初めて背骨を持った生き物として魚類が進化し、その一部が新たな生きる場を求めて上陸した進化の歴史をたどれば、海が私たちの究極のふるさとであることは明らかです。地球生命系の根幹は、すべての命の源である水の悠久の時を通した海と陸の間の循環であり、陸域を我が物顔に占拠したただ一種の生き物である人類が、お金と物を基準にした暮らしを拡大し続ければ、その〝つけ〟は最終的に海に集積し、陸に暮らす私たちに戻ってくるのです。今や年間100万羽を超える水鳥がマイクロプラスチックとそれに吸着した人間が便利さのために造り出した人工合成化学物質の影響で命を落とす事態に至っています。命の循環が壊れ始めた地球生命体、どうすればそれに歯止めをかけ、続く世代に確かな未来を保証できるのでしょうか。

地球を破壊しなければ成り立たない現代世界、人類は〝自己規制〟しうる新たな文明を生み出しうるでしょうか。それには、今一度〝原点〟に立ち返ることが必要であり、長い歴史の中で試され済みの「先人の知恵」に学び、今なお自然と共に生きる「先住民」の暮らしや文化を見つめ直すことが、本当に大事な時代を迎えたといえます。

世界第3位の経済大国、その幸福度は世界58位

時代は大きな転換期を迎えています。お金や物にあふれる経済大国世界第3位のこの国の幸福度は、なんと世界

58位に低迷しています。幸せの確かな指標は、お金や物ではないことを物語っているのではないでしょうか。それは、限りなく豊かな有明海を、未来世代に合わせる顔がないようなひどい状態のまま放置して、自分事としない現状が、日本中に蔓延していることの反映とみなせます。

言い換えれば、今私たちがすべての判断基準を続く世代の幸せに置き、この有明海をいのち輝く海に戻し、この地に生まれてきた続く世代が誇りを持って暮らせる地域社会に変えることができれば、日本の幸福度は一気に上昇するに違いありません。それは、第5次環境基本計画として、2018年4月に閣議決定された「環境・生命文明」社会の実現につながるでしょう。人間だけなく、すべてのいのちが尊ばれ、大切にされる社会、それは同時に自己の利益よりもむしろ他者の利益を尊重する社会への転換といえます。

本書を上梓する直前に、推薦の辞をお寄せいただきました野中ともよ氏（NPO法人ガイア・イニシアティブ代表）より、執筆者の皆さんの有明海再生への厚い思いと深い洞察を、干潟の住人ムツゴロウや干拓地で生まれたシソに、辛辣さを包み込んで〝ユーモラス〟に語ってもらったらいかがでしょう、とご助言いただきました。この本を手にとっていただいた皆さんが、まずこの部分を見ていただくと、その根拠となる各稿にも眼を通し易くなるのではないかと期待しています。というより、私たち人間よりずっと長い時間を生き抜いてきた生き物に敬意を払い、その思いに謙虚に耳を傾けることこそ、有明海再生への確かな道と思われます。

いのちのふるさとを思わせる〝原始の海〟を繊細かつ伸びやかに木版画に刻まれた牧野宗則氏のご厚意により、かぎりなく豊かで奥深い有明海をイメージできるすばらしい表紙を生み出すことができました。厚くお礼申し上げます。

本書の主要な部分は、一般社団法人全国日本学士会の会誌『ACADEMIA』に掲載された原稿を基にしています。本書出版に全面的にご協力いただきました同会に深謝いたします。また、本書の内容に大きな関心を示していただき、出版助成的に事前予約をしていただいた認定ＮＰＯ法人シニア自然大学校「地球環境自然学講座」有志の皆様に深謝いたします。

書籍の出版がますます厳しさを増す中、本書の社会的意義を深くご理解いただき、執筆者と有明海社会再生への気持ちを共有しつつ、刊行に全面的にご尽力いただきました花乱社代表別府大悟氏ならびに編集の労をお取りいただきました宇野道子氏に、心よりお礼申し上げます。

【装画作者のことば】

有明海に魅せられて

――生命の色彩・干潟を染めるハママツナの紅葉

木版画家　牧野宗則

有明海に初めて出会ったのは、１９８４年でした。諫早市・山下画廊での個展の初日の晩に、画廊主と仲秋の名月に誘われて、諫早湾の最奥部・長田漁港の桟橋に出かけました。

満月の海はゆったりと穏やかで、月の光が明るく海面を照らしています。月から降り注ぐ光と反射する光が海面で交叉し、豊潤な光の世界でした。溢れる光とやわらかな潮の香りに漂いながら、深夜まで至福の時を過ごしました。

翌朝の美しい日の出を期待し、早朝に同じ場所に出かけました。夜明け前のまだ暗い有明海を見て愕然としました。目の前の干潮の海は、暗紫色の荒涼とした泥の干潟が一面に広がります。暗い鉛色の干潟は、まるで生命の存在を拒絶するような、まるで地球の創世記を思わせる姿でした。

空が次第に明るくなり、干潟の泥の原が旭光を受けて黄金色に輝き、朝焼けに干潟はサクラ色に染まります。足元では無数のカニやムツゴロウが動き出し、鳥たちが一斉に飛び立ち、干潟の海は生命の躍動と輝きに満ち、生命の楽園と化します。有明海が豊饒な生命の海であることを知らされます。

陽が高く昇ると、何事もなかったように穏やかな平和な海の姿に戻ります。干潟も海も、空も風も、魚も鳥も、漁する人も調和して、自然そのものの姿として見せてくれます。それはとても懐かしく、人が太古の昔から自然と共に生きていることを素直に知らせてくれる姿です。この海こそが日本の母なる海の姿なのです。私は、潮の大きな干満の差によって、一晩のうちに大きく変容する海に出会い衝撃を受けました。

有明海はいつも相対立するものが存在し、調和しています。穏やかで激しい、静と動の海です。日中の濁りを帯びた無彩の輝き、朝陽、夕陽に染まる海は鮮やかな色彩世界を生み、夜は干潟の沈黙の美しさを見せます。豊かさと不安が混在する生と死の象徴の海です。太古からの悠久の時を感じさせながら、瞬間の美しさを見せ、無限と刹那が同じであることを感じます。素朴な海に自然の深奥に潜む尊いものを感じさせる神聖な海です。

有明海には独特の気が漂っています。この豊かな気は、干潟のカニやムツゴロウ、鳥や漁師の澪標、多良山や普賢岳のすべてのいのちが、雨、風、月、太陽によって熟成された気なのでしょう。この気に守られて、地球の誕生から始まる生命の在り様を、時空を超えて示していてくれます。

有明海は生命の集積の海です。諫早湾の奥部に群生するハママツナの鮮やかな紅葉は、心を揺さぶる赤色でした。

執筆者紹介

（掲載順）

田中　克（たなか・まさる）
1943年，滋賀県大津市生まれ。京都大学名誉教授，舞根森里海研究所長，NPO 法人森は海の恋人理事，NPO 法人 SPERA 森里海・時代を拓く理事ほか。1970年代に水産庁西海区水産研究所に勤務し，宝の海有明海に出会い，筑後川河口域で稚魚研究を続ける。ヒラメやスズキの稚魚研究を通じて森林域と海域の不可分のつながりに気づき，森と海のつながりとその再生を目指す統合学問「森里海連環学」を2003年に提唱。社会運動「森は海の恋人」との協同を進める。森と海をつなぐ干潟や湿地の再生に有明海と三陸沿岸域で取り組む。シーカヤックで日本の沿岸漁村を訪ねる海遍路に参加。著書に『森里海連環学への道』（旬報社，2008年），『増補改訂版森里海連環学』（京都大学フィールド科学教育研究センター編，京都大学学術出版会，2011年），『森里海連環による有明海再生への道』（花乱社，2014年），『森里海を結ぶ（1）いのちのふるさと海と生きる』（同，2017年）など。

服部英二（はっとり・えいじ）
1934年，名古屋市生まれ。地球システム・倫理学会常任理事・会長顧問。京都大学大学院にて文学修士。同博士課単位取得後，仏政府給費留学生としてパリ大学（ソルボンヌ）博士課程に留学。1973〜94年ユネスコ本部勤務・首席広報官，文化担当特別事業部長等を歴任。その間に「科学と文化の対話」シンポジウムシリーズ，「シルク・ロード・対話の道総合調査」等を実施。1996年，フランス政府より学術功労賞オフィシエ位を受章。2010年，全国日本学士会よりアカデミア賞を受賞。主な著書に，『文明の交差路で考える』（講談社，1995年），Letters from the Silk Roads (University Press of America, 2000)，『文明間の対話』（麗澤大学出版会，2003年），『文明は虹の大河』（同，2009年），『未来世代の権利　地球倫理の先覚者，J-Y・クストー』（編著，藤原書店，2015年），『転生する文明』（同，2019年）など多数。

中尾勘悟（なかお・かんご）
1933年，長崎県佐世保市生まれ。長崎県公立中学校教員として32年勤務。学生時代から登山と写真が趣味。1970年夏，ヒンズークッシュ登山隊に記録・食料担当として参加。その後写真を本格的に始め，諫早湾沿岸の暮らしと漁を撮り始める。更に有明海全域に取材範囲を広げ，1989年夏写真集『有明海の漁』（葦書房）を出版。その頃から記録映画の撮影にもコーディネート・監修担当として参加，「干潟のある海—諫早湾」など5本の作品に関わる。また，季刊誌『FUKUOKA STYLE Vol. 16』「有明海大全」の編集に関わり，多数の写真を提供。2008年5月と8月に，WWF Japan の環黄海エコリージョンプロジェクトの現地視察に同行，「黄海写真展」をパナソニックの支援で東京・北京・ソウルなどで開く。2017年には『季刊民族学』にウナギ漁レポートを寄稿，2回にわたって掲載される。現在『有明海周辺のウナギ漁から水辺の環境を考える』（共著）の出版を準備中。

平方宣清（ひらかた・のぶきよ）
1952年，佐賀県太良町大浦に漁船漁業を生業とする家に次男として生を受ける。佐賀県立鹿島実業高校商業科を卒業後タイラギ潜水士の父の下に，潜水士として家業に励む。1978年，長崎県南部地域総合開発計画を強力に進める久保長崎県知事に危機感を持ち，大浦漁協若手後継者279名（30歳まで）で青年部を結成し，青年部長時の1985年に中止に追い込む。しかし，翌年3分の1縮小案を掲げた諫早湾干拓事業が再浮上。湾内12漁協の賛成で着工，完成された。堤防閉め切り後の海況悪化は国が示したアセスメントとかけ離れていると協議の場を求めたが，国は応じず「よみがえれ有明訴訟」の原告となる。

松尾公春（まつお・きみはる）
1957年生まれ。長崎県立島原農業高等学校を卒業後，ＪＡ大雲仙勤務を経て，1979年まつお鮮魚店創業し，水産物販売を始める。1992年，有限会社マツオ水産設立。業務を拡大し，全国に向けた水産物の加工販売を始める。1997年，水産物の加工販売のほか，農産物の生産・販売を開始。島原の農地10haで大根などの野菜栽培を始める。2007年，農業生産法人株式会社マツオファーム設立。国営諫早中央干拓地30haに入植して，営農開始。大手スーパーとの業務用契約栽培を始める（主な作物：大根12ha，人参12ha，白ネギ６ ha，ほうれん草・小松菜・青梗菜３ ha，青ねぎ３ ha）。2010年，エコマルチ株式会社設立。使用済み農業用廃プラスチックを回収し，再生マルチ製造・販売を始める。2012年，インドネシアにて合弁会社PT. FRESH FARM INDONESIAを設立。

佐藤正典（さとうま・さのり）
1956年，広島市生まれ。鹿児島大学理工学域理学系教授。専門は底生生物学。ゴカイ類の分類や生態について研究している。著書に『海をよみがえらせる──諫早湾の再生から考える』(岩波書店，2014年)，『有明海の生きものたち──干潟・河口域の生物多様性』(編著，海游舎，2000年)，『干潟の絶滅危惧動物図鑑：海岸ベントスのレッドデータブック』(共著，東海大学出版会，2012年)，『奇跡の海──瀬戸内海・上関の生物多様性』(共著，南方新社，2010年)，『寄生と共生』(共著，東海大学出版会，2008年)，『水俣学講義』(共著，日本評論社，2004年）など。

木下　泉（きのした・いずみ）
1955年，九州・小倉生まれ。高知大学海洋生物研究教育施設教授。長崎大学大学院水産学研究科を修了後，西日本科学技術研究所・研究員，京都大学農学部・助手を経て，現在に至る。1990年九州大学農学博士取得。研究は，土佐湾，日本海，タンガニイカ湖，バイカル湖，四万十川，東南アジア各地，そして有明海を舞台に，魚類の初期生活史と個体発生に関して，題材を身近なところに求め大局的な基礎研究をこころがけている。とにかく，フィールドに出て観察から始める。これまでの主な研究のキャストは，アユ，アカメ，スズキ，カジカ類，イワシ類，ボウズガレイ等である。有明海は，1990年から田中克先生と共同してスズキに関して始め，1999年からは特産魚全体と諫早湾締切や筑後大堰との関係について調査研究を続けている。

堤　裕昭（つつみ・ひろあき）
1956年，佐賀県生まれ。1985年，九州大学大学院理学研究科博士課程修了(理学博士取得)後，熊本女子大学生活科学部助教授，米国ラトガース大学海洋・沿岸科学研究所客員教授，熊本県立大学生活科学部助教授を経て，同大学環境共生学部教授に就任。同大学院環境共生学研究科長，同大学環境共生学部長，同大学地域連携・研究推進センター長を歴任。現在，副学長を務める。専門分野は海洋生態学，沿岸環境科学。主な研究テーマは，有明海生態系の異変のメカニズム，干潟に生息するアサリやハマグリなどの二枚貝類の生態，アサリ稚貝の低コスト生産技術の開発，イトゴカイの生態，水棲生物の個体群動態解析，有機汚泥浄化，沿岸域の海底環境アセスメント，マイクロバブル発生装置の開発と応用技術に関する研究など。

髙橋　徹（たかはし・とおる）
1954年，北九州市生まれ。九州大学理学部生物学科卒。熊本保健科学大学教授。20代の頃に民間環境調査会社に所属したが，調査結果が必ずしも環境保全に活かされず，時には大型開発のアリバイになると知り，30代で大学院生となる。ここで寄生性甲殻類の宿主との関係や八代海で大発生する蟹などを研究した。熊本県立大学に就職後の2000年に有明海異変が発生，堤研究室の調査に参加した。2007年からは諫早湾調整池で発生する有毒シアノバクテリアの調査を継続している。『フィールドの寄生虫学』(共著，東海大学出版会，2004年)，『諫早湾調整池の真実』(編著，かもがわ出版，2010年)，『諫早湾の水門開放から有

明海の再生へ』（共著，有明海漁民・市民ネットワーク，2016年）ほか。

宮入興一（みやいり・こういち）
1942年，長野県上田市生まれ。長崎大学名誉教授，愛知大学名誉教授，愛知大学中部地方産業研究所客員所員，東三河くらしと自治研究所代表。諫早湾干拓事業問題には70年代から関わり，主として公共事業や行財政の側面から問題を解明。また，川辺川ダムなどダム問題についても，公共投資論や費用対効果分析の観点から解明し裁判にも参加。一方，雲仙火山災害，阪神・淡路大震災，新潟県中越震災，東日本大震災，熊本震災などの災害問題について，政治経済学の視点から災害問題の究明と災害復興・災害予防のシステムづくりの解明に傾注している。巨大災害の時代に突入した現在，自然環境再生と防災・減災対策の両立は，焦眉の最重点課題であると考えている。著書に，参考文献に掲げた他，『東日本大震災　復興の検証――どのようにして「惨事便乗型復興」を乗り越えるか』（共著）など多数。

開田奈穂美（かいだ・なおみ）
1985年，長崎県生まれ。東京大学大学総合教育研究センター特任助教。東京大学文学部所属の学部生時代から諫早湾干拓事業を研究の対象とし，以来環境社会学や科学技術の社会学の観点からの研究を続けている。主な論文に「大規模開発の受益圏内部における支配構造――諫早湾干拓事業を事例として」『年報科学・技術・社会』第25巻，「大規模開発事業の見直しにおける補償的受益と受苦者のアイデンティティ：諫早湾干拓事業における泉水海漁民を事例として」『環境社会学研究』第19巻ほか。

堀　良一（ほり・りょういち）
1953年，大分県別府市生まれ。1981年４月弁護士登録。福岡東部法律事務所所属。現在，2002年より「よみがえれ！有明訴訟」弁護団事務局長として，東奔西走。NPO法人ラムサールネットワーク日本前共同代表，「原発なくそう！九州玄海訴訟」弁護団なども務める。子供の頃に別府の田舎で，浜辺を走り回ったり，雑木林に紛れ込んだりしながら，小エビやセミやトンボを追いかけた原体験が，今日の環境問題の最前線に立つ原点。

横林和徳（よこばやし・かずのり）
1945年，熊本県八代市生まれ。諫早湾干拓問題の話し合いの場を求める会事務局長。開門反対地域を訪問する。現在ブルーベリー（農薬不使用）観光農園経営，ブルーベリー栽培士。梅は天然成分のみの農薬使用で栽培。園で就労支援施設の方も時々働く。1969～2006年まで諫早農高（分校・本校）に在籍し，野菜・果樹担当。この間普通科における農業教育，省農薬のミカン栽培で生協出荷の実践等。地域で食糧と農漁業を考える長崎県各界連絡会の活動。８年間は長崎県高等学校教職員組合専従。学生時代，サークルで北海道広尾町・長野県佐久市・栄村に農村調査を行う。

木庭慎治（こば・しんじ）
1965年，福岡県みやま市生まれ。福岡県立伝習館高校教諭。好きな言葉「見えないものを見ようとすること」。前任校の福岡県立八女高校では生物部を指導し，矢部川の上流の釈迦岳のブナの生育状況や植生の調査を行った。同生物部では矢部川流域の生態調査を11年にわたって行い，南筑後で猛威をふるっていた特定外来生物ブラジルチドメグサの駆除を筑後市役所と協働で行った。福岡県立伝習館高校では，矢部川河口付近の干潟に生育する付着性珪藻類の定点観察を生物部員とともに行った。2014年にニホンウナギが国際自然保護連合から絶滅危惧種に指定されたことを機に，江戸時代から続いている文化資産である柳川掘割をニホンウナギのサンクチュアリにする研究と活動を行っている。このニホンウナギに関わる活動が認められ，2018年第20回水大賞で文部科学大臣賞を生物部が受賞した。

松浦　弘（まつうら・ひろし）
1960年生まれ。熊本県の菊池川中流域に育ち，和水町在住。熊本県立岱志高等学校教諭。熊本大学理学部学部生の時に，天草五橋にある付属臨海実験所にて，有明海・天草海域にお

ける動物プランクトンの季節変動を研究。熊本県内で生物教師として活動し，2010年より現職（当時は熊本県立荒尾高等学校）。2012年7月に荒尾干潟がラムサール条約登録湿地となったことを機に，生徒たちと干潟ベントス（底生生物）を調査し，生物多様性を研究。荒尾干潟保全・賢明利活用協議会作業部会に参加し，生き物観察会講師等をつとめ，荒尾干潟から有明海再生に向けての情報発信を行う。

鳥居敏男（とりい・としお）

1961年，大阪府生まれ。京都大学農学部卒業後，1984年，環境庁（当時）入庁。富士箱根伊豆，上信越高原，瀬戸内海，釧路湿原，阿寒，知床などの国立公園の管理に携わる。2007年4月から生物多様性センター長，2009年7月，生物多様性地球戦略企画室長を経て，2011年7月から2年間，東北地方環境事務所長として震災復興に従事。その後，自然環境局国立公園課長，自然環境計画課長などを経て，2019年7月から自然環境局長。つながりが稀薄になった人と自然の関係をもう一度見直し，自然の恵みを持続可能な形で次の世代へ引き継いでいくための「つなげよう，支えよう森里川海」プロジェクトに発足当時から関わる。

畠山重篤（はたけやま・しげあつ）

1943年，中国・上海生まれ。宮城県気仙沼湾でカキ・ホタテの養殖業を営む。1989年，「森は海の恋人」を合言葉に植林活動を始める。以来，漁師の目線で森・川・海のつながりの科学的メカニズムを追い続けている。一方，子どもたちを海に招いて体験学習も行う。2004年より京都大学フィールド科学教育研究センター社会連携教授。東日本大震災ですべての養殖施設を失うが，「美しい故郷は必ず蘇る」と復興に尽力している。2012年，国連より「フォレストヒーローズ」を受賞，2015年「京都　地球環境の殿堂」で殿堂入り。著書に『日本〈汽水〉紀行』（日本エッセイスト・クラブ賞），『漁師さんの森づくり』（小学館児童出版文化賞）ほか。

有明海が見せる美しい色彩はすべて光の反映による色彩でしたが、このハママツナの放つ色彩は、干潟の泥の上に存在する、まさに有明海そのものが生み出した色彩です。

諫早湾が閉め切られることを感じ、有明海自身の美しい色彩が年毎に鮮やかさを増し、干潟を染め上げていきました。有明海に生きるすべての生命がハママツナに集約されて、生命の証として、最後の光を放っているようでした。

豊かな有明海の生命と、天が与えてくれた鮮やかな赤色なのです。自然はすべて美につつまれ、そこには生命の喜びだけが光を放つことを見せてくれました。

有明海を育くんだ色彩の終焉を悲しみ、切なさを感じながら華やかな色彩を心込めて描かせてもらいました。この美しい色彩に再会できる日が来ることを願うばかりです。

私の有明海シリーズの作品を制作順に題名を並べると、「慈しみを染めて」、「歓びの朝」、「月華のままに」、「悠久の刻」、「輝いて」、「満たされて」、「光る道」、「やすらぎ」、「限りなく」、「夢明かり」、「久遠」、「幸せな一日」、「歓びあふれて」、「天華」、「夜明け」、「有明天界」、「普賢転生」、「光を浴びて」、「流れは広く」、「天啓」です。有明海から受けた感動と、有明海に寄せる想いが繋がっています。

有明海は豊饒の海、光と色彩の海、日本の母なる海、世界が大切にするべき海なのです。

森里海《もりさとうみ》を結《むす》ぶ［3］

いのち輝《かがや》く有明海《ありあけかい》を 分断《ぶんだん》・対立《たいりつ》を超《こ》えて協働《きょうどう》の未来選択《みらいせんたく》へ

❖

2019年 9月8日 第1刷発行

❖

編　者　田中　克

発行者　別府大悟

発行所　合同会社花乱社

〒810-0001 福岡市中央区天神 5-5-8-5D

電話 092(781)7550　FAX 092(781)7555

http://www.karansha.com

印刷・製本　有限会社九州コンピュータ印刷

ISBN978-4-910038-09-4